WHAT'S GOTTEN INTO YOU

The Story of Your Body's Atoms, from the Big Bang Through Last Night's Dinner

你的身體怎麼來的？

從大霹靂到昨日晚餐，解密人體原子的故事

DAN LEVITT

丹·李維——著

陳岳辰——譯

獻給Ariadne、Zoe與Eli，

以及我的父母Lore與Dave

氫原子經過一千五百億年宇宙演化會有何成就，看看人類就能明白。

——卡爾·薩根（Carl Sagan）

目錄

序

銀行裡的一千九百四十二點二九美元

本書靈感來自一句提醒。家裡十幾歲的女兒想走素食主義路線，我聯想到自己祖父說過的話。當年他經營一間小型狩獵宿舍，即使年屆九旬仍舊喜愛野味。他告訴我：不吃肉不健康。我也想起亨利．大衛．梭羅（Henry David Thoreau）曾經從農夫那兒得到類似忠告，「人不能只吃植物過活，裡頭沒有構建骨骼必要的成分。」但梭羅留意到很諷刺的畫面——農夫前方是幾頭牛，牛的身體明明裝著「以植物製造的骨骼」竟然「有足夠力氣拖動他和犁加起來的大重量」。

所以女兒說出想法時我能接受，心裡明白即使她吃素也無妨，骨骼並不會劣化。但我開始思考——人體究竟是由什麼組成？我在大學主修科學，也有好幾年科學影片的製作經驗，自以為懂得不少，此時此刻卻意識到：比起自己的身體，我反而更瞭解電腦或汽車的組成結構。於是腦袋冒出許多問題，例如人類身體包括什麼？乍看很簡單：肌肉、器官、骨骼。但這幾樣東西由什麼構成？細胞、分子、原子。再往下……這三樣東西又由什麼構成？嗯，困難多了。尤其它們源自何方？我不確定。如何尋求解答？我毫無頭緒。

我針對這些問題進行了一連串搜尋、閱讀，與許多位願意耐心解釋的科學家對話，不久之後發現自己深受吸引，這個故事深邃磅礴宛如史詩。原來人體原子經歷過太多，如果它們能開口或許就會永遠說個不停。這些原子的歷史始於時間之初，以數十億年間演出曲折離奇的奧德賽，而人類必須透過各式各樣精彩以至於驚奇的科學發現才得以窺探一二。

研究隨時間更加深入，各個主題和連結浮現，我也察覺到自己過去的盲點——原來縱觀古今是領略人類存在之奧妙的另一種切入角度。正如卡爾・薩根的名言：人是由星塵組成的。

這就是本書背後不可思議的故事。

*

故事始於人類發現玄之又玄的真相：所有物質，無論我們自己或周圍一切，追本溯源之下竟然都在同一天誕生——萬物的生日就是宇宙的生日。透過這個故事，我們也會理解到原來原子在漫長詭譎的旅程中轉化為恆星、建構我們所在的行星。新生地球遭遇難以想像的大災難，原子並未離去。塵埃落定時，看似死去的原子藉由巧妙重組形成生命、改造地球並創造植物，也開創了人類存在的可能性。

之後故事還會解釋人體如何將餐桌上的食物轉化為自身。提醒一下，人體內部規模極其龐大，龐大到有時很難理解自己的結構複雜到什麼地步。我們彷彿不斷變化的馬賽克，是三十兆細胞集合體，每個細胞中超過一百兆的原子個個如癡如狂地舞蹈振動。構成一個人的原子數量是地球所有沙漠沙粒總和的十億倍以上。如果體重一百五十磅（約六十八公斤），體內的碳元素足夠生成二十五磅（約十一點三公斤）木炭，鹽分能填滿一整個鹽瓶，氯元素可以消毒好幾座後院泳池，甚至有足夠的鐵可以鍛造三英寸（七點六二公分）釘子。若將人體所有元素提煉出來則會涵蓋週期表上約六十個種類，全部出售的話能賺到大約一千九百四十二點二九美元（金額會依據體重和市價變動）。

開始追尋這個奇妙故事之後我有了新的體悟：重建跨越數十億年的原子歷史就好比從幾滴雨痕拼湊出颱風軌跡，實在超乎想像，然而人類做到了。從前的我們無法看透，但其實線索無處不在，例如無形粒子自太空降落會留下微乎其微的蹤跡、每種元素具有獨一無二的光波波長，彗星重返地球的時間可以預測，以及人體難以承受的深海水壓中仍有生命蓬勃發展。

＊

而本書中科學家的故事與他們挖掘的真相同樣引人入勝。每個意外發現背後都充滿激烈的競爭、執著與心碎，可能是靈光乍現，亦或者是盲目但幸運的摸索。一次又一次，線索被忽略，直到有人願意虛心接納其他人「已知」錯誤的想法。

著手撰寫本書之初，我沒想到自己還會接觸到人類大腦無意識運作如何混淆思維。所有人都會陷入無意識假設，這些假設稱為認知偏誤或思維陷阱，時時刻刻左右我們看待世界的觀點。比如負面偏誤使人更加關注負面事件，這解釋了媒體長期聚焦壞消息的現象。本書之後內容反覆呈現特定思維陷阱如何阻礙學界做出關鍵突破，有時候再強大的證據都無法逆轉局勢。其中六種偏見太過頻繁，所以我給它們取了綽號：

- 「太怪異所以不可信」
- 「現有工具檢測不到就代表不存在」
- 「因為身為專家就忘記還有許多未知」
- 「只尋找也只看見與自己已知理論相符的證據」
- 「世界上最偉大的專家必然正確」
- 「看起來最有可能就一定是真的」

世界充斥偏見，科學家要做出重大突破常常需要不隨波逐流的勇氣，類似典範有些很出名，但多數不為人知。比如兩位女性，一位物理學家是猶太裔，另一位竟然……嗯，隸屬納粹，兩人卻合作尋找次原子粒子。奧地利女皇的私人醫生發現光合作用，某個聽力不好的化學家在華生和克里克解析ＤＮＡ結構的八十多年前先找到了ＤＮＡ，還有被嘲笑為騙子和末世論者、離經叛道的生物化學家竟革新人類對細胞的理解。科學進展似乎並不排斥那些陰暗且難以想像的角落。

現在開始這段關於你我身體的奇特歷史，從一個總穿黑衣的男人說起。

第一部

旅程的起點
從大霹靂到岩石家園

本書第一部會講述驚人的事實：人體所有粒子居然在同一瞬間誕生，它們的特性、構成生命的方式都令人嘆為觀止。原子最初在巨大塵雲之中四散零落，最終竟又孕育出適合生命繁衍的星球。

1 大家生日快樂
發現時間起點的神父

所有偉大的真理，最初都是褻瀆。

——蕭伯納（George Bernard Shaw）

一九三一年九月，倫敦某個寒冷卻異常乾燥的日子，身材矮小結實、頭髮後梳得油亮，目光銳利又勇氣滿滿的男性走在史托里門街上（Storey's Gate Street），進入位於西敏市的衛理公會中央禮堂。大家想像中，這位三十七歲的比利時物理學教授應當是有些忐忑。大廳圓頂宏偉，活動氣氛莊嚴，當天是不列顛科學促進會成立百週年慶典，兩千名聽眾裡有多位世上頂尖物理學家，而喬治．勒梅特（Georges Lemaître）卻即將公開一個幾近荒誕的理論。勒梅特鑽研物理學和數學，但同時也是天主教神父，接下來要談的主題在物理學界其實才萌芽不久：宇宙如何演化？穿著黑色教士服搭配白衣領的他彷彿準備聽人告解，走上講臺之後提出的論點則與神學匹配得令人心驚膽跳。勒梅特聲稱自己發現宇宙是在一瞬間從「原始原子」（primeval atom）炸開而誕生。

其他許多演講者也提出堪稱新奇的觀點，譬如著名天文學家詹姆斯・金斯（James Jeans）認為宇宙壽命所剩不多，數學家歐內斯特・巴恩斯（Ernest Barnes）（他也是聖公會主教）則推測宇宙遼闊，總會有生命體棲息在別的星球、其中不乏「智力遠超地球人程度的生物」。即便如此，勒梅特的理論終歸最是奇特，畢竟他聲稱物理學幾乎能觸及天地初開那瞬間。

在場一干有頭有臉的人物幾乎都沒當他是回事，反應若非大惑不解就是深刻質疑。當時大概所有在場的物理學家和天文學家都相信宇宙永存不滅，但勒梅特卻否定這個想法，可謂荒謬至極。

然而當時眾人未能意識到：勒梅特的洞察力將引領科學界邁向令人震驚且極其偉大的發現——原來包含你我的成分在內，所有可見物質的最原始粒子都在過去的某個瞬間驟然誕生。

勒梅特探尋真理的旅程始於很多年前。第一次世界大戰血流成河之際他還在比利時魯汶天主教大學就讀，以為將來理所當然會走上煤礦工程師的職業生涯。但一九一四年八月四日早晨，德軍越過比利時邊界，歐洲陷入連天烽火，所以勒梅特和弟弟也無法按照原訂計畫來一場自行車旅行，而是立即入伍並跋涉四天加入前線志願役部隊。兩週後，他們拿起舊式單發步槍參與作戰。

身為步兵，勒梅特不幸見證戰爭中第一次成功的毒氣攻擊。德軍得到化學家佛列茲・哈伯

（Fritz Haber）（我們將會在之後再見到他）獻計，朝前線釋放氯氣，協約國士兵毫無防備下肺部遭到破壞，只能一邊哀嚎一邊逃跑。根據勒梅特一位同袍的印象，「那種瘋狂場面會永遠留在記憶裡。」後來他進入炮兵隊在爆風中求生存，家族傳承的說法是他本著科學家態度會忍不住糾正上級的彈道計算，卻因此被視為缺乏軍官應有態度而難以晉升。

不過勒梅特確實隨身攜帶學術書籍。他非常厲害，能夠在壕溝戰等待炮彈飛來的短暫空檔內集中注意力閱讀法國物理學家亨利・龐加萊（Henri Poincaré）的著作並思考現實世界的本質為何。在髒木架和壕土陪伴下，勒梅特沉思一個複雜問題：抽絲剝繭到最後，宇宙究竟是什麼？年輕的他來自虔誠宗教家庭，物理學和祈禱兩者都是心靈慰藉。

戰後勒梅特榮退，弟弟留任軍官，然而戰火灼傷了他的靈魂。四年後和平到來，工程師這麼務實的行業反而不再顯得很重要，取而代之是內心陷入了宗教和科學的矛盾。回到比利時的大學校園，他迅速取得數學和物理學碩士學位。就科學發展而言那是十分令人振奮的時代：柏林大學一位名叫阿爾伯特・愛因斯坦的物理學家雖然看似傲慢無禮卻提出震撼世人、使學界同儕措手不及的嶄新理論，也就是物體質量會扭曲周圍時空。勒梅特對此十分著迷，畢業後卻突然轉換跑道，進入一所修道院。「找到真理的途徑有兩種，」他後來說法是：「我決定兩條路都走一遍。」晉鐸後，勒梅特立下貧困誓願，加入強調持續虔敬的小型神職協會「耶穌恩友」，隨後又迅速回到物理學領域。大學裡一些進步傾向的教授遵循聖多瑪斯・阿奎那（Saint

Thomas Aquinas）教導，主張科學不能受到聖經字面所侷限，就像科學也不該成為宗教的指標。

獲得樞機主教祝福後，勒梅特前往劍橋大學跟隨亞瑟．愛丁頓（Arthur Eddington）學習。這位教授不久之後因四年前的大發現而被授予爵士頭銜：他預測了日蝕時間，並組織探險隊遠征西非和巴西海岸，帶回照片證據證明愛因斯坦是對的。儘管乍聽會覺得不可思議，光線行經太陽周圍時確實會彎曲。這項觀察證明質量可以扭曲時空，於是他和愛因斯坦同時聲名大噪。勒梅特抵達劍橋大學研究相對論時，愛丁頓發現這個新學生「思考靈活頭腦清晰」。由於表現非常出色，所以他在英國待一年後就在爵士引薦下前往哈佛大學師從爵士的好友哈洛．沙普利（Harlow Shapley）。沙普利是首位測量銀河系體積的天文學家。

一九二四年，勒梅特抵達麻薩諸塞州劍橋市，正值新觀測結果震撼天文學界的時代。兩年前，多數科學家認為宇宙只包含銀河系和幾個其他星系，因為所見範圍僅此而已。然而一九二二年，加州威爾遜山天文臺的愛德溫．哈伯（Edwin Hubble）推翻這個假設：透過世上最強大的望遠鏡觀察，他發現宇宙大小遠遠超越眾人想像，包含了難以計數的其他星系。各個星系誠如《紐約時報》所描述，全都是與我們自己這個銀河系類似的「島宇宙」。意識到我們所居之處不過是宇宙一隅能夠令人謙卑，但同時發現宇宙還有無窮盡可以探索又令人振奮，彷彿銀行告知天文學家：「抱歉，內部錯誤，您的帳戶不只五百美元，裡頭還有五百兆呢。」

天文學界努力試圖理解巨大新宇宙，勒梅特也沉浸在學者激烈的辯論中。怪的是，一部分天文學家的最新測量結果似乎指向新發現的星系並非靜止不動，而是逐漸「遠離」我們。更令人困惑的是，距離遠的星系比距離近的星系移動得更快。

勒梅特對此很感興趣。他返回比利時以後在母校教書，同時深入研究愛因斯坦方程式，希望藉其預測這種奇怪現象。後來雖然他確實得出解答，但這個答案反而更令人訝異，因為內容不僅承認星系正彼此遠離，還進一步聲稱宇宙本身實際上逐漸變大。這個理論在當時太離奇，堪稱科學界有史以來最奇怪的想法。此外他還認為實際上並非星系在空間中相互遠離，而是反過來：空間本身在膨脹，就像麵包發酵以後葡萄乾就會變得分散。

儘管他還只是名不見經傳的物理教授卻對自己的理論很得意，立刻以法語向一本鮮為人知的比利時期刊投稿發表。可想而知，論文徹底遭到冷落。勒梅特又寄給老師愛丁頓過目，同樣沒有回應。再寄給愛因斯坦和著名宇宙學家威廉·德·西特（Willem de Sitter），仍舊石沉大海。

一九二七年，備受挫折的勒梅特終於有機會直接向愛因斯坦陳述想法。索爾維國際物理學化學研究會在布魯塞爾利奧波德公園（Parc Léopold）舉辦，世界頂尖的物理學家齊聚一堂。進入會場之後，奧居斯特·皮卡爾（Auguste Piccard）（漫畫《丁丁歷險記》中卡爾庫魯斯教授的靈感原型）引薦他與愛因斯坦認識，勒梅特這才有了機會與當世最偉大的科學家對話。愛因斯坦提出的廣義相對論以十個方程式囊括時空和重力的相互作用，重塑人類對宇宙的理解。對勒梅特而言，若能得到愛因斯坦認可會是最大的榮耀。然而從愛因斯坦這位年長科學家的角度來看，勒梅特只是鮮為人知的比利時神父，論文從未引發關注。

所以愛因斯坦對新理論的反應也非常直接：討厭。

愛因斯坦內心深處始終相信宇宙必須是靜態。過去他憑藉強大直覺得到驚人成就，而那份直覺訴說物質世界的混亂背後必然存在某種簡單秩序。因此在他看來宇宙本身在膨脹這個說法感覺不對、無法置信，相反的論述也一樣。這個想法實在太奇怪，所以不可能是真的。「你的計算正確，」他在公園散步時告訴勒梅特：「但物理學思維很糟糕。」稍後他改口，語氣禮貌了些，重新解釋說幾年前俄羅斯數學家亞歷山大．傅里德曼（Alexander Friedmann）就提出過類似計算，但也沒得到他接納。愛因斯坦真的非常排斥動態宇宙，以至於要在方程式中引入所謂的「宇宙常數」去維持宇宙靜態。後來愛因斯坦和皮卡爾一起坐上計程車，勒梅特硬是跟過去試著介紹新觀測結果。新數據顯示星系以令人費解的速度彼此遠離，但愛因斯坦似乎對此不求甚解，打發他之後就改以德語與皮卡爾聊天。

兩年後，愛德溫．哈伯發表威爾遜山天文臺的新觀測數據。此次仍然利用直徑八英尺的透鏡鏡面，比其他天文臺大了至少兩英尺，所以集光能力也是世所罕見。透過這份資料，學者能夠確定遠方星系遠離地球的速度確實比近處星系更快。愛丁頓本人重新研究愛因斯坦的方程式，發現儘管作者本人不相信，數學卻證明了宇宙正在膨脹是事實。過了不久他又尷尬想起勒梅特兩年前寄來的論文，自己讀過之後就拋諸腦後，但人家兩年前就得到正確結論。他迅速安排勒梅特以英文在《皇家天文學會月報》（*Monthly Notices of the Royal Astronomical Society*）進行發表，於是愛因斯坦不得不認真看待新理論。雖然多數教科書中將宇宙膨脹理論歸功於哈伯，但勒梅特才是最先發現的人。[1]

另一方面，儘管在物理學巨擘那兒碰了軟釘子，勒梅特不但沒有氣餒反而更深入研究愛因斯坦方程式，最後做出更大膽的推論。他在腦海中倒轉時間，想像既然目前宇宙在膨脹，之前的宇宙必然較小，越往前推就越小。將此邏輯無限放大會得到看似荒謬的結論：勒梅特認為宇宙曾經又小又密到了不可思議的地步，今時今日存在的每個星系、甚至所有物質內的基本粒子都擠在他所謂的「原始原子」內。

時間拉回一九三一年，勒梅特在不列顛科學促進會的活動上公開發表這個猜想。他聲稱宇宙起源源於這個微小原子「解體」。這樣表達或許不夠詩意，但勒梅特是個有文采的人，他在後來的文章寫道：「宇宙演變彷彿一場剛結束的煙火，只留下輕煙、灰燼和霧靄。我們站在一

1　俄羅斯物理學家亞歷山大．傅里德曼在愛因斯坦方程式中找到宇宙膨脹或收縮的可能性，但不幸在一九二五年已經去世。勒梅特憑一己之力得出理論，而且最早察覺天文數據也指向宇宙膨脹。

大塊冷卻的灰燼上，看著恆星逐漸暗淡，起源星空的昔日輝煌只能留在追憶中。」

其實勒梅特思考這個理論的其中一種版本已經有段時間了。他的朋友巴特・楊・包克（Bart Jan Bok）記得勒梅特在哈佛時提過：「巴特，我有個有趣的想法。也許整個宇宙是從一個原子開始的。它爆炸了，那就是一切的起源，哈哈哈。」

媒體對這套理論愛不釋手。《現代機械》（*Modern Mechanix*）表示讚嘆：「宇宙所有恆星和行星都是從一個原子炸出來的！」但對物理學家而言這個想法極其荒謬、根本邪魔歪道。加拿大天文學家約翰・普拉斯基特（John Plaskett）指責「一絲證據支持也沒有的臆測竟然傳得人盡皆知」，勒梅特的老導師愛丁頓也表示新理論「令人生厭」。儘管他同意宇宙正在膨脹，但更傾向於相信宇宙一直存在，原始原子理論超出可接受範圍。

愛丁頓和愛因斯坦一樣陷入「太奇怪了不可能是真的」的思維陷阱，也可以稱作「大自然肯定不會那樣做」的偏見。科學家也是凡人，如果不重新驗證假設同樣會陷入錯誤思維。愛丁頓自始至終沒有改變立場。

愛因斯坦則認定勒梅特所謂的靈感其實只是援引天主教教義。這個理論宗教味很濃，與《聖經》描述的創世相似得令人起疑。雖然勒梅特否認這點，但換個角度愛因斯坦其實沒說錯。蜜蜂自然會受到花蜜吸引，身兼神父和宇宙學家的勒梅特又如何能輕易摒棄科學和經文雙方描述的萬物起源？到了一九七八年，史學家還發現勒梅特在研究生時期曾經試圖寫論文證明宇宙始於光，不過後來放棄了。餘生中，他一直否定能以科學描述《創世紀》，曾經寫下「物理學是造物上的一層紗」這種句子。接受《紐約時報》採訪時，他表示：「科學和宗教之間沒有衝突。」

「如果《聖經》的教誨不包括科學，那究竟傳遞了什麼？」記者問。

「救贖之道。」勒梅特回答：「一旦明白《聖經》並不打算成為科學教科書，宗教與科學之間長年的爭議便會消失。」他認為兩種方式都能理解世界，彼此獨立且不互相矛盾。多年後，他還請求教宗庇護十二世不要以自己提出的理論去論證經文真實與否。

愛因斯坦本來應該會與勒梅特繼續爭辯，只可惜他有個很大的破綻：在方程式中加入常數規避宇宙膨脹問題本來就是投機取巧。而且他本人心知肚明，所以後來也坦誠宇宙常數是自己「最大的失誤」。一九三三年，勒梅特如往常穿著神職服裝在加利福尼亞州帕薩迪納講座發言，當時愛因斯坦也在場，而且拜訪過哈伯、看過數據、與其他學者討論，已經找不到反駁的理由。勒梅特的理論最終勝出，愛因斯坦改口：「這是我所聽過最美妙也最令人信服的宇宙起源解釋！」儘管這番話一開始可能帶著諷刺，但沒過多久他便與勒梅特交好，去各地講課也會兩人同行。勒梅特想像的宇宙起源煙火、天文學家亨利・諾里斯・羅素（Henry Norris Russell）所謂「引發眾災的第一災」（之後還會詳述）如今有了更引人入勝的名字。

然而即使愛因斯坦認可了，理論仍未順利得到普遍接納。批評者之中最有名的是佛萊德・

霍伊爾（Fred Hoyle），作為英國天體物理學界的孤狼他認為這個理論荒誕不經，「假設宇宙所有物質都在遙遠過去某個特定時間點一次大霹靂之中誕生太不合理」。「大霹靂」（Big Bang）❶一詞就是由此開始，霍伊爾甚至戲稱勒梅特是「大霹靂男」，可是相關證據持續累積。

*

勒梅特帶來的萬物誕生起源故事已經涵蓋了人體所有的粒子，不過目前物理學家的說法是起點上沒有原子、沒有分子，甚至沒有空間也沒有時間。他們想表達的是：人類對於宇宙起源的認知有限，幾乎全部基於愛因斯坦廣義相對論十個方程式揭露的空間、時間和引力交織，然而勒梅特卻在這些方程式內看見愛因斯坦本人拒絕面對的可能性。乍聽很瘋狂，但根據算式會發現宇宙始於一個極致小的點，它沒有體積卻有無限大的密度。物理學界喜歡稱之為「奇點」，奇點內部蘊含難以想像的龐大能量。這個無窮小點的膨脹就是大霹靂，時間、空間、物質由此誕生，最終孕育出人類。聽了就頭疼，而且很違反直覺。新理論面對幾項基本問題，例

譯註❶：以前學界習慣翻譯為「大霹靂」，後來部分文獻改為「大爆炸」。此處考量與一般的「爆炸」做區隔，依舊翻譯為大霹靂。

如一個點的密度怎麼可能無限大？時間怎麼可能不存在？如果空間始於大爆炸，所有東西在大霹靂之前要裝在哪兒？答案非常簡單，就是人類還毫無頭緒。

為了弄明白，我向哈佛大學宇宙學家阿維・勒布（Avi Loeb）請教大霹靂之前究竟還有些什麼。勒布不迴避學術上的關鍵問題，潛心研究宇宙第一批恆星如何形成，還撰寫論文探討過生命誕生的最初可能時間點（對此，他的推測是大霹靂後七千萬年就有機會）。不過當我問起大霹靂之前時間不存在到底怎麼回事，他竟然也不敢妄加揣測了。「就像我們對自己出生前或死亡後的事情說不準是同樣道理。」

即使我逼問，他仍舊堅持「我不懂的事情就不想亂猜」。這個態度似乎呼應了勒梅特的信念：大霹靂像層紗，遮蔽了之前的一切。

但他坦誠癥結在於進入物質最小尺度之後，「愛因斯坦方程式不成立」。量子物理學可以精準預測物質在光子、電子這種最細微層面時的行為模式，是雷射、原子鐘、電腦晶片、GPS等等技術的的運作基礎，卻因為其中幾項悖論導致它和廣義相對論不相容，例如無法預測次原子粒子的確切位置（稱為海森堡測不準原理）。目前尚未有人成功解決廣義相對論與量子物理學的矛盾，若科學家無法結合兩種理論（並催生出學界長期追求的「萬有理論」❷），對於大

譯註❷：亦稱作萬物理論。

霹靂之前的時期我們能夠臆想，卻難以論斷。

現階段確定的是：每次想證明愛因斯坦錯誤的嘗試都以失敗告終，反而透過無數觀測證明他是對的。一九四九年，物理學家喬治·伽莫夫（George Gamow）、拉爾夫·阿爾弗（Ralph Alpher）和羅伯特·赫爾曼（Robert Herman）計算出形成最初元素需要的極端熱量值，並對這股能量時至今日的殘存程度做出預測。十五年後，一九六五年兩位天文學家無意間證實了他們的計算數據，起因是不理解為什麼電波望遠鏡的背景噪音不會消失，無論對準附近的恆星、遙遠的星系或空無一物之處都能檢測到微弱電磁波，即使清理了諸如天線上鴿子糞便等等可能干擾的嫌疑物後依舊不變。後來學界將這種電磁波稱作宇宙背景輻射，在天空中任何方向都能偵測到，完全合乎伽莫夫一行人提出的頻率數據，也成為大霹靂理論非常強力的佐證。

喬治·勒梅特心臟病發作，在布魯塞爾住院休養期間得知這個最新消息。也算來得及時，因為十一個月之後他就辭世了。

愛因斯坦方程式以及勒梅特的推測持續獲得實證支持，包括二〇一六年觀測到重力波，人類終於有機會探測大霹靂留下的重力回音。[2]順帶一提，其實我們用舊型電視換臺就能看見大

2　雖然愛因斯坦自己也認為在方程式中添加主觀捏造的「宇宙常數」是失誤，說不定最後又會成為解謎關鍵，因為宇宙常數可能有助於預測暗能量性質。所謂暗能量是宇宙中目前仍神祕難解的一股力，正因為我們對其幾乎毫無所悉，所以科學家稱之為「暗」能量。

霹靂的殘存痕跡了：螢幕上閃爍的雜訊裡大約百分之一是殘留輻射，電磁波隨著宇宙膨脹遭到拉伸，成為電視天線也能收到的波長。

無論愛因斯坦是否接受，相對論方程式指出時間始於大霹靂。物理學家將時鐘往回撥（方法是測量宇宙密度和擴展速度）之後發現宇宙萬物誕生在一百三十八億年前，於是人類為自身這段不可思議的旅程找到了起點。大霹靂後，空間即刻開始擴展，只經過兆兆分之一秒便有物質和反物質（質量相同但電荷相反的粒子）在甫成形的真空中突然出現。物質與反物質會相互湮滅，因此它們立刻彼此消滅。[3]顯而易見，故事並未在此告終。箇中緣由科學家們仍在思索，但大霹靂後物質和反物質之間有微小的不平衡，每十億單位的反物質要對上十億加一單位的正物質。換言之我們是殘留物，每十億才出現一個的倖存粒子創造出可見宇宙，包括人體所有的原子。

根據勒梅特提出的理論，宇宙為萬物點上蠟燭的終極誕生日遠在日曆無法追溯的往昔：組成人體的最基本物質粒子在一百三十八億年前某一刻已經出現。

我們得知了自身歷史始於何時，但是否能夠撥雲見日，穿越時間這層朦朧看清隨後發生的

3　聽起來或許很奇怪，但反物質真實存在。我們不僅能夠偵測，甚至已經可以實驗室製造出極小量。美國太空總署科學家有個夢想是製造足夠的反物質來作為太空船動力源。

事件？首先科學家必須瞭解大霹靂之後最先出現的粒子性質，太陽系、地球、生命、以及人類究竟以什麼作為基礎材料？巧合的是這次追尋也始於天主教神父，地點則到了艾菲爾鐵塔頂端。

2 「真有趣」
眼睛永遠看不見的東西

> 科學上多數重大發現的前兆、同時也是最令人興奮的一句話並非「找到了」，而是「真有趣」。
>
> ——以撒．艾西莫夫（Isaac Asimov）

我們應該可憐一下早期科學家才對。他們生活在只有電動軌道車和馬車的年代，卻妄想能夠找到人體內最基本的粒子，後來我們才明白全都是大霹靂的產物。別說是肉眼，就連最強大顯微鏡也看不見的東西，究竟如何能發現？物理學家為此所苦很長時間。勒梅特和愛因斯坦探討宇宙起源之前，其他人也曾經嘗試判斷宇宙最微小的物質粒子到底是什麼，可是找不找得到沒人說得準。古希臘學者推測包括人類在內的世間萬物都由原子（譯按：古希臘語為atomos）組成，這個詞的意思就是「微小且不可分割」。二十世紀初許多化學家同意古希臘人的假設並採用原子一詞，但同時許多物理學家則持懷疑態度。

「原子和分子……基本性質就無法成為感官思考的對象。」知名物理學家恩斯特・馬赫（Ernst Mach）這麼說過。就化學實驗結果來看，理論上原子確實存在，但遲遲沒人能確切地找到，科學家看不見、摸不著，也無法測量單一原子。

可是物理學界態度因為兩項重大發現而逆轉。一八九七年，劍橋大學卡文迪許實驗室（Cavendish Laboratory）可謂英國物理學的樞紐，性格強硬的約瑟夫・約翰・湯木生（J. J. Thomson）在這裡調查一個令人費解的現象：若對玻璃真空管中的兩個電極施以高壓電，會產生神祕的陰極射線。陰極射線的本質是什麼？出於好奇，他將射線暴露在磁場觀察，驚訝地看見射線因此偏轉。湯木生意外找到了看不見的負電荷粒子，後來學界才發現那是原子的一部分。一九一一年，喬治五世登基為王，海勒姆・賓厄姆（Hiram Bingham）探索馬丘比丘，湯木森出色的前學生歐內斯特・拉塞福（Ernest Rutherford）也在同年得到重大研究成果：正電荷放射性粒子射向金箔多數粒子會如預期穿透，然而少部分竟彈開了。「非常不可思議，」他回憶當下的震驚時表示：「感覺好像自己朝著面紙發射十五英寸砲彈卻反彈了一樣。」放射性粒子之所以彈開是因為金箔上密集的正電荷，拉塞福所見其實就是帶正電的原子核。

一段時間之後，拉塞福的結論在學界勝出，人類也終於明白構成自身的最基本粒子究竟為何。宇宙的一切物質都由原子組成，但古希臘觀點並不完全正確，因為原子並非最小的粒子。它的中心有個核：原子核比原子小一萬倍。而原子核又包含帶正電荷的密集粒子，稱之為質子。湯木生發現的負電荷粒子是電子，它像行星繞太陽般在原子周圍的軌道上運行。[4]

根據原子的質量，拉塞福臆測核內還包含另一種不具電荷的粒子。如今稱之為中子。

這條路看起來走到底了，學者沒理由追尋更小的粒子。畢竟即使更小的粒子真實存在，科學家也沒有手段能夠偵測。顯微鏡再強大都無濟於事：用顯微鏡找到原子的機會，就像用肉眼看見冥王星一樣渺茫。一個針頭就能容納數以兆計的氫原子，而質子又小了十萬倍。就算存在更小的粒子，人類似乎也不可能找得到。

先來個警告：緊接著會探索人類身邊最古怪的種種現象，物理學家先找到各式各樣莫名其妙的次原子粒子之後才挖掘出所謂的最基本粒子。這條路曲折離奇，因為偉大的科學發現常常都是歪打正著。

第一條線索就來得非常突然，令人措手不及。

*

一九一〇年春天，德國物理學家、也是耶穌會神父的狄奧多．沃爾夫（Theodore Wulf）從

4 不久之後量子物理學家發現電子軌道恐怕沒這麼好預測，轉而將電子軌道視為朦朧雲團，只能從中鎖定可能性最高的位置。

艾菲爾鐵塔頂樓電梯走出來，想靠身上那個麵包盒大小的裝置解開令學界深感挫折的謎團。電荷這玩意兒非常麻煩，像忠犬一樣如影隨形跟著科學家。他們成功開發出驗電器來偵測電荷，沒想到裝置卻敏感到幾乎將大家逼瘋——即使完全與外界隔離，驗電器居然還是有反應。無論放進厚重金屬箱或者以水箱隔絕，找麻煩的電荷就是不肯消失。沃爾夫為此設計出特別堅固的攜帶式驗電器，決心找出電荷來源所在。

嫌犯名單上頭一號是放射線。也不過就十年前，巴黎自然歷史博物館館長亨利・貝克勒（Henri Becquerel）無意間把鈾鹽放在書桌抽屜內的玻璃感光底片上，幾天之後他訝異發現板子居然有了影像。以此為起點，他察覺例如鈾之類的部分岩石具有放射性，也就是會射出帶電粒子以及波長小於可見光的隱形電磁脈衝。在沃爾夫看來，這代表充斥於空氣的惱人電荷來自地底深處，放射性岩石的輻射撞擊空氣分子、擊落電子並創造出帶電粒子。他帶著驗電器深入洞穴試圖證明想法，以為接近來源時讀數就會飆升，可惜事實並非如此。於是他又背著驗電器進入當時世界最高的人造結構艾菲爾鐵塔，期望搭乘電梯抵達塔頂時電荷就會消失。同樣事與願違，或者說降低的幅度不夠，殘存的電荷遠超預期。謎題反倒更複雜了。

不過沃爾夫的實驗並非毫無成果。年僅二十八、無所畏懼的奧地利物理學家維克托・赫斯（Victor Hess）從中得到靈感，他認為要確認惱人電荷是否來自地面唯有一途，就是將驗電器帶到更高處。時值一九一一年，想高過艾菲爾鐵塔也就只剩一個手段：高空氣球。

赫斯得到當地航空俱樂部協助，在維也納附近進行六次飛行，最高到達六千英尺。實驗結果令人沮喪，無法得出明確結論（不過其中一次飛行遇上日蝕，驗證了電荷並非來自太陽）。他為了實驗不懼危險，決定繼續提升飛行高度，並且成功說服德國氣球愛好者協會提供引以為傲的當代最尖端科技：十二層樓高、橙黑雙色的美麗氣球「波西米亞號」。

一九一二年八月七日的黎明，在奧地利某個小鎮的大草坪上，協會成員卸下馬車運來的氣缸，為巨大的波希米亞氣球充氣。早上六點十二分，赫斯擠進柳條編織的籃子，身旁是飛行員和氣象觀測員，裡頭有一張小長凳、三個驗電器、隨身物品以及最重要的三個大型氧氣氣瓶。

空間很窄，但赫斯明白籃子內都是必備物品。人類每次呼吸吸入的氧氣會被大腦消耗四分之一，大腦得到的氧氣不足會有嚴重後果。三十多年前一次事件讓世人深刻體悟到缺氧的危險：三位法國氣球駕駛員為了打破高度紀錄，乘坐名為「天頂」的氣球升空。他們大愚若智在於事前明明準備了氧氣卻還是吸得不夠。根據其中一人回憶，超過兩萬英尺以後「彷彿周圍光線都散發出心靈喜樂，我們開始什麼都不在乎」。他覺得自己「呆了」、舌頭麻了，然後昏倒。下降過程中他恢復意識，卻發現同伴盡數死亡，死因是缺氧。這位氣球駕駛員是唯一倖存者，他描述的可怕經歷使氣球愛好者後來二十年都不敢輕易嘗試高空飛行。赫斯計劃爬升到差不多的高度，但他沒打算賠掉性命。

早上七點，波西米亞號開始上升，浮力來自氫氣（後來德國齊柏林飛艇「興登堡號」發生空難就是因為氫氣爆炸）。他們進入清澈無雲的天空，一個半小時之後飄向德國邊境。高度到達一萬三千英尺，氣球受到時速三十英里強風拍打。儘管寒意刺骨，赫斯毫不退縮，裹著外套認真觀測。九點十五分，疲憊感湧出，他感覺自己必須補充氧氣。又過一小時，高度達到驚人的一萬七千四百英尺，也就是離地大約三英里。赫斯身體虛弱到快要暈倒，他判斷自己不能強撐，於是請船長釋出部分氫氣，降至一萬三千英尺時才逐漸恢復知覺。

回到草原腳踏實地以後赫斯非常興奮，因為在最高高度時測得電荷為地面兩倍。只有一個解釋：高度越高，就越接近電荷來源。他很肯定自己發現了來自外太空不斷轟炸地球的電荷流。

但其他物理學家沒這麼快就接受。赫斯的儀器受到了極寒影響的可能性似乎更大一點吧？美國物理學家羅伯特・密立坎（Robert Millikan）反對尤其激烈，然而一九二五年他自己進行實驗卻證實了赫斯的測量結果。起初學界習以為常將新發現的射線稱為密立坎射線，但經過赫斯強烈抗議以後更改為密立坎提出的另一個名稱「宇宙射線」（cosmic rays）。

可惜這個命名並不恰當。所謂宇宙射線並非密立坎所想像由光線、放射線或X射線等特定波長電磁波所組成。反之，宇宙射線其實是不斷噴灑在我們身上的帶電粒子。

當時物理學家對這種看不見的降落物理解甚少，沒能從中察覺更細微粒子的存在，得等到他們發明新工具「看」見不可思議的極小尺度才能進一步突破。

＊

其實幾年前，湯木生旗下一位研究員已經基於截然不同的理由發明出必要工具了。查爾斯．湯姆森．里斯．威爾遜（Charles Thomson Rees Wilson）是個鍾情於雲朵的年輕人，他來自蘇格蘭，高大、寡言但脾氣溫和，家裡是養羊的。一八九五年，威爾遜年僅二十二，剛從劍橋大學取得物理學學位。他自告奮勇前往蘇格蘭最高峰本尼維斯山上設備陽春的氣象觀測站工作幾週，下榻的石屋不是濃霧籠罩就是雷雨交加，但清晨偶爾能看見山頂下方雲層中出現非常壯麗的彩虹光暈。威爾遜決定嘗試在實驗室製造人工雲層進行研究。

威爾遜是個極其有耐心的人，或許與他口吃嚴重有些關係。回到劍橋之後他自學學會非常複雜的玻璃吹製技術，經過數不清的碎裂後成功打造出一口充滿巧思的玻璃箱❸，可以經由活塞調整內部壓力大小。仔細實驗以後，威爾遜發現一個神奇現象：如果箱內充滿濕潤空氣，接著快速用活塞擴大箱內空間，水蒸氣便會凝結在空氣中的塵埃顆粒。換句話說他成功製造了人工雲層。

隨後來自德國的科學發現改變了威爾遜的研究方向，原本名不見經傳的玻璃箱成為重要實

譯註❸：學術上直譯為「雲室」（cloud chamber）。

驗工具，拉塞福譽為「科學史上最有創意的驚喜」。三百英里外，符茲堡大學物理學家威廉·倫琴（Wilhelm Röntgen）與湯木生一樣研究真空電極管的陰極射線。儘管他小心翼翼以黑卡紙覆蓋玻璃管防止光線逸出，卻偶然發現旁邊塗有螢光漆的板子開始發光，彷彿被看不見的射線照亮。

吃驚之餘，倫琴也害怕被別人當成瘋子，因此不敢聲張，自己私底下不分晝夜進行實驗。妻子還是信得過，倫琴請她將手放在玻璃管和玻璃底片之間，結果竟然得到一張手指骨戴著婚戒的可怕圖片。當下夫人反應是：「我看見自己死掉的樣子了嗎？」倫琴發現真空管內部陰極射線擊中玻璃末端時會釋放完全不同的東西，這個無意間的發現就是X光，比可見光波長更短的電磁波，只有較重的元素能吸收，例如骨骼中的鈣質。

劍橋卡文迪許實驗室的物理學家一開始也懷疑所謂透視射線是真是假，直到親眼看見照片才接受。「歐洲幾乎所有教授都忙起來了。」拉塞福承認X射線以後提到容眾多物理學家競相研究各種射線。不久之後，美國的湯瑪斯·愛迪生（Thomas Edison）開始拍攝大腦的X光片，還想研發X光燈泡。（不過幾年後助手因X射線灼傷罹患癌症去世，愛迪生便放棄相關計畫。）

心懷熱情的威爾遜也跟上這次科學潮流。他基於直覺向湯木生借了一個粗糙的陰極管，將X射線射入充滿潮濕空氣的雲室，然後驚訝地發現X射線會在內部造成濃密霧氣。原來X射線會擊落氣體分子的電子，產生稱為離子的帶電分子，水蒸氣在離子上凝結就形成霧滴。威爾遜非常開心，自己發明的雲室竟然讓肉眼不可見的東西留下蹤跡。這些分子實在太微小，此前沒人能想出檢測的手段。他接著又將放射性粒子放進雲室，「雲絲和細線」神奇地出現又消失，簡直像是變魔術變出了飛機雲。後來威爾遜煞費苦心改良雲室，這個設備雖然簡單卻很快成為電子、離子和放射性粒子的標準研究配備。但威爾遜雲室真正的成就還在後頭：可以用於偵測比原子更小的未知粒子。

一九三二年，科學家已經確定電子是宇宙射線一部分，因此加州理工學院一位年輕研究員卡爾・安德森（Carl Anderson）製作了雲室來研究。他才剛獲得博士學位，正打算去別所大學求職，但指導教授密立坎（就是確認赫斯觀測結果和宇宙射線存在的那位密立坎）堅持要他完成這個研究再離開。迫於無奈的安德森去南加州愛迪生公司的垃圾場借零件打造巨大電磁鐵，任何從天空進入雲室的電子都會被它扭曲路徑。所幸他的按捺有了回報，成功拍攝到電子在強大電磁場中的彎曲軌跡。但他感到十分困惑，因為三不五時就能找到大小相似卻朝相反方向彎曲的另一條軌跡。起初安德森推測這種軌跡由向上移動的電子造成，但密立坎則提醒：宇宙射線來自天空而非地面，所以這類軌跡想必出自從太空墜落的正電質子。安德森對此存疑，雖然質子是唯一已知的帶正電粒子，但它體積比電子大，軌跡應該比較寬，與實驗結果並不相符。兩人爭論之後，安德森修改實驗，終於拿出新證據勇敢宣布自己發現了新的次原子粒子。這個粒子實在奇怪：明明與電子雷同，卻具有正電荷。

量子物理學大師如拉塞福、波耳、薛丁格和奧本海默都不相信，因為大家都知道原子只有三個組成部分，分別為負電荷的電子、正電荷的質子和剛被發現不具電荷的中子。正電荷的電子根本不可能存在。然而此事件的六個月前，物理學家保羅．狄拉克（Paul Dirac）才剛做出宣言：潛心研究愛因斯坦相對論多年之後，他心中不得不產生一個奇怪的預想，那就是電子應該要有一個質量相同但電荷相反的孿生體。明明連狄拉克自己也對這番說法感到懷疑，安德森卻真的找到了一個。這種全新的次原子粒子是反電子——人類首次發現的反物質粒子，正式命名為正電子（positron）。（或許有人會覺得反物質聽起來距離日常生活太遙遠，但實際上人體對正電子的熟悉程度遠超想像。我們體內用以傳送神經訊號的分子中含有少量自然生成的放射性鉀，這些鉀原子之中每天有百分之零點零零一會衰變並釋放正電子。體重一百五十磅（約六十八公斤）的人每天藉此產生近四千個正電子。但正電子無法活動太久，很快就與電子相遇並彼此湮滅，只留下炸出來的微量輻射作為存在的跡證。）

安德森發現正電子僅僅兩年後又找到另一種粒子——緲子（muon）。緲子奇妙之處在於電荷與電子相同，質量卻超過兩百倍。物理學家伊西多．拉比（Isidor Rabi）聽到這消息之後

問：「到底誰點的？」[5]❹

赫斯、威爾遜、安德森因為驚人發現而獲得諾貝爾獎，物理學家也因此發現一些原本以為不可能存在的新類型次原子粒子。突然間原子不再僅僅是由電子、質子和中子組成，很難肯定人類體內的原子究竟包含了什麼。

物理學家仍然像是瞎子摸象，想找出原子中最小的結構需要更新更強大的工具。幸好再過不久又來到了技術轉捩點，這次歸功於身材嬌小、性格內向的奧地利研究員瑪麗埃塔・布勞（Marietta Blau），可惜她的貢獻有很長一段時間遭到歷史塵封。和威爾遜一樣，布勞開發出的方法能「看見」連顯微鏡都顯示不了的極微小物體。

一九一〇年代布勞就讀女子預科學校時就對物理學產生興趣，之後進入維也納大學更加投入，最終獲得物理學博士學位。當時歐洲不少女性受到居里夫人啟發，開始研究放射性物質這個嶄新且充滿謎團的新領域，布勞便是其中之一。多年前，居里夫人和丈夫皮耶發現神奇的新

---

5 學界後來發現撞擊地球表面的宇宙射線粒子大多數是緲子，每秒鐘大約十個緲子穿過人體。宇宙射線每年為人體增加約二十七毫侖目的輻射量，大致等同於三次胸部X光檢查。（引用自桑德米爾〈人體粒子物理學〉〔Sundermier, "The Particle Physics of You"〕）

譯註❹：當時許多物理學家對新粒子做出預測如同點餐，緲子剛出現時卻不在學者的「菜單」上。實際上日本物理學家湯川秀樹於一九三五年已經預測到新粒子，但最初只發表在日本期刊並未引起西方重視（安德森一九三七年才公佈數據）。

元素鐳，其放射性是鈾的百萬倍。學界更訝異的是：鐳似乎能提供「取之不竭的光和熱」，於是鐳熱潮興起，大眾可以購買到添加鐳的肥皂、雪茄、牙膏和糕點，甚至還有添加鐳的家具清潔劑和栓劑。（不知情之下，居里夫人自己因過量接觸輻射而早逝。）[6]鐳取自鈾礦，歐洲唯一鈾礦屬於當時的奧匈帝國，因此，維也納成立鐳研究所或許不足為奇，擅長做實驗的布勞就在那裡謀得職位。

一九二五年，同為物理學家的頂頭上司指派一項艱難工作給布勞：她能否以攝影玻璃底片偵測兩個原子核碰撞時射出的質子？說得容易，做起來非常複雜，畢竟是比原子還小的單一粒子，軌跡絕對沒那麼容易找到。布勞耐著性子一絲不苟做實驗，嘗試增加感光乳劑厚度、新的顯影技術，努力解讀微乎其微的印記。經過數年努力，她不僅成功捕捉到極小粒子的軌跡，還能運用軌跡測量粒子能量，展現的技術能力卓越出眾。

然而在研究所工作期間布勞竟然一直沒領到薪水，靠家教、在醫療公司接案以及家人支援才能維持生計。後來獲得國際認可了，她終於鼓起勇氣要求有薪職，卻被上頭告知這不可能——因為她是猶太人，而且是女性。

一九三〇年代初，布勞改進實作方法，還設定了更高遠的目標，也就是探測宇宙射線中的

6 時至今日，居里夫人的論文仍然具有放射性，研究人員必須穿上防護服才可以查閱。

粒子。儘管生活面臨越來越多困難，她卻仍然熱心助人，與法學之路上不得志的年輕女性荷塔．萬巴赫（Hertha Wambacher）結識之後提供許多幫助。萬巴赫一步步從布勞的學生變成助手、再變成研究所裡的後輩，但沒想到布勞的好心沒有好報。一九三三年，法西斯獨裁者恩格爾伯特．陶爾斐斯（Engelbert Dollfuss）在奧地利掌權，主張將猶太人趕出學術界。布勞這位門生很早就加入尚未合法的納粹黨，甚至與更熱衷納粹事務的已婚物理學家喬治．史泰特（Georg Stetter）發展出戀情，而史泰特後來又當上研究所所長。儘管萬巴赫繼續與布勞共事，曾經友好的關係逐漸緊繃。

一九三七年，布勞終於準備好，想試著偵測宇宙射線。相較大型雲室，玻璃底片有便於運送的優勢，能夠輕鬆抵達宇宙射線最強的高海拔地區。此外玻璃底片可以長時間放置，大大提高了捕捉稀有粒子的機會。之前維克托．赫斯在海拔七千五百英尺的哈費萊卡爾峰上建立了研究站，布勞和萬巴赫只需乘坐纜車就能上去。她們滿懷期待，將特製玻璃底片對準天空。

放置四個月後，兩人再度登頂回收底片，進入實驗室透過顯微鏡觀察時不禁興奮起來。底片上有許多細長線條，想必是無形粒子自太空墜落時留下的軌跡。更令人驚訝的是：某些軌跡是許多直線從一點發散。比如一次宇宙射線接觸到攝影乳劑，原子核遭到撞擊之後射出多達十二個較小粒子並形成星狀圖像。這項發現引起全世界物理學家高度關注，布勞多年的實驗終於開花結果，新技術可以幫人類找出身體裡最小的粒子。

可悲的是，布勞幾乎沒有機會再運用自己開發的技術。一九三七年反猶太主義在奧地利日益壯大，史泰特施壓之下布勞只能將工作交接給新人然後求去。同時萬巴赫態度忽冷忽熱時好時壞，痛苦不堪的布勞一度想要放棄研究，還好困境之中仍有一線曙光，昔日的同事與朋友艾倫·格萊迪施（Ellen Gleditsch）得知布勞近況便邀她去奧斯陸大學暫待幾個月。一九三八年三月十二日，布勞帶著最新製作的玻璃底片搭乘火車離開，正好從車窗看見德軍穿越邊境——隔天就是歷史上的德奧合併，希特勒進入維也納受到萬民擁戴，納粹正式接管奧地利。

挪威提供庇護的時間不長，所幸愛因斯坦也聽聞此事，在他牽線下八個月後布勞前往墨西哥城任教。她擔心戰爭即將爆發，搭乘最早的航班離開奧斯陸，卻很可惜挑了德國航空的飛機。在漢堡轉機時，布勞被海關攔下，而且納粹官員似乎早就鎖定了目標：他們搜查行李，放人之前沒收了玻璃底片。

留在維也納的萬巴赫不僅接替了職位，也將之前的合作成果據為己有。布勞心力交瘁，即使後來在美國有許多學術機會卻再也提不起勁繼續研究宇宙射線。等到她六十多歲，由於無法負擔美國白內障手術的昂貴費用被迫返回維也納，但回去放射研究所工作一段時間依舊拿不到薪水所以深感心寒。此外，她更發現史泰特儘管明明與納粹過從甚密，卻仍在一九五〇年代初重新拿到待遇優渥的大學教職，很難嚥得下這口氣。一九七〇年布勞去世，其成就在祖國奧地利未受承認。

然而學界許多人採用布勞開發的技術並獲得成果。一九四七年，塞西爾．鮑威爾（Cecil Powell）和朱塞佩．奧基亞利尼（Giuseppe Occhialini）在法國庇里牛斯山最高峰放置高敏感度玻璃底片，藉此發現新的次原子粒子「介子」（pion），是繼安德森發現緲子之後首次發現的新類型。介子、緲子和正電子都非常奇特，質量大約是電子的兩百七十倍，可以具正電荷、負電荷或根本沒電荷。

鮑威爾因為這個發現獲得諾貝爾獎時布勞一樣未被提及。其實布勞至少得到諾貝爾獎提名三次，其中兩次提名人是另一位獲獎者薛丁格，可惜最終都不了了之。

威爾遜雲室和布勞底片上美麗細緻的軌跡彷彿打開潘朵拉的盒子，讓人類察覺原來還有比原子更小的新粒子，然而卻並沒有帶著真相水落石出。儘管找到了正電子、緲子和介子等等，物理學似乎反倒距離人體最基礎單位越來越遠，就好比科學家想在井底撈解答卻發現這口井比想像的還深了非常多，他們能做的不外乎心懷期盼並不斷降低水桶。可惜原子內部結構馬上又會變得更朦朧。

到了一九四〇年代，物理學家已經明白宇宙射線主要是原子核帶著一些質子和電子以接近光速的速度飛向地球。大部分宇宙射線被大氣吸收，少部分原子在高速碰撞下碎裂出更小更奇特的次原子粒子，如介子和緲子，於是這些粒子也會降落到地球。

因此，研究人員決定嘗試更直接的方法。既然宇宙射線送來新粒子太過可遇不可求，為什麼我們不自己拿粒子彼此撞撞看，說不定新粒子會像車禍殘骸那樣子往外噴？粒子獵人著手建造原子對撞器、也就是他們口中的「粒子加速器」，試圖讓電子與電子、中子與中子以驚人的速度相互碰撞。

第一個巨型原子對撞機的名字採用積極正向的未來主義風格，稱為「宇宙環」（Cosmotron），於一九四九年由八所美國大學聯合建造，地點在紐約州布魯克黑文，外觀有些像是正要維修拆下外殼的飛碟。物理學家將粒子射入直徑兩百英尺的圓形軌道，周圍環繞兩百八十八個重達六噸的磁鐵引導粒子沿軌道行進，每隔十英尺設置微波發射管能夠提高粒子速度，所以粒子就像在不斷加速的旋轉木馬上被人推著跑。設備電流高達三十億伏特，研究員需要在厚達兩英尺的混凝土牆後面操作。技術問題全部解決以後，這臺機器可以在短短五分之四秒內將粒子加速至每秒十三萬英里（約二十萬九千兩百一十四點七二公里），也就是接近光速。碰撞精彩而成功，也確實發現了更小粒子的軌跡，研究團隊十分興奮。碰撞點周圍除了布勞發明的玻璃底片，還有另一樣叫做氣泡室（bubble chamber）的東西，這是衍生自威爾遜雲室的新工具，具有驚人靈敏度，能檢測直徑低於兆分之一英寸、存在時間不到十億分之一秒的粒子。突然間所有基本粒子似乎觸手可及。

然而不然。

隨著發現的粒子數量不斷增加，喜悅終於轉為疑惑和惶恐。五〇年代末，物理學界累積數十種無法理解的奇怪粒子，這個「動物園」的展示項目包括K介子、Λ粒子、Σ粒子、Ξ粒子、超子、介子等等，而且名單持續增長。「如果我能記住所有粒子的名字，」恩里科・費米（Enrico Fermi）就抱怨：「我就該去當植物學家而不是物理學家。」難道粒子物理學家往後就只是更高級的目錄編輯？他們發現各種粒子似乎具有共同特性，但找不到能夠一網打盡的標準方案。亂中有序的優雅宇宙成了科學家的妄想，尋找最基本粒子這條路結結實實碰了壁。

*

混亂持續到一九六一年，默里・蓋爾曼（Murray Gell-Mann）加入討論才有所突破。

蓋爾曼是所謂的神童，三歲就能心算大數相乘，十五歲進入耶魯大學，雖然知識量極大但總是不好好寫完報告還經常翹課，卻依舊能在考試得高分。二十二歲時他獲得麻省理工學院博士學位，一度在普林斯頓高級研究院工作，也曾經前往芝加哥大學與傳奇人物費米合作，後來到加州理工學院當教授。蓋爾曼精通十三種語言，其中包括上馬雅語。合作過的謝爾登・格拉肖（Sheldon Glashow）回憶道：「才第一次見面就能很快感受到這個人博學多聞得令人髮指，無論什麼東西幾乎都比你懂，無論考古學、鳥類、仙人掌還是約魯巴神話和發酵學。」看照片會覺得蓋爾曼厚重黑框眼鏡底下流露出溫暖笑意，但實際上他性格易怒傲慢，對立場相異的人不留餘地，也因此與同條走廊的另一位天才理查・費曼（Richard Feynman）從合作轉為競爭關係。

蓋爾曼最後選擇研究粒子物理學，而且他對辨別潛在模式的能力異乎尋常。多年努力後他終於取得成果，發現一套深奧代數理論能夠針對粒子動物園進行特徵分類，依據是各個粒子的電荷、質量、自旋和「奇異數」（strangeness）（奇異數似乎能夠預測某些粒子衰變的快慢）。自然與數學的相互映照總是巧妙，蓋爾曼發現粒子分類符合幾何學且維數為八，於是將理論稱為「八正道」（the Eightfold Way）❺來「致敬」佛教禪宗（畢竟那是加州的六〇年代），期待新理論能幫助粒子物理學家脫離苦海大徹大悟。蓋爾曼的八位元組模式適用各種粒子，準確度媲美俄羅斯化學家德米特里・門得列夫（Dmitri Mendeleev）的元素週期表。因此他做出預測：幾何圖表上的空缺處都代表一種新粒子。

蓋爾曼對理論還有疑慮，二度從《物理評論》（*Physical Review*）撤回文章。最後他還是發表論文探討粒子性質，只在末尾小心夾帶了「八正道」這個嶄新觀點。

不同研究者在相近時間得到同樣結論在科學界算是常態，因此這回蓋爾曼與另一位神童物

譯註❺：物理學文獻有時候翻譯為「八重道」，然而中文佛教文獻僅以「八正道」或「八聖道」稱之，並沒有「八重道」這個詞彙表達。

理學家尤瓦爾・內曼（Yuval Ne'eman）（後來曾在以色列政府出任部長）共享榮耀，即使這個發現最初並不受到重視：新理論指向新粒子，但科學家在自然界從未找到，所以沒有人知道方向是否正確。

然而幾年後，布魯克黑文的加速器實驗結果使蓋爾曼聲名大噪。根據幾何圖表呈現的特性和空白，他鎖定一種未知粒子稱之為「歐米伽—負」並請實驗團隊尋找，花了幾個月時間在加速器安裝必要設備，之後每天拍攝數千張照片。由於數量過多，後來僱用了長島的家庭主婦全天候輪班協助分析。前面九萬多張照片一無所獲，到了第九萬七千〇二十五次才發現吻合的軌跡。換言之蓋爾曼正確預測了Ω粒子，也就證實了八正道理論。

蓋爾曼對自己的理論滿意卻不滿足，因為實驗記錄到的粒子數量依舊多得荒謬，而且還不懂為什麼粒子會符合八正道預測，感覺背後得有一個更基礎的模式作為解釋。他合理推論已知粒子是由更簡單更基本的東西構成。

一九六三年三月，蓋爾曼前往哥倫比亞大學拜訪物理學家羅伯特・瑟伯爾（Robert Serber）時思考有了突破。瑟伯爾針對八正道的數學思索很久，懷疑那些代數背後的深層模式其實奠基於三。兩人在教職員俱樂部用午餐時他提出疑問：以八位元組表達的粒子，有沒有可能由三個更小的粒子構成？

「是的話就怪了，」蓋爾曼這樣回答。

「會很麻煩。」與兩人一起用餐的物理學家李政道補充。蓋爾曼拿起餐巾紙寫字說明為何這個想法很怪：如果每個粒子要再切割為三個更小的粒子，這些小粒子就得帶有三分之一或三分之二的正負電荷。目前沒人看過電荷是分數，又怎麼可能存在？可能性似乎很渺茫。

話雖如此，這個問題縈繞心頭，隔天蓋爾曼還是不停尋思，開始懷疑電荷是否在特殊情況下真的呈分數。例如帶分數電荷的粒子被囚禁在帶完整電荷的較大粒子內永遠無法逃脫，如此就就能解釋為何人類遲遲沒有偵測到。太荒唐、太無稽，但他轉念一想——為什麼不行？思考過程中他曾考慮將這些奇怪的粒子命名為「呱呱」（quack）或「嘎嘎」（quork）❻，但他最終選擇了「夸克」（quark），出自詹姆斯・喬伊斯（James Joyce）《芬尼根守靈夜》（*Finnegan's Wake*），原本就是無法解釋的詞語。（後來他得知這個字在德文意思是「胡說八道」的時候更高興了。）

蓋爾曼認為自己提出的理論雖然巧妙卻超過人類能夠觀測的範疇，於是轉而設想分數電荷粒子在數學上是否具有意義。他擔心論文遭拒，決定不投到編輯態度謹慎的《物理評論快報》（*Physical Review Letters*），而是寄給比較接納「瘋狂想法」的《物理快報》（*Physics Letters*）。

這回同樣有其他人在同時迸發了類似想法。與蓋爾曼成為同事的前學生喬治・茨威格

譯註❻：皆是狀聲詞，前者是鴨子叫、後者是烏鴉叫。

（George Zweig）獨立提出分數電荷粒子的概念（但命名為王牌〔aces〕而非夸克，且推測有四個而非三個）。可惜茨威格當時還年輕，人在瑞士的歐洲核子研究組織（CERN）工作。該機構有世上最強的粒子加速器，但對論文發表的刊物和形式都有限制。高層設下的重重阻礙扼殺了茨威格的熱情也導致他放棄，還在歐洲核子研究組織期間只送出兩份出版前草稿給人傳閱，後來回憶說大家反應「並不友善」，例如某位資深科學家指稱他是江湖郎中，甚至妨礙他取得加大柏克萊分校教職。茨威格最後不勝唏噓離開物理學界轉攻神經生物學。

夸克和王牌一樣最初遭到駁斥，畢竟從未發現粒子帶有分數電荷，而且重點是很可能永遠不會發現，所以似乎太牽強。然而一九六八年夏天局勢起了變化，蓋爾曼的競爭對手理查．費曼透過量子物理學驗證後，發現史丹佛大學加速器進行的實驗指向分數電荷粒子確實存在，證據是電子從質子上反彈時，質子內部彷彿包含三個硬物。歷經雲室、布勞玻璃底片、粒子加速器，再加上蓋爾曼的直覺和數學敏銳度，科學家終於偵測到比一粒沙小一百萬倍的夸克。如同《紐約時報》敘述，許多物理學家相信「科學界打開了通往物質最深處的大門」。

過去五十年裡，學界從懷疑變成確信：如今共識將夸克視為粒子動物園所有成員的最基礎構成元素，人體原子中的所有質子和中子都不例外。夸克分為六種類型，透過蓋爾曼稱之為膠子的載力粒子相互作用，之所以名為「膠子」就是因為它們能將粒子黏合。科學家並不知道夸克為什麼帶有分數電荷，但卻發現帶分數電荷的夸克遭到一種作用力阻止，無法從質子和中子逃逸。這種作用就好比拉開的橡皮筋，夸克彼此距離越遠束縛力會隨之越高，而且根據學者估計這是目前已知宇宙中最強的力，比海洋最深處的壓力還要高出十億乘十億乘十億倍。蓋爾曼的理論經過他人擴展，目前無爭議佔據主導地位，後來也因為這項突破得到諾貝爾獎。

雖然可以說蓋爾曼發現了構成人體和世上一切事物的最基本粒子，但如果追求準確則會發現有另一項要素比例更高：空間。我們可能自認是固體，但那種想法可謂幻覺：原子的百分之九十九點九九九九九九九九九九九九九的體積其實什麼也沒有。那片空白實在太遼闊，如果將氫原子的原子核放大到網球大小，電子就得隔著一英里旋轉。如果去掉電子、質子和中子之間所有空隙，我們整個人只是略大的微塵，全人類加起來還不到一顆方糖。

這導致非常有趣的疑問：既然人體如此空虛，為何又感覺如此堅實？答案是我們觸碰桌子之類物體時，實際上原子並未彼此交會，而是手指電子和桌子電子相互排斥。換言之，人體原子根本沒有接觸桌子，只是懸在桌子上空就能觸發神經產生觸覺。物理學家的描述更為詳細，例如在量子力學世界中，狀態相同的粒子不能佔據相同空間，因此原子彼此靠近時繞著原子核轉動的電子必須轉換模式，這種行為會產生斥力導致無法實體接觸。

目前為止，科學史上所有觀察都得到同樣結論：除了真空外，人體和所有已知物質僅由三種基本粒子組成，分別為電子、夸克和膠子。膠子是無質量的載力粒子，負責捆綁夸克形成質子和中子。或許可以說人類個體就是30,000,000,000,000,000,000,000,000,000（三十千秭）（編按：秭為十的二十四次方）個電子、更多夸克，再加上無數膠子將夸克包裝成粒子。

*

基於蓋爾曼的發現，我們現在能夠從基本粒子誕生那一刻開始講述宇宙歷史。一百三十八億年前，原本沒有宇宙，沒有空間時間，接著發生大霹靂，夸克、膠子和電子從密度無限大的小點中湧現。砰！地一聲，旅程開始。未來構成人類的粒子在超高溫等離子體（編按：電漿）中旋轉、跳動、聚集，幾毫秒後，膠子開始捆綁夸克，形成質子和中子。三分鐘後（根據愛因斯坦方程式和對宇宙物質總量的估計）等離子體稍微冷卻，膠子具有的強大核力得以發揮作用，開始黏合質子和中子，創造出宇宙最早的原子核。

其中三分之二是最簡單的元素：氫。氫的原子核裡只有一個質子。換言之，佔人體質量約一成的四兆兆個氫原子核每一個都在大霹靂後三分鐘內形成。

次簡單的元素是氦（有兩個質子、兩個中子）以及微量的鋰和鈹（分別有三和四個質子與中子），然而原始等離子體的翻攪在此告一段落。

之後大約兩億年的宇宙極其無聊，是真正的黑暗時代，幾乎什麼也看不見，沒有光線照明。僅僅四種閒散元素構成的塵雲在黑暗空間中漂浮，伴隨宇宙不斷膨脹。

現階段看來，才四種元素根本不可能創造出生命。以人體而言，還需要從鐵、硒到到氟、鉬六十多種其他元素。但人類存在是不可否認的事實，所以到底怎麼回事？其他原子怎麼出現的？什麼樣的巨大能量源——需要一千兆兆顆氫彈的規模——催生出它們？

第一條意想不到的線索來自「哈佛最優秀的人（man）」❼，她是一位擇善固執的英國女性。

譯註❼：一九二〇年代性別意識不彰所導致。在當時情境中這種用法表示高度讚譽。

3 哈佛最優秀的人

改變人類對星星認知的女人

世人接受新觀念分為三個階段：
A. 胡說八道
B. 早就有人想過了
C. 我們一直都是這樣想

——佛萊德．霍伊爾，轉述雷蒙．利托頓（Raymond Lyttleton）說法

一九二三年春天，二十一歲、身材高眺的劍橋大學學生塞西莉亞．佩恩（Cecilia Payne）開始對未來感到惶恐。她熱愛天文學研究，夢想能走上研究道路，長期筆記自己成為科學家之後想研究的課題。但在校最後一年，她意識到面前可能是個死胡同。那時代的英國，如她這般具備聰明才智的女性充其量只是當上女子學校的教師或校長。「彷彿腳下裂開一條深淵，」後來佩恩在自傳這樣比喻：「對我而言，當女教師是『比死亡還糟糕的命運』。」所幸悲慘命運

沒有降臨在她身上，儘管面臨種種困難，佩恩仍舊在科學上做出突破，為二十世紀科學的轉捩點奠定基礎：她發現人體所有元素（除了氫）最初如何形成。

佩恩對科學的興趣萌芽於六歲，那年一顆流星給她留下深刻印象。十歲時，她在天主教學校做實驗測試禱告的力量，為一半考試的成績祈禱、另一半則不做祈禱。事後發現成績沒有差別時，她轉而肯定理性的力量，對科學的興趣於此扎根。至於宗教，佩恩後來相信一位論❽。

虔誠女校長對佩恩說學習科學是「糟蹋她的天賦」。學校合唱團指揮古斯塔夫·霍爾斯特（Gustav Holst）雖然當時默默無聞但之後會創作《行星組曲》，他則鼓勵佩恩走音樂這條路。但佩恩有自己的想法：她拿到劍橋大學獎學金，準備攻讀植物學。然而適逢第一次世界大戰之後物理學風起雲湧的時期，佩恩正好聽了天文學家亞瑟·愛丁頓那場劃時代講座，得知太陽引力場能夠扭曲光線路徑，而且一切符合愛因斯坦的預測。佩恩大受震撼，人生再次拐了個彎。她後來寫道：「我的世界天旋地轉，感覺差點神經休克。」那瞬間她徹底愛上物理學，所以隔天就去「面對校方」，申請從植物學系轉到物理學系。回家以後她幾乎逐字逐句默寫講座內容，為此三天沒怎麼睡。

劍橋卡文迪什實驗室的氣氛像是帶著電。發現電子的湯木生、發明雲室的威爾遜都在這

譯註❽：有別於傳統基督教強調三位一體，一位論強調上帝或聖父的唯一性。

裡，但最耀眼的常駐明星是發現原子核的傳奇人物拉塞福。對佩恩來說美中不足的是拉塞福不喜歡課堂有女性參與。儘管當時年輕女性不再需要年長者時時監護，但仍要求座位與男性分開。因此每次進入講堂，佩恩作為唯一女性必須單獨坐在最前排，而拉塞福更是刻意每堂課都以「各位女士先生」這句話開場。佩恩在自傳中回憶：「男生聽到教授意有所指總是很捧場，歡聲雷動之外還會老派地跺腳，每次上課我都想挖個洞鑽進去。」

她很快投靠愛丁頓。愛丁頓理解她的熱忱，也比拉塞福更加包容，允許她參與研究團隊。同時佩恩還接觸到最新領域量子物理學，帶她入門的正是理論發現者之一尼爾斯．波耳（Niels Bohr）。即便如此，在學最後一年她又發現面前是死路，因為劍橋大學根本不允許女性獲得高等學位。（不授予文憑，也無法獲邀參加畢業典禮。）險阻重重，但她堅持不懈、動用一些關係，終於爭取到哈佛天文臺的女性研究員資格，能在臺長哈洛．沙普利指導下工作。

天文臺位於麻薩諸塞州劍橋市距離校園大約一英里的小山上，特點是願意僱用女性，因為前任臺長愛德華．皮克林（Edward Pickering）發現她們除了勤奮聰明還能大幅降低預算壓力。在一次史無前例的星體清點作業中，皮克林僱用超過八十位女性處理大量圖片，最終數量高達五十萬份。有些人將這群女性稱為「皮克林的計算機」，但更常見的諢名是「皮克林的後宮」。

一開始沙普利也期望佩恩幫忙利用照片來對星體進行分類和編目，但她才第一個獨立研究就急於解決劍橋教授提出的大哉問。當時人類對宇宙的理解有個顯而易見的盲點：星星是由什麼構成的？

科學家已經掌握部分答案。除了拍攝恆星，哈佛天文學家還會記錄玻璃底片上的光譜。光譜提供線索，可以判斷星星含有何種元素。星體發出的光包含各種顏色，但元素周期表中每個元素會吸收一組特定波長。換句話說，飄浮在星體大氣層的元素原子會在星光到達地球前吸收特定波長的光。天文學家觀察星體光譜的水平面會發現波長缺失部分出現細黑線，從這些黑線就能推測出光線被什麼元素吸收了。可以說感光玻璃板留下了指紋光譜、宇宙條碼，結論是星星含有許多地球上能找到的元素，例如鐵、氧、矽、氫。

隨之而來的問題是光譜模式有異常，想要詮釋並不容易。儘管玻璃底片能告訴科學家星星包含什麼元素，卻無法有效判斷各元素的份量。

儘管如此，天文學家卻認為自己已經知道答案是恆星和行星必定由相同物質構成。當時許多人認為行星是另一顆恆星經過時從太陽拉出大團熱氣體之後凝固而成，因此地球與太陽必然成分相近。就連恆星研究龍頭亨利・諾里斯・羅素也信心滿滿，他相信太陽就像地球有個巨大鐵核心，如果將地球地殼加熱到太陽的溫度就會散發出幾乎一模一樣的光譜。

這正是佩恩想研究的問題。她意圖藉由底片確認恆星中各種元素的比例，並提議採納最新的前沿理論：遠在加爾各答的傑出天體物理學家梅納德・薩哈（Meghnad Saha）指出新的量子力學理論中，電子只能在特定軌道圍繞原子核旋轉，能量越高就必須離原子核越遠。據此出發，薩哈認為恆星溫度各有不同，即使原子是相同元素，其中電子也很可能處於不同路徑（若是最高溫的恆星，原子還可能直接失去電子）。這些變化導致相同原子會吸收光線中的不同波長組合，混淆人類對星星光譜的理解。

工程浩大，但佩恩不畏挑戰，將薩哈方程式應用於哈佛的龐大底片館藏。哈佛天文臺也只有她具備足夠的量子理論知識能完成這項工作。

佩恩辦公室位於紅磚大樓三樓，裡頭堆滿了底片。她不舍晝夜努力分析，數萬筆恆星光譜看得人眼花繚亂。底片至今仍保存在同一棟大樓，只是外面護膜泛黃了。曾經接受佩恩指導的天文學家歐文・金杰里奇（Owen Gingerich）拿了一張給我看過，上面的黑色帶狀紋路每條約四分之一英寸寬（約零點六公分），裡頭交織亮度不一的模糊細線，必須拿放大鏡才能判讀。「單純這樣看想必一頭霧水，」金杰里奇解釋：「但其實有一套辨識的系統，只要日復一日觀察就能跟它們變成朋友。」我盯著那些線條直呼不可思議。

天文臺臺長沙普利偶爾在夜裡經過那間辦公室，發現佩恩邊抽菸邊端詳底片，絞盡腦汁在模糊線條裡辨認出模式、與計算結果做對照。她自己也寫下：「我日以繼夜研究，時常處在疲憊崩潰的邊緣。」研究計畫從幾個月延長到將近一年，期間只能以「霧裡看花」形容，但皇天不負苦心人，佩恩運用薩哈方程式之後得到出乎意料的結果。論文初稿中她大膽宣稱：儘管大家相信恆星與地球成分應該相同，但事實並非如此。恆星中幾乎沒有地球上最常見的元素如鐵、矽、氧、鋁。反之，每顆恆星有百分之九十八是氫和氦，而且太陽的氫比地球多一百萬倍。

太奇怪了，與她在劍橋所學不符，也與老師們對地球形成的理解不一致。「佩恩小姐？你很勇敢」，物理學家艾爾弗雷德・福勒（Alfred Fowler）這樣對她說。沙普利臺長很得意地將佩恩的論文草稿寄給自己以前的指導教授、普林斯頓大學著名天文學家亨利・諾里斯・羅素。羅素回信以高度讚揚夾帶了強烈警語：他認為佩恩的主張，也就是星星幾乎完全由氫和氦組成，「顯然是不可能的」。否定這種說法的理由很充分，其中之一在於他們為何認為太陽中含有大量的鐵。太陽光譜中代表鐵的線條比其他元素更多，而且許多隕石也由鐵構成、地球的核心同樣充滿鐵。在羅素看來，種種現象指向任何天體都含有大量的鐵。

一邊是研究所學生，另一邊在學界已經聲譽卓著，佩恩自然接受了對方觀點，或者應該說她感覺自己不得不從，回憶時提到：「年輕科學家有沒有前途就看對方一句話。」於是她在論文加上一句前提，表示這部分結論「幾乎肯定不真實」。據佩恩的女兒告訴作家唐納文・摩爾（Donovan Moore），她一生都為這個決定感到遺憾，因為不出幾年量子理論進步了、其他人也透過其他方法得出同樣結論，羅素又回頭肯定了佩恩的發現。

後來很長一段時間裡，大家認為她寫出了天文學史上最傑出的博士論文。著名天文學家愛德溫・哈伯稱她為「哈佛大學最優秀的人（man）」。即便如此，佩恩在哈佛大學內部升遷卻花了很長時間，講座有非常多年沒被列入哈佛的課程目錄。原因出在校長勞倫斯・羅威爾（Lawrence Lowell）強烈排斥女性進入教職一事，還發誓有生之年絕不錄用，所以拖到一九五六年，羅威爾去世非常久以後，佩恩才終於當上教授。

她的發現改變人類對恆星運作的理解。確定恆星主要由氫和氦組成，研究人員得以解決另一個長期未解的謎團：星星以什麼作為燃料？他們發現恆星內部壓力極大，單質子的氫原子融合形成雙質子的氦原子時會釋放能量，太陽就以這種方式產生光和熱。也由於佩恩的貢獻與對恆星的新知識，學界終於有機會揭開重元素誕生的祕密，答案就在星星裡。

*

之前提過佛萊德・霍伊爾曾經出言譏諷大霹靂理論，但偏偏第一個發現人體元素起源的就是他。霍伊爾身高中等、戴厚框眼鏡，頭髮總是亂糟糟，笑起來有點調皮。他在約克郡的農村長大，對師長的「愚蠢」很不滿，於是熟練了翹課這門藝術，常常連續幾週甚至幾個月不上學，就算沒有「生病」也會在運河閘門、森林或田野中漫步閒晃。在家中他讀完父母書架上的化學書，學會自製火藥之後朋友大吃一驚。成為科學家之後霍伊爾性格刁鑽好辯，以蔑視正統為樂，這種懷疑主義態度其來有自：他父親在第一次世界大戰索姆河戰役打過壕溝戰，深深覺得英國高層太無能，害同袍被機槍掃射成蜂窩。霍伊爾直到進墳墓都還否認大霹靂理論，然而又有人讚譽他的「創新發想世間罕有」，是「當代最具創造力和原創性的天體物理學家」。

進入劍橋大學的霍伊爾決定主修物理，但在此之前他已經精通數學。因此對天文學產生興趣時他有個優勢，不僅擅長統計還能運用到複雜的核粒子反應上。

一九四〇年代，霍伊爾開始思考元素起源。當時物理學家喬治・伽莫夫認為大霹靂產生了無與倫比的高溫，並且進一步假設宇宙最初的煙火秀裡質子與中子快速組合為原子核。他說這個過程「比煮熟鴨子、烤熟馬鈴薯還快」。好像有點道理，既然都要做個宇宙出來了，一次把基本材料處理完比較簡單吧？可是伽莫夫的計算並非全部成立，才幾種元素之後就碰壁了。

此時霍伊爾登場。他從佩恩的玻璃底片看到恆星除了氫和氦之外還含有少量的氧、碳、鐵及其他元素，而且這些元素在每顆星星的比例略有不同。霍伊爾認為這個現象代表恆星就是製造新元素的工廠，然而當下看來這套理論不可能成立，因為物理學家計算出的恆星溫度差太多，能量遠遠不夠。

氫是週期表上第一個元素，原子核內只有一個質子。接著還有一百一十七種元素，每種都必須增加一個質子，例如氦兩個、鈹四個❾，依此類推。知易行難，想成為現代煉金術士的人

譯註❾：原文為「鈹有三個質子」，不符合週期表和原書第三十四頁說法。

都明白這道理。增加質子到核需要極大能量，原因很簡單：一九三〇年代，科學家發現原子核的質子由不同於重力或電磁力的力量所結合。這種黏合劑異常強大，稱之為「強核力」。然而強核力只在極短距離內作用，距離拉長時回到電磁力主導。換言之，即使零散質子飛向核，由於核內已有相同電荷的質子，所以會產生強大的電磁斥力。質子飛到極近距離才能靠強核力進入原子核，但抵達那個範圍需要足夠能量。根據天文學家計算，恆星並不具備那種能量，造出兩個質子的氦就是極限，更重的核完全辦不到。星星溫度遠遠不足以為核增添質子。

霍伊爾相信有辦法解釋元素如何形成的。但關鍵是什麼？

一九四四年的出差帶來轉機。第二次世界大戰尚未結束，霍伊爾為英國軍隊設計反雷達炮擊方案，為了參加關於雷達技術的最高機密會議前往美國華盛頓特區。到達以後，霍伊爾未經授權私下接了一些天文方面的工作案，在普林斯頓遇見恆星專家亨利．諾里斯．羅素。羅素建議他去一趟威爾遜山天文臺，那裡有世界上最強的望遠鏡。

繼愛德溫．哈伯之後最頂尖的天文學家竟然是敵國出身，在戰爭時期顯得格外諷刺。多數天文學家接受徵召投入戰事研究，但沃爾特．巴德（Walter Baade）不然，因為他早在一九三一年便從德國移民到美國，只是被限制不得離開洛杉磯郡。當時實行的外國人宵禁政策禁止巴德使用望遠鏡，所幸天文臺臺長出面要求軍方網開一面。巴德善用了得來不易的機會——不僅沒有其他人搶器材，夜空更因為戰時燈火管制更顯黑暗。他向霍伊爾分享很多新知，其一是大型恆星不會默默消失，死亡前會產生巨大爆炸，研究團隊將這種現象稱為超新星（supernova）。其二則是根據最新研究，超新星熱量遠超過最炙熱的恆星。霍伊爾聽得津津有味。

後來前往蒙特婁，霍伊爾對恆星的思考更加深入。那裡有一群英國科學家正在設計世界首創的核子反應爐——至少對外是這樣宣稱。他判斷對方其實是英國原子彈計畫成員，想從加拿大的同儕套出曼哈頓計畫的機密情報。雖然這些學者只是模模糊糊描述了自己的工作內容，但霍伊爾本來就精通核子物理學，所以也能掌握到美國鈽原子彈的基本原理。他得知若在外層以普通炸藥引爆，引發內層核燃料內爆，將會導致規模更加駭人的核爆。

回到劍橋，霍伊爾開始思考超新星是否與原子彈相仿：難道恆星燃料耗盡時，會像鈽原子彈一樣內爆，引發更劇烈的爆炸？

計算顯示若理論成立，代表恆星遠在爆炸很久之前就得逐漸加熱，到達人類難以想像的超高溫。果真如此的話，或許元素起源早就擺在眼前，每天夜裡都能看見。恆星爆炸前會先演化為紅巨星，這種大質量恆星是否燙到能夠將氫改造為別的元素？他決定利用核物理與統計知識，計算看看這種現象發生可能性多高。

霍伊爾假設大質量恆星的核心將所有氫轉變為氦後，釋放的能量會使自己更加炙熱、內部粒子運動速度更快，於是三個氦核相撞的力道強大得足以克服排斥力彼此融合。一個氦核有兩個質子，三個氦核融合為單一元素就是六質子的碳。恆星製造出碳的同時會釋放更多能量，內部溫度更高、粒子運動速度更快，無須藉助外力也能持續自我加速。初期計算顯示連續反應不斷增加溫度和壓力，這股能量最高可以製造出二十六個質子的鐵元素，是非常驚人的突破。

但很快霍伊爾又碰壁了，而且是一面碳壁：他算不出創造碳原子的反應能量從何而來，但恆星製造碳之前無法製造更重的元素。這是影響整個理論能否成立的窘境。

幾年後，霍伊爾應邀前往加州帕薩迪納的加州理工學院度過幾個月。他在那裡一邊準備講稿一邊重新審視問題，意識到若兩個氦原子碰撞瞬間再被第三個氦原子同時撞擊就有足夠能量生出碳，可是仍有一個問題：這種反應將創造出特別高能量的碳形式，理論上不存在。

這是因為原子的能量取決於質子和中子的排列方式。根據霍伊爾的計算，他設想的反應會產生極度高能量的碳原子，但這種原子從未現身在任何實驗。他甚至算出精確數值是七百六十五萬電子伏特。霍伊爾認為重大發現近在咫尺了，因為碳是宇宙中第六常見的元素，佔人體質量大約百分之二十三，感覺碳就應該是從星星誕生，說不定它確實有超高能階形式，只是人類還沒發現。

於是霍伊爾興奮且大膽地預測：大質量恆星中，三個雙質子的氦原子互相碰撞時會產生六質子的碳。但這種碳原子不穩定，因此會在失去、或者說釋放部分能量之後轉變成環境中常見、不那麼高能的形式。後來他也說明自己如此預測的理由是人類已經存在，且人體以至於整個宇宙都有很高比例是碳，沒有更好的方法能解釋這種現象。

他非常幸運，加州理工學院有一群世界頂尖的核子實驗學者正以粒子加速器做研究。霍伊爾找了一天闖進團隊負責人威廉・福勒（William Fowler）辦公室，請他驗證自己的預測。福勒是個直腸子，碰上怪人操著英國口音來打擾自己工作心裡挺不爽，「一個古怪的小個子忽然要我們放下手邊的重要工作……剛開始大家不當一回事，叫那年輕人滾遠點別來煩。」但霍伊爾沒有放棄苦苦糾纏，總算讓團隊意識到雖然預測成真可能性乍看很低，但一旦得到證實則意義非凡。最後他們同意針對霍伊爾的理論做測試，組合測量原子能量的光譜儀與小型粒子加速器並嘗試創造碳原子。

實驗過程中，霍伊爾十分緊張。「每天進入實驗室都感覺脖子發燙。」他在回憶中說自己就像法庭上的被告，苦等陪審團宣判。

經過幾個月實驗，結論震驚了團隊成員——原來碳原子真有一種能階形態符合霍伊爾預測。福勒尤其訝異，從未有人能透過天體物理學與恆星知識針對原子核結構如此微觀的層面做出精確預測。霍伊爾也表示宣判之後自己喜愛的加州橙樹聞起來更香甜，他終於解開了元素誕生之謎。

＊

大霹靂為新元素誕生搭好了舞臺。大團氫雲飄浮在大幅膨脹的空間，約兩億年後遭到無情的重力拉扯，最大團的雲裡，原子擠在一塊兒被榨出巨大的熱和壓力，原子核也因此成了核反應爐。氫融合成氦並釋放龐大能量，雲氣點燃之後變作璀璨的恆星。星星散發熱和光，照亮本來漆黑的宇宙。

這些過程以前就有人推測到了。但霍伊爾進一步猜想到巨大恆星核消耗完氫元素後就會進入嶄新而激烈的新階段。核心中，氦原子受重力壓縮得太過緊密，於是也開始燃燒。超高溫大漩渦中，氦核碰撞激烈得足以克服彼此間的斥力，形成人體也有的碳元素。只要創造出碳，恆星就能像九命怪貓般不停蛻變。核融合釋放的熱量穿透至外側，導致恆星化為大體積的「紅巨星」。儘管我們的太陽不夠大，無法製造出比氦更重的元素，但大約六十億年之後也得經歷類似命運：星體表面像氣球不停膨脹擴張，最後連地球都會被烤得酥脆。

霍伊爾發現古老的大質量恆星進入紅巨星階段會使宇宙更有趣。由於恆星核溫度不斷升高，新元素如洋蔥般一層層在核心周圍誕生及毀滅：碳轉變成氧，氧轉變成氖，氖轉變成鎂，鎂轉變成矽，最後發展為具有二十六個質子的鐵。

人體大部分原子也是這麼來的。超過百分之八十八的原子在彷彿烈焰地獄的紅巨星中形成，其中包括生物活動必要的氧氣、骨骼中的鈣、傳遞神經訊號的鈉鉀，以及DNA中除氫以外的所有元素。碳的功能最多，按質量計算也在人體第二多（第一名是氧）。如果去除身體裡所有水分，碳在骨骼只占不到百分之一，卻在其他組織中約佔六成七。碳鏈是糖、脂肪、蛋白質的基本架構，牛排之所以會烤黑就是因為碳，而這些碳都源自恆星。包含鐵在內的各種元素因為紅巨星自身對流而從星體內部來到表面，接著主要為電子和質子流的星風[10]吹動巨大元素雲進入太空。

可是霍伊爾試圖計算比鐵重的元素如何形成時撞上另一堵牆，而且這堵牆比前一次更結實。在鐵之前，元素演化過程釋放的能量足夠用於製造更重的元素。但鐵之後，這條產線無法自給自足了。霍伊爾計算後發現恆星無法鍛造比鐵更重的元素，除非能夠以某種方式找到超乎想像的額外能量。

這個現象令他相當困惑。地球上有六十六種比鐵重的元素，人類身體的微量元素就佔了其中四十多種，包括酶所需的銅和硒以及牙齒琺瑯質中的氟。製造這些元素的能量從何而來？想必宇宙還有某個事件釋放出更多能量，但沒人能給霍伊爾答案。

霍伊爾不肯放棄，在加州理工學院粒子加速器隔壁那個沒窗戶的房間裡繼續研究。他與化

譯註[10]：恆星表面向外發散的物質流。太陽風即為太陽發出的星風。

敵為友的威廉・福勒、天文學家夫妻瑪格麗特和傑佛瑞・伯比奇（Margaret and Geoffrey Burbidge）合作，靠滑尺⓫、陽春計算機並結合三個人對核物理的集體知識，著手調查比太陽更大的恆星年老之後化作紅巨星究竟是什麼狀態。他們發現紅巨星核心完全轉化為鐵之後反應就會停下來。這本該是壞消息，因為恆星無法產生足夠能量支撐外層。但一轉眼這顆核心會收縮成直徑不到三十英里、密度卻高於地球三十萬倍的球體（就算彈珠大小也會超過十億噸）。突如其來的收縮朝著恆星各層發出毀滅性衝擊波，引發無與倫比的大爆炸——超新星的威力即使放眼宇宙也數一數二，是恆星的爆炸性終結，最早由沃爾特・巴德發現。

巨大的垂死恆星燃燒起來像一千億顆太陽那麼亮，而且會持續好幾天甚至幾個月。看到這兒可能覺得超新星溫度就足以生成其他元素，但霍伊爾團隊不太肯定，直到四年前第一次氫彈試爆數據對外公開才有了信心。那次試爆瞬間摧毀馬紹爾群島裡以珊瑚和沙子為主的小島伊魯吉拉伯（Elugelab），掀起直徑達一百英里的蕈狀雲。科學家在殘骸找到半衰期為六十天且特別重的放射性元素，推測是因爆炸產生。接著霍伊爾團隊發現超新星光線以同樣速率逐漸暗淡，乍看似乎證明了超新星的高溫能夠製造同種元素，只可惜最後發現這只是眾多巧合之一罷了。儘管如此，霍伊爾團隊感覺自己走對了方向，士氣也為之一振。

譯註⓫：又稱作也稱計算尺或對數計算尺，電子計算機問世之前廣泛用於對數計算的傳統工具。

某一天在加州理工學院，霍伊爾午餐前閒著沒事就用團隊想出的方程式來預測全宇宙內比鐵更重的元素有多少。原本就有學者以地球和隕石來進行推估，或者運用塞西莉亞・佩恩的技術來測量恆星結構，而霍伊爾這天算出的數字都對得上，所以他越算越興奮。有少數案例的測量值與霍伊爾的計算相異，但後來都證明是測量有誤而非算式問題。

團隊發表了《恆星中的元素合成》，這份一百零七頁的論文是科學史上難得一見的傑作，內容詳細列出八種不同核反應路徑如何創造元素，也詳細論述紅巨星深處核融合如何生出從氫到鐵的所有元素。透過這篇論文，人類理解到龐大紅巨星會急速塌縮，引發的超新星會達到數十億度高溫——我們的太陽中心才不過兩千七百萬度，超新星高出數千倍。粒子受到超乎想像的溫度烘烤，中子、質子和原子核以接近光速的速度彼此碰撞，重新組合並化作宇宙中各種元素，人體內最重的那幾種也包括在內。[7]

霍伊爾因其重大發現而獲得無數讚譽、獎項、甚至爵位，然而遲遲等不到物理學家可以獲得的最大榮譽。一九八三年十月，團隊裡的威廉・福勒得知自己獲得諾貝爾獎，開心之餘卻也錯愕失望，因為得獎的只有他沒有霍伊爾。具體原因從未明言，但普遍猜測是因為霍伊爾當時

7　超新星創造這些重元素的過程很巧妙：爆炸將中子拍飛時速度特別快。中子沒有電荷，不受核內帶電質子排斥，所以速度夠快的中子能夠鑽進原子核。到了原子核裡面，外來的中子簡直就像特洛伊木馬，因為它實際上包含一個正電質子、一個負電電子和一點額外能量。如果這個中子衰變，電子會從核內彈出但質子卻會留下，於是這個原子核就變成更重的元素。

就像物理界的問題人物，譬如他曾經說「寧願錯誤但有趣，也不想正確但無聊」，而且將這個態度實踐到底，動不動就蔑視權威或詆毀意見相左的優秀同儕。此外儘管霍伊爾持續做出重大貢獻，卻也公開支持一些高度爭議或根本荒謬的理論。他聲稱地球生命是由外太空播種而來，這套胚種論（panspermia）時至今日看來不再那麼離譜，但其他理論則不然，比方說他還認為倫敦自然歷史博物館著名的始祖鳥化石是造假、太空裡有充滿病毒和細菌的雲氣會定期引發如一九一八流感、百日咳，甚至退伍軍人病等等惡疾。直到二〇〇一年去世前，霍伊爾仍舊不接受大霹靂理論。

*

經由佩恩和霍伊爾的發現，人類可以從時間之初追溯原子的旅程。大霹靂後不到一秒內，夸克和膠子組合為質子，此時我們身體的每個氫原子也跟著問世。大約兩億年後，紅巨星的熾熱深淵生成了我們體內質子數在鐵以下的其他元素。恆星溫度不斷增加，核子劇烈碰撞，質子和中子以接近光速的速度相互撞擊，元素也變得越來越重。大霹靂產出的氫與紅巨星製造的元素（主要是氧、碳、氮、鈣、磷）組成人體百分之九十九的質量，剩下百分之一則得等到紅巨星爆炸：超新星是宇宙中最強的爆炸，能夠以數十億度高溫烘烤出鋅和錳這類特別重的原子。[8]

恆星所鍛造的原子向外飄散，卻又被困在旋轉的星塵和氣體團塊。這些物質可能在回收之後形成新的紅巨星，又或者被捲進更巨大的恆星並再度經歷超新星爆炸。數十億年時間裡，我們身體的原子很可能進入過無數星體、承受過無數淬鍊。

然後約莫五十億年前，它們匯聚而成的巨大雲氣飄到宇宙間一方空白，孕育出我們這個太陽系。原子直至此時才朝著你我邁出第一步。

但旅程並不順遂。應該說，麻煩才剛開始。

8　二〇一七年，學者發現人體內極少數最重的原子，例如金，誕生自中子星環境下極度激烈的碰撞。中子星是恆星經過超新星爆炸後形成，結構以中子為主，密度高得異乎尋常。

4 禍福相依

如何以重力和塵埃打造世界

我個人懷疑宇宙奧妙不是難以想像而是無法想像。

——約翰・伯頓・桑德森・霍爾丹（J.B.S. Haldane）

超過四十八億年前，未來會構成人類的原子搭著氣體和塵埃組成的巨大雲團航行，但航程根本沒有目的地。那個時候沒有太陽系，沒有行星，也沒有地球。很長一段時間，科學家無法解釋固體行星如何形成，又如何會發展出適合生命的環境。虛無縹緲的雲氣怎麼會像變魔術一樣變成這麼大一塊岩石天體？地球在什麼時間點經歷什麼過程才滿足了孕育生命的條件？人體分子在生命演化開始之前通過哪些艱難考驗？科學家後來發現原子必須承受劇烈的衝撞、熔解與轟炸才終於能創造生命，這些事件破壞力之強大遠超乎人類對災難的認知。

解釋地球形成似乎太難，天文理論到了一九五〇年代仍舊毫無進展，多數學者已經放棄。兩個世紀前，德國哲學家伊曼努爾・康德（Immanuel Kant）和法國學者皮耶—西蒙・拉普拉斯（Pierre-Simon Laplace）就提出了頗為合理的恆星形成假設：氣體與塵埃構成巨大雲團，因重力不斷收攏而產生高溫高壓，燃燒之後化作恆星──例如我們的太陽。但，行星如何形成？當初他們猜想太陽周圍仍有零散的塵埃和氣體，一開始呈碟狀分佈，後來慢慢分散為幾個小雲團並凝聚為行星。不過碟狀雲氣為什麼分離成小團塊，小團塊又為什麼變成行星？這些問題得不到令人信服的說法。

一九一七年，英國學者詹姆斯．金斯（James Jeans）提出新見解。如前所述，這套理論在塞西莉亞．佩恩的年代曾是主流。他推測曾有恆星經過並造成巨大重力拉扯，從太陽表面撕下大塊氣體凝結為行星。也有人認為所謂行星是恆星碰撞出來的殘骸，不過如何碰出九個相距甚遠的行星還是沒人說得清楚，感覺就像濕衣服放進機器烘乾再打開，結果發現衣服不僅乾了還折疊整齊。只有少數天文學家繼續認真鑽研。天文學家喬治．韋瑟里爾（George Wetherill）形容得很好：這個問題只能用來「打發時間」或「天馬行空」，畢竟人類根本沒辦法追溯到那麼久以前。

然而到了冷戰高峰，一九五〇年代晚期的蘇聯出現一位年輕物理學家決定接受挑戰──靠數學來處理。維克托．薩夫羅諾夫（Viktor Safronov）身材矮小，二戰時期前往亞塞拜然接受軍事訓練時曾經罹患瘧疾導致身體較弱，性格虛懷若谷卻又聰明無比，在莫斯科大學一次拿到物理學和數學兩個高級學位。精通數學、地球物理學和極地探險的奧托．施密特（Otto

Schmidt）看中薩夫羅諾夫的才華，將他招攬進蘇聯科學院。

施密特本人與康德和拉普拉斯的看法相同，認為太陽系行星是從環繞太陽的碟狀塵雲形成。他希望找到具有高度技術能力的人研究出細節，文靜的薩夫羅諾夫就有適合的數學造詣。進入科學院辦公室，薩夫羅諾夫從頭開始。任務非常艱巨，必須解釋塵雲裡幾兆乘幾兆的氣體和塵埃粒子如何化作星系結構。而且他手上只有數學工具：首先是統計學，再來是描述氣體與液體流動的流體力學方程式。計算過程缺乏電腦協助，但塞翁失馬焉知非福，正因為沒有電腦他才更進一步發揮了原本就很敏銳的直覺。

薩夫羅諾夫的假設是：上一章最後提到塵埃和氣體組成的巨大雲團飄浮在宇宙，這些原始雲團無法抵抗恆星重力吸引，慢慢演變成目前所見的太陽系。雲團內將近所有（現在知道是百分之九十九）物質化作太陽，殘餘的極小比例距離太陽太遠未被拉入卻又不足以完全逃逸，在重力和旋轉向心力作用下被壓縮為環繞太陽轉動的碟狀雲。薩夫羅諾夫計算之快連同儕都嘖嘖稱奇，他開始研究碟狀雲內微小粒子相互碰撞並波及鄰近粒子後的結果。地點或許是蘇聯科學家躲避辦公室喧鬧的圖書館角落，薩夫羅諾夫僅僅憑藉鉛筆、紙張、滑尺就埋頭苦幹，嘗試估計數以兆計的碰撞會引發什麼後果。這項工程實在浩大，就算有電腦也一點都不輕鬆，相比之下從雲層水珠去推演颶風路徑也只是兒戲程度。

薩夫羅諾夫發現環繞太陽運轉的塵埃和氣體大致會朝相同方向以相同速度移動，過程中粒子互相碰撞時偶爾會像雪花般相黏。碰撞次數越多，結合出的團塊就越大，逐漸發展為岩石、輪船、山脈以至於行星雛形的規模。天分過人的他僅憑一己之力勇敢挑戰學界難以解釋的行星起源之謎，又透過數學蹊徑找出了解答。

行星形成這個領域由他開創，卻也在許多年間僅屬於他一個人。多數蘇聯同儕不是懷疑就是興趣缺缺，因為研究內容看似臆測過度缺乏實證。到了一九六九年，薩夫羅諾夫出版一本薄薄平裝書回顧自己孤獨工作的十年，並將一份副本送給來訪的美國研究生。這位研究生將書交給美國太空總署並建議出版，於是這本書的英文版本三年後進入西方社會。

華盛頓卡內基研究所的喬治·韋瑟里爾看過這本書之後燃起熱情。雖然母親是基督教基要派但並未干涉他幼年時對自然史的興趣，於是韋瑟里爾長大後成了科學家，學習物理、做地球化學研究的同時也是優秀數學家。韋瑟里爾對薩夫羅諾夫理論深感興趣，更重要的是他認為自己有手段可以驗證。有別於蘇聯科學家，韋瑟里爾這邊已經有了早期電腦，除了能對薩夫羅諾夫方程式進行模擬還可以再加入嶄新統計工具「蒙地卡羅方法」作為輔助。蒙地卡羅方法最初是為了製造原子彈而開發，能在計算中處理機率。換言之韋瑟里爾反覆以不同初始假設進行試驗就能找出機率最高的結果。

模擬結果令他震驚：幾兆次又幾兆次的碰撞過後，會先催生出數百個月球大小的天體環繞太陽，之後數量大為減少，卻形成了體積和位置都與地球相似的行星。

而且他與行星科學家葛倫・斯圖爾特（Glen Stewart）從模擬找到另一幅驚人場景。若太空中一顆岩石發展到大約直徑一百英里，重力就會大到能夠拉扯周圍物體，並且引發失控的連鎖。這顆巨岩會像滾雪球越長越大，體積增加之後與其他物體碰撞的次數也增加，很快會將活動區域內的小物體都據為己有。而岩石的活動區域是什麼？就是環繞太陽的軌道。所以行星形成並非緩慢漸進，而是快速猛烈。那畫面想像起來很不美好，看在天文學家眼中令人不安甚至駭人聽聞。地球並非孕育於寧靜祥和之中，而是太陽系內許多物體，或許是上百個大小介於月球、火星之間的岩塊舉行競速滑輪賽[12]推擠衝突而來。有些石頭撞進太陽，其餘被彈向最大的木星。要是沒有與木星相撞，軌道就會受到木星強大引力擾亂而飛出太陽系。值此同時，我們身上這些可憐分子困在巨大岩石、迷你行星裡頭，隨著地球形成遭受無數次劇烈衝擊。

薩夫羅諾夫理論經過韋瑟里爾進一步闡釋便解決了下一個困擾學界的問題：星系內側行星是岩質，外側行星是氣體，怎麼從同一片塵雲衍生？答案是太陽形成後不久，附近溫度非常高，輕元素保持氣態，只有重元素才能凝結成固體顆粒。這些固態顆粒形成岩質行星，包括水星、金星、地球、火星，這幾條行星軌道上多數輕分子被吸入太陽或彈出碟狀雲去了外太空。然而較遠處溫度夠低，水、甲烷與二氧化碳會結凍，固體物質將近翻倍。岩石和冰塊混合，木

譯註[12]：roller derby，一種輪鞋競技運動，兩支隊伍需近身接觸彼此妨礙。

星土星的核心分量與整體體積大幅增加，連帶強化了重力吸引，將氫和氦之類輕氣體納入大氣後形成氣態巨行星。

薩夫羅諾夫和韋瑟里爾的理論甚至解釋了另一個現象。儘管所有行星處於同一平面、朝著同樣方向繞太陽運行，然而金星逆向自轉，天王星簡直是躺著自轉，而地球則因為傾斜自轉而有了四季變化。南北半球靠近太陽時就是夏天、遠離太陽時就是冬天。原來行星形成過程中，若與其他巨大天體劇烈碰撞就會導致自轉方向產生偏差，即使公轉不受到影響。

薩夫羅諾夫理論最大貢獻之一是解開了月球之謎。多年來科學家遲遲無法解釋月球為什麼沒有地球上一些輕元素。一九七〇年代，行星科學研究所兩位天文學家威廉・哈特曼（William Hartmann）和唐諾德・戴維斯（Donald Davis）加上哈佛大學阿勒斯泰・卡梅隆（Alastair Cameron）和比爾・沃德（Bill Ward）研究發現地球幾乎完全成形時（約現今大小百分之九十）必然曾經遭受猛擊：一顆大小與火星相當的天體以每小時數萬英里速度衝撞地球。這顆天體的結構或者蒸發、或者化作碎片，地球地函也被敲下一大塊。強勁衝擊將大量氣化後的岩石和碎屑彈射到地球大氣層，外來天體的重鐵核則與地球地核合而為一。噴入大氣層的碎片、包括構成人體的部分原子後來重新落回地表，但許多岩石在這場撼天動地的「大碰撞」[13]中進入太空。

譯註[13]：此處作者羅列英語的不同用詞，包括Big Whack、Big Thwack、Big Splat。中文亦有大碰撞、大飛濺、忒亞撞擊等不同說法。

一些最輕的元素如氫會越飄越遠不知所終，較重的元素則困在地球軌道並組成月球，因此月球的輕元素遠少於地球。儘管最初遭到學界忽視，這套理論經過不斷修正逐漸成為解釋月球起源的最佳選擇。大碰撞使地球質量增加約百分之十，也象徵我們母星於四十五億年前正式誕生。

至此天文學家彷彿終於開了眼，在薩夫羅諾夫之前都是瞎子摸象。如今不僅有了行星形成模型還有測試手段，時光機——實際上是電腦模擬——可以配合天文觀測數據反覆修正，重建太陽系和地球的演化過程。

可惜到了一九七〇年代，薩夫羅諾夫和多數蘇聯科學家因為沒電腦可用而進度落後。不過他經常造訪西方，也非常受人尊敬，例如韋瑟里爾發自真心寫過這樣一句話：「他的貢獻太重大了，我連碰他衣角都不配。」薩夫羅諾夫對地球歷史研究的影響之大實在難以筆墨形容。

*

四十五億年前，我們的原子終於有了名為地球的家。或許在某些人想像中，這顆新生的行星會迅速固化、形成海洋，生命很快登上舞臺。可惜事情沒那麼簡單。科學家發現激烈碰撞與組裝後，地球還要經歷一連串令人瞠目結舌的災變才得以繁衍生命。第一場災難尤為驚人，是徹底的熔化，妙處則在於這是生命興起所必須。

早在十七世紀初就有人找到相關線索了，即使他本人並不知情——鑽研自然哲學的伊麗莎白女王御醫威廉・吉爾伯特（William Gilbert）發現地球有個巨大的鐵核。人類歷史的諸多「第一」之中時常有人認為吉爾伯特是「第一位科學家」，就連伽利略也深受其影響。他最早提出瞭解自然不能僅憑理論還得進行實驗，所以也透過研究推翻水手長久以來的迷信，像是在羅盤旁邊吃大蒜會影響它偵測磁場、又或者指南針會受到遠方具磁性的山脈牽引等等。吉爾伯特發現就算將羅盤擺在具有兩個磁極的大磁石周圍，指針依然能夠指向南北，與航海途中沒有差異。他得出結論：地球與那塊大磁石一樣被巨大磁場籠罩，來源就是鐵質核心。

鐵核與磁場怎麼來的？一九七〇年代時科學家察覺地球完全成形後，內部原子被重力壓縮得非常緊密，導致其溫度比地獄之門還高。經過薩夫羅諾夫研究，他們又發現撞擊會提高地球溫度，「大碰撞」尤其明顯，導致大部分地函熔解。根據計算，當時含量較高的放射性元素如鈾會使地球變得更加炙熱。考量各項條件，鐵核存在的可能性剩下一種：地球整個被燒紅熔化掉過。

科學家為這個時期取了貼切的名字叫做冥古代⓮。當時地球表面是沸騰的岩漿海洋，分子

譯註⓮：此處本書原文為Hadean "Era"。Era在地質學分類屬於「代」，但一般文獻會將此時期列為「宙」（eon）稱為冥古宙。Hadean語源為希臘神話的冥界和冥王，亦即採用了西方社會對地獄烈焰的想像。

按照重量分層，許多輕的氣體分子如氮氣和二氧化碳上升到大氣。熔融的地球內部有構成生命的元素如磷、鈉、鉀，它們與矽結合並上升成為地殼一部分。與此同時，重金屬鐵和一些鎳就像池塘沉積那樣沉到地球中心。時至今日地核溫度依舊滾燙，接近華氏一萬度（約攝氏五千五百三十七點八度），與太陽表面相近。即使地質學家稱這場熔化為鐵災（Iron Catastrophe），人類應該心存感激，因為沒有這場大災難就不會有我們。

地球核心主要由鐵構成，外層依舊是熔化狀態並隨著地球自轉而流動，因此產生電流在內部循環，於是展開巨大且無形的磁場包覆整個行星。磁場延伸到大氣層外，遮蔽會破壞生物DNA的高能量宇宙射線，也保護生命免受太陽風（主要是電子和質子）威脅，因為太陽風會將大氣切碎並將它吹入太空。火星的遭遇就是如此悲慘，它體積不足以維持磁場，所以大氣層被太陽風粒子撞擊之後就飄散了。[9]如果地球初期沒熔化，現在也就沒有磁場。

從我們的角度來看，或許就是所謂的因禍得福。

*

地球從熔解災區變成適合生命居住的樂園花了多長時間？一九六〇年代，地質學家從喜馬

9　地球上南北極極光就是太陽風導致。

拉雅高山到最遙遠的沙漠在世界各地尋找線索，然而辛勞換來的收獲甚微，能找到的最古老岩石只有大約三十五億年歷史，但地球本身的年齡應該是四十五億年。[10]地殼運動將板塊邊緣推入炙熱的地函，幾乎沒留下這顆星球前十億年任何痕跡，對於尋找地球最古老岩石的地質學家而言是一樁憾事。

於是地質學家們將目光轉向月球。月球太小太冷，不會發生陸塊漂移，理論上能夠保存最古老的石頭。學者相信只要能夠拿到月球表面的岩石，就能深入理解地球與月球雙方的早期歷史。

一九六九年七月二十日，天氣溫暖潮濕，德州休士頓美國太空總署約翰遜太空中心裡由地質學家、天文學家和生物學家組成的精英團隊正焦躁等待。兩個月前，阿波羅十號的太空人成功繞月飛行，所以現在阿波羅十一號兩名太空人，尼爾．阿姆斯壯（Neil Armstrong）和伯茲．艾德林（Buzz Aldrin）準備嘗試登月。

美國太空總署成立第一所針對地球外岩石進行分析的機構並招募學者團隊，眾人越來越亢奮。熱情洋溢的年輕地質學家艾伯特．金恩（Elbert King）博士接受《紐約客》採訪時說：

10　學者知道地球年齡是因為透過偵測放射性元素就能推斷隕石出現時間，它們是行星形成過程的殘渣。星體很快在隕石轟炸後成形，估計是一億年後。

「對我而言這是科學史上最令人興奮的事。」設施成本八百萬美元，面積達八萬三千平方英尺，金恩與許多學者奔走才說服政府出資興建。他得到「月球樣本館館長」這樣一個響亮的頭銜，但當天收藏架上還空無一物。

政治面而言，當時美國想要向世人證明自己的經濟和政治制度絕對優於共產國家，登月成功可謂最好的宣傳。但休士頓這群科學家心癢難耐則基於另一個理由：登月的主要目標是將月面岩石直接帶回太空中心實驗室。為此制訂的阿波羅計畫需要兩百五十億美元（相當於現在一千六百億），是史上最昂貴的地質考察行程。

一九六九年當時人類對月球瞭解甚少，科學家甚至還在辯論月球表面的巨大坑洞成因為何，究竟是火山爆發、還是巨大小行星或彗星撞擊？我們知道的太少，甚至有一位優秀的行星科學家特意警告：或許著陸器一落地就會沉入月球表面其深無比的沙土沉積。果真如此的話，載人太空船就幾乎不可能平安返航。所幸計劃初期已經以無人探測機排除這個可能，但不可否認太空人還是得面對巨大的未知。

休士頓時間晚上七點五十九分，新聞主播敘述形似蜘蛛的月球登陸器老鷹號已經與指揮艙分離。指揮模組會留在月球軌道，登陸器則開始下降。

登陸器內部連裝兩個座位都會超重，因此尼爾・阿姆斯壯和伯茲・艾德林只能微微駝背站在控制臺前面。航程交由麻省理工學院開發的原始導航電腦處理，他們雖然對電腦有信心但並非百分之百。接近月球銀白色表面時，艾德林唸出電腦計算的高度數據，阿姆斯壯透過窗戶確認航道是否正確。

最初階段一切正常，但距離滿佈坑洞的月球表面僅僅六千英尺處突然出事了：伯茲・艾德林的控制臺閃著黃色警報，耳機裡嗡嗚大作。在家裡觀看電視轉播的科學家們還沒察覺，但他們拿到月球岩石樣本的機會大幅下降。任務控制中心裡，工作人員目瞪口呆，螢幕代碼顯示導航電腦故障。艾德林無可奈何，只能看著電腦自動關機又迅速重啟。幾分鐘後，類似的警報再次跳出來。任務控制中心無法掌握原因毫無頭緒，而且只有很短時間來決定要不要讓太空人繼續冒險。

一位頭腦靈活的飛行工程師查閱了手寫的警報代碼列表，發現模擬飛行時出現過相同警報但電腦很快自行修復。控制中心在瞬息萬變中做出決定：忽略警報，祈禱一切順利。

他們做了正確抉擇——電腦恢復穩定。

但阿姆斯壯理所當然分心了。登錄器只剩下幾分鐘燃料，他從小窗向外望的時候自己身體也開始發出警報：導航電腦計算登陸點出現誤差，而且達到約四英里之多，如此一來他們會撞進大坑洞，裡頭都是金龜車大小的岩石。

美國太空總署之所以進行多次試飛遴選太空人就是這個道理。阿姆斯壯立即切換為手動控制，一個急轉彎將時速從八英里飆升到五十五英里，拼命朝遠方一片空地俯衝。控制中心看著阿姆斯壯脈搏次數加倍卻也無能為力，所幸登錄器油箱僅剩二十五秒燃料時，登陸器停進一片沙塵。「我們總算敢呼吸了。」控制中心告訴太空人。

休士頓的科學家忍不住發出歡呼。任務第一部分成功了，終於有可能取得月球岩石。得歸功於阿姆斯壯的膽量、技術團隊的工程能力，以及美國太空總署的那份好運。

太空人興高采烈，在月球微弱重力下嘗試行走和跳躍。休士頓的研究團隊懸著心從旁觀察，擔憂接下來會不會又出問題。太空人插上國旗，與尼克森總統對話，然後安裝幾個儀器。接著科學家們總算安心了：阿姆斯壯和艾德林著手處理關鍵任務——將兩個公事包大小的鋁箱裝滿岩石準備帶回家。

三天後，指揮艙哥倫比亞號在海軍艦艇和直升機尾隨下墜進夏威夷西南方太平洋海中。自那一刻起，月球物質回收實驗所（Lunar Receiving Laboratory）團隊就像銀行經理監控大宗黃金運輸，對石頭的運輸進度緊盯不捨。美國太空總署高層開玩笑說這些石頭比最罕見的珠寶還有價值，可以標價二百四十億美元，也就是太空計劃的全部成本。如此換算，每磅價值高達四億。

太空人跟著開玩笑地填了一份美國海關申報表，同時裝有六十磅石頭和土壤的兩個鋁箱分別搭乘兩架 C-114 噴射機前往休士頓艾靈頓空軍基地，然後再轉運四英里就能到達月球物質回收實驗所。話雖如此，月球樣本館長艾伯特・金恩不敢掉以輕心，因為時值一九六九年，反戰和公民抗議活動激烈得如火如荼，牧師拉爾夫．阿伯內西（Ralph Abernathy）牧師帶了一輛騾車到佛羅里達州卡納維爾角抗議政府將巨額資金投資在阿波羅計畫而非救濟貧民。為保護月球岩石，警方封鎖通往太空中心的道路並派出車隊接應。金恩還是擔心「激進的嬉皮」會惹出亂子，為免意外他特地回家取了史密斯威森三五七麥格農手槍並裝入六發子彈。他開著自己的普利茅斯勇士款汽車跟在運送車隊後方，手槍用浴巾蓋好擺在座位下隨時能出手，絕不允許任何人事物阻擋樣本進入實驗室。

但結果一路平安，石頭順利抵達第三十七號大樓，也就是月球物質回收實驗所。新設施分隔成許多小型實驗室與生物隔離系統，還為太空人準備了隔離區，因為科學家無法排除外星生命體污染的末日情節。剛好才兩個月前麥可．克萊頓（Michael Crichton）出版了暢銷科幻驚悚小說《天外病菌》（*The Andromeda Strain*），故事就是描述微生物隨著太空艙返回地球，導致人類幾乎滅亡。因此岩石樣本和太空人一樣必須隔離三週，期間科學家會認真偵測是否帶回了致命的月球病菌。他們小心翼翼觀察藻類、植物、家蠅、大蠟蛾、德國蟑螂、牡蠣、胖頭鱥、蝦子、白老鼠和日本鵪鶉暴露於月球塵土和土壤之後是否出現異變。

另一方面，金恩團隊則並不需等待隔離結束。先前他們就費盡心思設計出以鋼材密封的真空室，可以透過從玻璃窗戶伸出的黑色橡膠手套操作樣本。團隊成員肖普夫（Bill Schopf）回憶表示：如果真空室內發生大面積洩漏，根據應變方案研究員必須先迅速跑到戶外草地以直升機轉移至空軍基地，再轉乘待命的飛機前往太平洋比基尼群島接受隔離。

箱子送抵不久，一隊科學家在無塵室裡淋浴清洗並換上手術服帽、戴上防毒面具再走向密封室，過程中會有一位同事透過閉路電視時時報告進度。橡膠手套質地硬邦邦，動起來不怎麼靈活，技術員將手插入後以強效殺菌劑擦拭箱子外殼、打開後挪步給科學家隔窗觀察。[11] 終於要水落石出了，岩石樣本是否會揭開月球和早期地球的祕密？大家爭先恐後，就像探險家發現新大陸，結果卻大失所望——月球岩石除了乾燥之外，上頭還覆蓋一層黑土。「我是世界上第二個觀察樣本的人，」地質學家肖普夫告訴我：「那時候心想……有什麼了不起？不就煤炭而已。」清掉塵土後，科學家又聯想到別的東西了——地球上很普通的玄武岩，岩漿冷卻形成的灰色物質。

月球樣本乍看平凡無奇，卻衍生出令人震驚的結論。首先，樣本解決了長久以來月球坑洞起源為何的爭論。部分學者預期太空人們帶回火山口殘留物，但實際上是小行星或彗星撞出的巨大圓洞殘骸。而且這些岩石的年代才是驚喜所在，開啟了地球與人體原子歷史上充滿多災多難的新篇章。

11　根據肖普夫回憶，當時大家有些意外。技術員嘗試打開箱子時竟發現根本沒拴好。原來是門子太緊，太空人在月球的時候關不好，難怪降落在水中的時候他們看起來像煤礦工人一樣臉上沾滿月球灰塵。

不過首先美國太空總署得將月岩樣本送到傑拉爾德．瓦瑟伯格（Gerald Wasserburg）的實驗室後才行。瓦瑟伯格雖然高中輟學，後來不但成了加州理工學院的地球化學家，還在儀器設計上展現出不凡才華。一九六〇年代初，他向美國國家科學基金會提出申請，希望能夠打造全球第一臺數位質譜儀，然而卻遭到回絕。後來瓦瑟伯格自行籌措資金完成計劃，這臺機器能以最新精準度測量放射性元素及其衰變後生成的元素量，因此估計岩石年代會更加準確。他還鑿三分之二英里的管道，靠電纜將質譜儀連接到IBM大型電腦。想當然耳，這臺質譜儀很快成為當代技術領頭羊，精度是同期設備的三十倍以上。研究月球岩石時，瓦瑟伯格給機器取了綽號「瘋子一號」（Lunatic I）。他得進入經過消毒的無塵室操作，房間外頭掛了一塊黃銅牌匾寫上「精神病院」（Lunatic Asylum）。⓯

由於月球沒有板塊構造，瓦瑟伯格原本預期岩石的年齡會與月球和地球一樣古老，也就是追溯到四十五億年之前。然而太空人帶回的第一批岩石僅僅三十六到三十九億年歷史，他希望下一次任務會帶回更古老的樣本。

三年後，也就是一九七二年，瓦瑟伯格團隊終於取得來自五次阿波羅任務的樣本。他和同事在「精神病院」裡調查太空人或步行或駕車造訪各個撞擊坑帶回的岩石。

譯註⓯：推測是基於「月」的詞根（lunar）開玩笑。Lunatic 一詞源自古人對月亮和精神病關聯的迷信。

結果很不可思議，瓦瑟伯格訝異到帶大家去帕薩迪納一家酒吧慶祝。

儘管岩石樣本沒有任何一塊符合月球和地球的年齡，他們卻發現了別的現象：看過高解析度照片的人都會發現月球表面徹底被巨大隕石坑覆蓋。怪的是太空人造訪過的隕石坑每個都在四十一到三十八億年之間，沒有更老也沒更年輕的。

這指向另一個叫人訝異的事實：大約四十一億年前，也就是月球和地球形成後約四億年，月球突然遭到大型彗星和小行星轟炸，炸出無數隕石坑並重塑其地表。來得突然去得也錯愕，大約三十八億年前激烈的轟炸停了。瓦瑟伯格團隊發表時寫道：「無論如何，從地球的角度觀察一定很壯觀。當然前提是得有個很好的掩體能躲在裡面。」他們將這段毀滅性時期稱為「月球災變」，但後來學術界改採相對平淡很多的名詞：晚期重轟炸（Late Heavy Bombardment）（譯按：又稱後期重轟炸期）。根據岩石樣本推論，月球形成後過了數億年，地球周邊忽然變得很不安寧，可以用熱鬧的靶場來形容。大量巨型小行星或彗星瘋狂轟炸，而體積更大的地球自然是比月球更容易命中的靶子，也就是說地球一定被炸得更慘烈。

天文學家理所當然想知道大量小行星與彗星從何而來，但直到二〇〇五年才提出可能解答。一般印象認為行星有穩定軌道，然而太陽系早期並非如此，氣態巨行星木星和土星仍在調整繞日軌道。天文學家亞歷山德羅．莫比代利（Alessandro Morbidelli）團隊做了模擬，結果顯示這兩顆行星可能會擾動位於火星和木星之間小行星帶的太空岩石。時至今日那個區域尚有數百萬顆岩質小行星，其中最大的穀神星直徑達到五百八十五英里（約九百四十一點四六公里）。天文學家推測小行星帶的岩石數量原本更多，但晚期重轟炸期間木星運動導致它們像撞球朝四面八方散射，往地球過來的岩石是目前小行星帶總質量二十倍。

這個說法位居主流地位長達十年，但現在很多人不再那麼肯定，例如莫比代利認為小行星帶被掏空發生得更早，甚至是月球形成之前的事件。此外，許多人對所謂的晚期重轟炸是否真正發生過都抱持懷疑態度，爭議持續不斷。話雖如此，別讓焦點模糊了：幾乎所有專家都同意地球和月球在三十八億年前遭受過大量巨型隕石和彗星的轟擊，差別在於有些人覺得地球剛成形那段期間也並非風平浪靜。換言之，他們認為地球更早就遭到轟炸，舊坑洞痕跡被後來的撞擊磨除，所以懷疑的只是「晚期」兩個字，「重」則是所有人共識。

所幸人類已經不需要擔心那種規模的宇宙轟炸再次降臨。三十億年前，行星形成的殘留碎片絕大多數進入軌道穩定下來，部分大型岩石留在小行星帶，另一組以有軌道彗星為主的天體群則位於太陽系外緣、海王星之外名為古柏帶（Kuiper Belt）的區域。莫比代利認為自從木星和土星軌道穩定之後就不再會有大量隕石或彗星攻擊地球。（然而根據某些人估計，大約三十五億年後水星有極小機率會稍微偏移，鄰近行星軌道跟著變動的結果是水星、金星或火星有可能與地球相撞。）

多數科學家認為地球形成後的數億年裡環境太嚴苛，能夠組成生命的分子很難找到安穩的棲身之地。一顆直徑二百五十英里（約四百零二公里）的隕石若以時速三萬八千英里（約六萬一千一百五十五公里）衝撞地球，坑洞面積將超過五分之四個美國，連岩山都會被彈進太空。再者，隕石突然停止代表動能絕大部分轉換為熱量，屆時華氏七千度（約攝氏三千八百七十一度）的岩石蒸汽瀰漫天空，赤灼的熔岩流從撞擊坑一波又一波向外擴散。相比之下，直徑九英里的彗星或隕石落在地球就像小石頭丟進池塘，但已經足夠造成恐龍滅絕。天體轟炸持續到三十八億年前結束，在此之前想創造生命的分子不是被破壞就是嚴重受挫。

*

一九六〇年代初，維克托．薩夫羅諾夫在鐵幕後土法煉鋼以紙筆做計算時，他並不知道自己的理論最終會挖掘出這顆行星以至於人體分子的磅礴歷史。如今人類腳下的堅實大地、構成我們肉體的分子都曾經只是遠處星光照耀下虛無縹緲的塵埃和氣雲。科學家透過薩夫羅諾夫提供的工具才發現塵埃顆粒在四十五億年前相互碰撞結合，逐漸演變為更大的粒子、石塊、巨岩以及龐大天體。它迅速吞噬軌道上一切物質，最終化作地球。

這還只是人體原子旅程的起點而已。地球成形了，然後又融化了，原子必須在這種環境裡努力生存。分子開始分層，較重的鐵沉入地心。如果原子感慨自己沒能來得及衝上地表，不久之後又會覺得因禍得福，因為大約五千萬年後一顆大小與火星相仿的行星撞擊地球並蒸發大部分地函。若構成你我的原子曾經靠近地表，它們會先被拋向高空然後再次落下。接著地球有沒有休養生息的空檔目前無法確定，但四億年後、也就是大約四十一億年前地球又承受隕石的猛烈炮擊，不僅引發熔岩大海嘯，連大氣層也因為岩石熔解的蒸氣而窒息。即使那段時間曾經有過生命，下場不是慘遭焚毀就是被迫遺世獨立。[69]

恐怕得等到三十八億年前，也就是地球誕生後約七億年，太陽系才終於得到安寧。行星各得其所、軌道穩定，橫衝直撞的小行星和彗星少了許多，地球表面冷卻後形成一層薄薄的岩石地殼。[70]

利於生命存在的環境出現了。

第二部

要有生命！[1]

第二部會解釋構成人體的基本要素——水和有機分子——如何來到地球，以及生命如何誕生於可能是宇宙歷史上最神奇的一次帽子戲法[2]。

5 髒雪球與太空岩石

有史以來最大的水災

如果地球上有所謂的魔法，那就藏在水裡頭了。

——洛倫．艾斯利（Loren Eiseley）

人常常喝水，也對體內的水習以為常，然而數十億年前地球形成過程中周遭環境實在太熱，不管多少水分都會蒸發，又或者在岩石顆粒相互碰撞的組裝階段就飄散流失。儘管如此，所有地球生命都依賴水，水之於生命如同畫布之於繪畫。美國太空總署尋找外星生命的標桿就是「跟著水」，水的意義可見一斑。沒有水就不可能有人類，所以學界急於解釋我們血管裡的水最初如何來到地球。然而數十年來，科學家發現看似簡單的問題出乎意料難以回答。

其實就全宇宙來看，水是非常特殊的分子。我們生活在太陽系唯一的水世界——只有地球

譯註❶：原文模仿聖經中神創造宇宙的短語：「要有光！」（Let there be light!）

譯註❷：源於馬戲團表演的術語，後來廣泛指稱連續三次的精彩動作（例如三次進球）。

的地表被水覆蓋。正如亞瑟．C．克拉克（Arthur C. Clarke）所言：「稱為『地』球很不妥，顯然都是海洋。」深藍色的水佔據地表面積七成，平均深度達到二點五英里（約四公里）。沒有水，地球就會失去大部分魔力。沒有其他分子覆蓋地球表面到這種程度，更不會自然地在地球上以固體、液體、氣體三種狀態存在。太陽系中，唯一還有雲層、河流及湖泊的地方是土衛六「泰坦」，問題在於泰坦的雨不是水而是甲烷。那裡會不會也存在生命，只是基於完全不同的化學反應？有這種可能，但親自造訪前無法斷定。地球生命需要水。

而水在這顆星球上的循環可說沒有對手，它可凍可熔、或滴或流，卻又能夠到達驚人高度。也因為水的這種特性，生命幾乎無所不在，無論地底數英里的洞穴、海洋地殼深處的岩石，還有河、溪、溫泉、水窪、霧、露和每立方英尺就數百萬滴的雲朵中。二〇一〇年，喬治亞大學一位化學家安排學生搭乘美國太空總署研究飛機，結果在三萬英尺高空的暴風雲裡竟然找到超過一百種細菌和真菌。

人類完全依賴水。就算乍看生活在乾燥土地上，但人體內部其實就是水做的。離開子宮時，嬰兒的體重約有七成五是水，跟香蕉差不多。一般而言，男性體內大概百分之六十、女性則約百分之五十五是水分，老年時會失去一成左右。聽起來水的比例好高，然而只要失去約百分之二大腦就會立即發出口渴訊號。人可以一個月或更長時間不進食，但不喝水只能支撐大概一星期。

水對我們有數不盡的用處。儲存和釋放食物能量的反應需要水，DNA和蛋白質組裝及維持極其複雜形狀也需要水。水幫助細胞拆解分子，也在我們排空膀胱時帶走廢物。因此，一個人每天需要補充約十一杯水。

水可謂人體內部的海洋，分子在此相遇及融合。諷刺的是，水能發揮這麼多功能是因為它弱小——化學鍵很容易打破。一個水分子由兩個氫原子與一個氧原子組成，然而關係並不平等，氫原子比較隨和，但氧原子不僅較重也不樂於分享，會將自己與兩個氫原子共享的電子拉過去一些。於是氧原子帶有微弱負電荷，氫原子帶有微弱正電荷。氧原子、氫原子與相鄰分子間的微小電荷差異稱為氫鍵，使液態水能夠凝聚但並不頑強。

水的柔弱之於我們是一大幸事，因為人體內水分子結構以每秒一點五兆次頻率持續斷裂重組，方便其他分子穿越也促成我們的思考：帶電離子在濕潤的腦細胞中以每秒三百五十英尺速度傳遞訊號。人一旦脫水，思維就不清晰，可能因為缺水的神經元會縮小，或者缺水的靜脈無法給腦部送上足夠氧氣。當你感覺頭腦不清晰，也許喝杯水就會有幫助。[1]

水如此特殊，科學家自然更想要探究人體內的水如何來到地球，但過程中一直有新證據推

1　任何在冰上釣過魚的人都會明白水還以另一種方式促成生命。水冷卻成固體時不會下沉而是浮起。之所以有這種性質也是因為奇特的氫鍵，它導致水結冰時分子會伸展成密度較低的晶體結構。如果冰像多數固體一樣下沉，那麼河流、池塘和海洋會從最深處開始凍結，一旦溫度夠低所有水下生命都會冰封。

翻舊理論。

地球上出現水是個神祕現象，第一個線索出現在一九五〇年代，這位天文學家除了研究水還有很多貢獻，例如他與火箭科學家華納・馮・布朗（Wernher von Braun）合著過一本書，探討如何將高達五十人的科學技術團隊送上月球。弗雷德・惠普爾（Fred Whipple）年輕時本不打算投身科學，對他而言那是基於枯燥和挫折才不得不的下下策，其中挫折是主因。

惠普爾出身農家，在二十世紀初愛荷華州雷德奧克市只有一間教室的學校中度過大半學生歲月。家住得離醫院太遠，親人與自己的病痛留下很多陰影：惠普爾四歲時，兩歲的弟弟死於猩紅熱。一年後，他自己感染了小兒麻痺症。父母看到其他人得闌尾炎的慘況後，恐懼得要全家都接受預防性闌尾切除。「有好幾年」，他回憶道，「我可以在家裡藥櫃看到三瓶福馬林，分別標著爸爸的闌尾、媽媽的闌尾和寶寶的闌尾。」儘管受到不少內心衝擊，惠普爾在學校成績很優異。一九二二年，父母察覺他的潛能，也擔心玉米價格即將下跌，舉家搬遷至加州，希望給他更好的學習環境。惠普爾先是愛上網球，後來進入加州大學洛杉磯分校。他決定主修數學，考量是壓力比較小，有足夠時間繼續練習網球。那時候的惠普爾想成為職業選手。

事與願違，惠普爾罹患過小兒麻痺症，因此左腿比右腿短了一又八分之一英寸。現實殘酷，他不得不放棄網球夢，規劃未來時又將數學生涯想像得枯燥至極，最終轉向天文學。

一九三〇年，冥王星才剛被發現幾星期，就讀柏克萊大學研究所的惠普爾就和一個同學立刻計算出軌道。他很高興，因為自己進行「軌道計算業務」也能樂在其中。獲得博士學位後，惠普爾前往哈佛大學，在距離燈火通明的劍橋市二十六英里的新天文臺主持觀星計畫，工作內容之一是在望遠鏡旁小磚房內拿放大鏡檢查每張玻璃底片，確保攝影精準度。惠普爾決定利用機會尋找彗星，十年裡他看了七萬張圖片。對某些人來說這個過程可能很乏味，但對惠普爾顯然不是。這份努力有了回報，他真的找到六顆新彗星。（紀錄保持者是十八世紀從天文臺門房轉職為天文學家的尚—路易斯·龐士〔Jean-Louis Pons〕，共發現三十多顆彗星。）然而發現新天體並非惠普爾主要成就，研究彗星的奇特行為模式後他才真正在史冊留名。

古人看見的彗星就只是明亮球體拖著長而閃爍的奇怪尾巴（彗星的英語comet源自希臘語komētēs，意為「長髮的頭」），因此往往將其視為災難之兆。到了惠普爾的時代，彗星只是以橢圓形軌道繞著太陽運行，不但不再造成恐慌，甚至僅被視為「飛砂堆」——由沙子、礫石與少量氣體組成的團塊，路線也是重力影響的結果。這套理論由劍橋大學著名天文學家雷蒙·利托頓（Raymond Lyttleton）不斷改善後蔚為主流，他與弗雷德·霍伊爾是研究夥伴。

但惠普爾覺得很奇怪：彗星靠近太陽就會產生長度達數十萬以至數百萬英里的尾巴。尾巴主要由彗星表面氣體構成，然而根據他的計算恩克彗星應該已經繞日運行超過一千次，製造長尾的氣體卻毫無耗盡跡象。另一個困擾在於彗星很不可靠，明明應該以太陽為中心穩定運行，卻又從不按照預期時間返回，相較之下行星和小行星都非常守時。有些彗星稍早，像恩克彗星每三點三年回歸一次，但總能提前半小時到一小時，而哈雷彗星這種每七十六年才回歸一次的又次次都比預期晚幾天。對惠普爾而言，這些現象令人摸不著頭腦。

一九四九年某一天，惠普爾在哈佛大學坐下來計算流星軌跡。這些流星其實是進入大氣層的彗星碎片。分析碎片受力量時，他意識到流星前緣會受熱，並且靈光乍現想像到如果流星含冰，當然就有一部分會化作氣體散逸。當下惠普爾心想：「天哪，彗星不也一樣嗎！」這個突如其來的靈感完全解釋了彗星的特性。

惠普爾還察覺彗星運行時一如其他繞日天體會自轉，跟飛向本壘板的棒球沒兩樣。假設彗星不是一大團沙礫而是巨型冰球，那麼靠近炙熱太陽時前端的冰就會變成氣體向側面流動，乍看好像小小的噴射引擎。而且這就解釋了為何彗星不守時，因為根據自轉方向不同，軌道會因為氣流而稍微擴大或縮小，航程也就因而加快或延遲。

一九五〇年，惠普爾大膽反駁了利托頓等學者的想法，主張彗星結構並非鬆散的沙塵和氣體，事實被掩藏在圍繞彗星的塵埃和氣體雲底下──它們是巨大的冰球，或者說是飛行中的髒雪球。彗星的氣體之所以看似用之不竭是因為冰核十分巨大，大到即使接近太陽也只會少量流失。惠普爾推測彗星核心主要由凍結氣體構成，如甲烷、氨、二氧化碳和冰，這些物質在太陽系形成時飄到遠方。

真的會有巨型冰球繞著太陽度過數億英里、數萬年甚至更長更久？不難想像許多科學家對此存疑。惠普爾的意見遭到劍橋大學利托頓激烈反對，他以一套詳細的數學理論說明沙子和礫石如何形成彗星，並且尖酸刻薄表示冰核理論沒徹底死亡僅因為無法證偽。惠普爾聲稱的彗星核體積太小，無法從地球探測到。

直到三十年後，惠普爾已經七十九歲，學者終於能夠測試他的理論。一九八六年，哈雷彗星遠離四分之三個世紀後終於再次現身。古代中國人觀測過它，更早之前巴比倫人和希臘人或許也注意到了。

學術界不惜代價迎接歷史一刻。哈雷彗星距離地球八千九百萬英里（約一億四千三百萬公里）、大約相當於火星距離時，美國太空總署的飛機在四萬一千英尺高空透過光譜儀追蹤，蘇聯發射兩艘太空船飛進彗星周邊五千英里範圍，日本同樣派出兩艘太空船觀察。歐洲太空總署做出他們的太空觀測器處女秀，「喬托號」（*Giotto*）是唯一可以探測哈雷彗星內部的機器。

一九八六年三月十三日，世界各地科學家團隊聚集在德國達姆施塔特歐洲太空總署。任務控制室照明微弱，周圍許多實驗室都安裝好儀器。籌劃長達十年，學者枕戈待旦。惠普爾也在現場，一位科學家對他說：「弗雷德，明天就要真相大白了。」

喬托號的工程團隊擔心這艘太空船不夠堅固，沒辦法在這種「自殺任務」支撐足夠時間來解開彗星之謎。因為要到達彗星核心，喬托號必須穿越彗星周圍翻騰的塵雲，而且太空船和彗星將以超過四十英里的秒速彼此快速接近。

會有很多礫石飛來，所以喬托號前後都裝有防護，以小距離間隔的數層薄鋁板和克維拉纖維構成。早在一九四七年，太空旅行還是科幻片情節時，惠普爾本人就發明出這種輕量級太空船保護裝置。但即使有「惠普爾護盾」，工程人員明白喬托號上的儀器都很敏感，若在航程中遭受沙礫衝撞、不幸被小塵埃擊中就有可能故障。

喬托號來到彗星中心六萬兩千英里（約九萬九千七百公里）外就遭受沙塵攻擊，接近到一萬英里（約一萬六千公里）時撞擊更猛烈。太空船繼續接近，在距離彗核四百九十三英里（約七百九十三公里）處，一顆質量不到四分之一盎司（一盎司約二十八點三五）的微粒打中喬托號本體，這臺半噸重的機器居然因此搖搖晃晃。更令人憂心的是無線電斷訊，大家不免想像最壞的情況。儘管不到三十秒就重新連線，但塵粒已經導致相機失效、破壞部分護盾，幾個感測器失去作用。

儘管受損嚴重，包括惠普爾在內所有科學家都很開心，因為碰撞前幾秒拍攝到照片，雖然只是個影子一樣的輪廓卻回答了很多疑問。彗核本身是馬鈴薯形狀，大約九英里（將近十四點五公里）長，也就是大小等同曼哈頓。質譜儀數據顯示彗星釋放的氣體中高達八成是水，但最終結果看來彗核的岩石和塵土比惠普爾預期多得多，僅三成多是水或冰。換句話說，彗星不是髒雪球，而是混著雪水的泥球。但無論如何，彗星中確實含有大量的水。

想知道古地球如何得到水的行星科學家將矛頭指向大泥球。似乎數十億年前曾有彗星雨落下，為我們帶來大量的水。

但，彗星又來自何方？

科學家長期認為彗星誕生於比火星更遠的寒冷區域。一九九〇年代，學者更進一步認定大部分彗星已經被日益成長的行星吸收。然而荷蘭天文學家揚・歐特（Jan Oort）提出不同見解，主張可以有數以兆計的彗星在太陽系邊緣存活，它們距離行星太遠所以沒被重力拉扯，最終圍繞太陽系形成巨大球形外殼，現在將該區域稱為歐特雲。歐特雲的大量彗星可以填滿地球海洋，問題是它們太遠，是地日距離的數千倍，實在不大可能到得了。

於是又有研究者懷疑部分彗星在太陽系較內側存活，或許是土星軌道外，這樣也比歐特雲近了一千倍。然而僅僅停留在臆測，因為想要在那麼遠的地方找到直徑不過數十英里或更小的彗星太困難，大家沒有傻到去做這種嘗試。

唯二例外是年輕的麻省理工學院教授戴夫・朱維特（Dave Jewitt）和他的研究生盧珍（Jane Luu）。裘伊特頭頂高聳，笑容可掬，性格充滿英國式幽默，父母是倫敦的工廠工人和電話操作員。童年時偶然在夜空看見流星勾起他對天文學的迷戀。

一九八五年，他突發奇想將新的數位型光感測器CCD（譯按：感光耦合元件）連接到望遠鏡，藉此在太陽系遙遠角落尋找彗星這種小天體。朱維特認為我們看不見不代表不存在，但研究需要資金，只可惜多數人都不相信，所以計畫案一次一次被拒絕。三十多年後，回憶起當初遭受的輕蔑他依舊義憤填膺。「最常得到的回答是『無法證明計畫裡的測量實際可行』，」他說：「我的天，這是什麼蠢邏輯？整個計畫的意義就是去做一些以前沒做過的嘗試。就算最後真的不可行又怎麼樣呢，重點不就是得試試看嗎？」批判他的人可能陷入了「現有工具檢測不到就代表不存在」的認知偏誤，習慣性地假設科學家尚未找到就代表目標處什麼也沒有。

朱維特和盧珍拒絕放棄，偷偷從其他研究案借用望遠鏡時間尋找數十億英里外可疑的微小物體。

很長時間毫無收穫。一年又一年，然後四年五年六年。直到一九九二年夏夜，他們在夏威夷大島茂納凱亞天文臺工作。那時候他們心灰意冷，覺得五年多光陰白費了，卻沒想到忽然發現了非常微弱的光點。察覺這個點微微移動時，朱維特還暗忖「不可能是真的」，但它確實存在。兩人找到的天體位於海王星外的軌道，後來進一步證實那邊還有數百萬顆彗星。該區域被命名為古柏帶，淵源是最早提出此概念的荷蘭天文學家❸，他在一九五〇年代就探討了這個可能（諷刺的是他本人不相信）。

科學家在古柏帶找到大量彗星，人體內的水看似已經確定來源。地球形成後不久，彗星從古柏帶，或許一部分從更遠的歐特雲抵達，送來覆蓋這顆行星表面的水。彗星堪稱飛行的冰

譯註❸：傑拉德・古柏（Gerard Kuiper）。

山，攜帶的水量確實足以填滿地球海洋。理論很快得到多數人接納及傳播，謎題終於得到解答。

＊

真的嗎？一九九五年，波瀾再起。亞利桑那州鳳凰城附近一場觀星派對上，輪到混凝土供應公司零件經理湯瑪斯・博普（Thomas Bopp）借用朋友的望遠鏡，他留意到視野角落有個模糊光點。同一天晚上，新墨西哥州克勞德克羅夫特村天文學家艾倫・海爾在家中發現同樣物體。這顆新發現的彗星，是有史以來見過最亮的，命名為稱為海爾—博普彗星。

翌年，戴夫・朱維特隨學者團隊返回茂納凱亞觀測站，這次以強大的電波望遠鏡觀測海爾—博普彗星。他們在海拔一萬四千英尺（約四千兩百六十七公尺）的稀薄空氣中每十三至十六小時輪班一次測量夜間光譜，試圖比較彗星中一種罕見的水形式比例是否與地球海洋相符。

或許有些人還不知道其實水分子有不同形式。大部分水由氫原子組成，核心只有一個質子。但還有別種水存在，由於重量多出一成所以稱為重水，其氫原子是同位素，核心除質子外還包含一個中子。重水很罕見，在地球海洋中每六千四百個水分子只有一個是重水。因此，茂納凱亞團隊準備測量海爾—博普彗星時原本很有信心會找到相同比例的重水，畢竟地球的水應該來自彗星。

然而觀測結果並非如此。海爾—博普彗星重水含量是地球海洋兩倍。這就麻煩了，先前天文學家在哈雷彗星發現類似的高比例重水，當初只視為異常案例，然而後來在百武二號彗星又測量到相同數據。三次觀測結果一致成為難以忽視的證據，顯示彗星並不吻合地球海洋的水分子組成。

「天文學家對海爾—博普的觀測結果作何反應？」我問。

「嚇壞了。」朱維特的意思是指數據背後的涵義：「有點像新時代運動❹的意識覺醒之類。」他笑了笑又說：「好像不該說這種話才對。」但顯而易見，學界頗受震撼，一夕間又不能靠融化彗星形成海洋了。雖然惠普爾沒說錯，彗星確實充滿水，但海洋來自太陽系其他地方。具體究竟是哪兒？

朱維特和其他許多學者一樣，注意力轉向飄浮在太空中的巨大岩石，即所謂小行星。從石頭榨水，乍聽很無稽，但事實上有些岩石確實可以。如果加熱隕石，也就是從小行星落到地球的碎片，困在晶體結構內的水分子就能變成水蒸氣。多年前科學家已經知道小行星含水，這些岩石含水量差異很大。多數靠近太陽形成的小行星幾乎不含水，但在火星之外冰冷區

譯註❹：指一九六〇年代開始在歐美興起的去中心化形式宗教和靈性潮流。

域形成者水分含量則可高達百分之十三。

朱維特等人的想法是：如果撞擊地球的小行星夠大就會帶來豐沛的水。此外，天文學家還知道火星木星之間軌道上有一大群小行星，並將該區域稱為小行星帶。而且，小行星中重水與彗星不同，吻合地球海洋和人體。各種線索指向我們這兒的水應該來自宇宙岩石。

感覺好像結案了，但其實小行星帶距離地球三億英里遠。從那種距離要一桿進洞得有多高明的技術？有足夠數量的小行星算準角度飛向地球以水覆蓋地表，這個現象發生機率有多高？人類又如何進一步理解？

一九九八年，距離里維埃拉陽光沙灘不到一英里的法國尼斯天文臺內，亞歷山德羅・莫比代利想到辦法可以驗證小行星理論。他不靠望遠鏡觀測，而是在桌子上模擬地球演化。莫比代利是行星演化領域的新人，他深受韋瑟里爾影響，並注意到約翰・錢伯斯（John Chambers）開發的先進電腦軟體能夠模擬行星形成後期階段，便向對方尋求合作。數不盡的天體彼此碰撞才融合為地球，其中也包括小行星和彗星，莫比代利想利用程式反推它們來自何處。

莫比代利就像福爾摩斯的宿敵莫里亞蒂一樣腦力過人、數學知識[2]充分，計算小行星複雜

2 「他不是經典鉅著《小行星動力學》的作者嗎？那本書將純數學提升到難得一見的高度，據說科學媒體竟然一點毛病都挑不出來？」《恐怖谷》故事中福爾摩斯曾經與華生有過這麼一段對話。莫里亞蒂的原型可能是知名加拿大裔美國天文學家西蒙・紐康（Simon Newcomb），他發表過大量關於小行星軌道複雜動力學的論文，而且「大家對他的畏懼多過欣賞」。

軌道不成問題。瘦高自信的他在義大利念大學時想追尋青少年時觀察天空的熱情，但教授卻出言反對。「別人強烈建議我放棄，」他說：「理由是單純的天文學學位非常難找到工作，風險太大。」失望之餘，他轉而學習物理，畢業後本想重新找教授指導並撰寫天文方面的碩士論文，然而沒有人肯收。一再受挫的他完成了數學物理和混沌理論的博士學位，過程中不斷尋找跨界辦法。博士後期間，他的研究課題終於與天體力學沾上邊，成果引起尼斯天文臺的學者注意。這個團隊研究小行星如何從小行星帶到達地球，想為模型引入更複雜的數學概念如混沌和機率，於是向莫比代利發出邀約，他也義無反顧不再回頭。

莫比代利與錢伯斯團隊調整電腦模擬，計算足夠小行星或彗星撞擊地球並形成海洋的機率有多高。小行星這部分的答案是：非常有可能。模擬似乎指向地球形成後期階段，火星木星間的小行星帶居民比目前所見多出許多。巨大木星軌道趨於穩定之後像打撞球一樣將小行星朝各方向擊散，其中一部分的三億英里軌道正好對準了地球。

他們還發現另一項可靠證據是彗星撞擊地球的機率遠低於小行星。「論文這部分內容通常被忽略，」他說：「但很可能更重要。數據顯示距離超過木星之後，天體撞擊地球的機率低於百萬分之一。」這個發現令人茅塞頓開，彗星若從古柏帶出發距離實在太遠，若體積相同時小行星撞擊機率是彗星的一百倍。

根據莫比代利和錢伯斯的研究，地球海洋絕大多數水分不太可能來自彗星上的冰。彗星出局、小行星留下似乎已成定論。我們體內的水是隨著太空中的巨大岩石來到地球。[3]結案。

*

然而和前次一樣，距離真正蓋棺定論還遠得很。亞利桑那大學一位專注於地球化學組成的英國籍地質學家麥可·德雷克（Mike Drake）仍抱持懷疑態度。他曾經因為書桌總是整潔得離譜而被研究生同學取笑，於是暗忖自己或許真能夠在混亂的理論中理出頭緒。小行星帶距離地球三億英里，我們體內的水絕大多數真的跨越了這麼長的距離？說不定小行星並非必要，能以更單純的方式解釋。

德雷克在腦袋裡追溯水從太陽系早期階段來到地球的旅程，開始思考塵埃與氣體在巨大碟狀雲內彼此碰撞形成地球時，周邊區域是什麼狀態。他提出了疑問：碟狀雲內最豐富的氣體是

3 或許有人會好奇小行星是否也將水送到鄰居家裡。答案是肯定的，金星收到的水應該與地球一樣多，甚至曾經可能適於人居。但因為它離太陽更近，溫度大約高出華氏三十度（約攝氏十六點六度），水蒸氣經過對流會到達金星大氣層之上，逐漸被紫外線分解。

火星曾有過海洋，但由於星球體積較小、重力較弱，無法如地球有效保持大氣層並以磁場遮蔽紫外線，因此火星表面的水分同樣會逐漸遭到破壞。即便如此，火星表面仍有一些水以冰的形式存留，地底可能也有。

什麼？氬氣，其次是氮和二氧化碳，但第四名呢？就是水。德雷克據此認為形成地球的雲層基本上是由水蒸氣包覆的大量塵埃。不可否認，當時地球周圍溫度極高，但真的會因此失去所有水分？

某一天，他在陽光明媚的亞利桑那州享用冷飲，注意到玻璃杯表面凝結一層薄水珠，腦海立刻冒出了一個問題：構成地球的最小單位建材上，當初外層會不會也覆蓋著水珠？水是否能附著在透過碰撞形成地球的微小塵埃顆粒上？果真如此的話，或許根本不需要小行星也能夠有水，大部分水從一開始就被鎖在岩石內部。德雷克甚至計算出地函中最常見的岩石橄欖石，就可以保存大量水分。

但他仍然需要解釋另一點：如果原本水分四散於地球內部各個角落，它們怎麼來到地表。這問題相對單純，因為火山氣體超過百分之六十是水。上地函岩石遇熱熔融時，隱藏其中重量較輕的水分子自然會聚集起來進入大氣。德雷克數次與地質學家凱文・賴特（Kevin Righter）合作計算，他們發現地球形成時塵埃顆粒保留的水分子量其實可以比海洋還多出好幾倍。時至今日也一樣，藏在地函裡的水可能比地球表面總水量更高，高出好幾倍。德雷克認為答案很明顯，現在海洋流動的水分絕大多數最初就在地球，只是鎖進岩石，而這些岩石是地球形成時塵埃顆粒碰撞的產物。

德雷克的理論沒有立刻成為共識，對莫比代利、朱維特和許多其他天文學家而言難以接受。有可能一部分水是這樣到達地球，但會是絕大多數嗎？莫比代利好奇了：即使水蒸氣會凝結在微小塵埃顆粒上，承受行星形成過程的高溫與激烈撞擊仍能夠牢牢附著不掉落嗎？

*

我請教朱維特：目前多數科學家支持哪個理論？「每個人都認為自己的理論得到公認。」他故作正經，接著解釋普遍能接受的說法是地球水分來自多個遙遠的地方。如德雷克所言，一小部分水可能凝結在塵埃顆粒上並從最初就困在地球內部。然後一部分水來自古柏帶彗星，還有少量可能來自太陽系外圍遙遠的歐特雲。但人體內絕大部分水可能源自小行星，莫比代利最新模擬指向這些小行星並非從小行星帶出發，起點是木星周邊，由於木星的成長或軌道變化而朝這個方向彈射。

水分到達地球後又如何進入海洋？這個故事就像聖經大洪水一樣非常戲劇化。如果人類能夠鳥瞰早期地球會發現它泛著深紅色光芒，覆蓋地表的岩漿海隨潮汐翻湧。一段時間之後，最外層凝固為薄薄的黑色岩石地殼。地殼逐漸增厚，來自下方岩漿的水蒸氣持續從許許多多火山和裂隙噴出，形成濃密烏雲垂掛天際的陰暗景象。同樣在地球早期，三不五時會有小行星以至於少數彗星轟炸地面，它們帶來更多水分，被岩漿吸收或直接升入大氣中。

最後隨著地球和大氣冷卻，洶湧雲層變得太過沉重，釋放出有史以來最大的洪水，規模足以驚動諾亞。現存於人體的水分也參與了這次洪流。由於地底岩漿持續排放氣體為大氣補充水分，降雨綿延不絕了數千甚至數萬年。這個時期板塊構造尚未出現，地球沒有高山深谷，所以雨停時整個世界沉入深達一英里的汪洋。

*

沒有辯論的膽量，最好別嘗試重建地球的早期歷史。地質學家約翰．瓦利（John Valley）表示：「那麼遙遠的年代，誰也說不準。」科學家現在可以合理解釋水如何抵達地球，然而適合生命存在的穩定水體最早何時出現很難判斷，難度不下於追溯水的源頭。

起初大家以為很簡單。二〇〇一年前，多數科學家以為自己已經掌握來龍去脈。如前所述，地球和月球在四十五億年前形成，接著小行星和彗星持續進行激烈炮轟，不幸位於地表的水分高機率因高溫撞擊而汽化、滅菌，或者被熔岩吸收。得等到晚期重轟炸結束，也就是三十八億年前，才有可能形成穩定的海洋或湖泊。

然而，人類在比沙粒還小的古老晶體中發現某種化學特徵，顛覆了科學家對地球歷史的工整敘述。他們被迫思考：是否早在地球形成後不久，適合生命發展的海洋已經出現？

這種晶體首次登場於地質學家賽門・懷爾德（Simon Wilde）為地質調查前往澳洲偏遠地區繪製地圖的旅程。他從珀斯市出發，向北駕車穿越沙漠約四百英里找到克烏鎮（Cue），然後又沿一條未鋪的道路顛簸前行一百二十五英里抵達傑克山脈，山上長滿紅色和棕色的灌木。繪製小山丘地形圖時，懷爾德發現一處帶有綠色斑點、約六英尺見方的岩石露頭，是種罕見的石英卵石礫岩，他不禁興奮起來。礫岩是沙、泥和其他化學成分黏合多種岩石的產物，而眼前這種類型的礫岩特別出名，因為有可能幫人一夕暴富。找到這種礫岩最好多觀察：南非有個類似礦脈叫作維瓦特斯蘭（Witwatersrand），出產了人類社會黃金總量的三成到四成。

在傑克山脈，懷爾德煞費苦心分離並過濾礫岩中最小的顆粒。雖然沒有能致富的東西，但過一段時間才明白自己偶然找到科學上的金礦。岩石中有幾顆罕見且堅固的鋯石晶體，其年齡竟比地球上所有岩石更古老。一開始追溯到四十一億年前，後來更進一步修正為四十三億年。

這是大新聞，並且好事還在後頭。

十年後，也就是一九九九年，威斯康辛大學地質學家約翰・瓦利和研究生威廉・佩克（William Peck）請懷爾德准許他們研究古老晶體，想知道地球初期岩石從熔岩狀態化為結晶時的化學線索是否保存在這些微粒內。於是瓦利和佩克帶著約一百顆微粒飛往愛丁堡，其中有五顆是懷爾德找到的最古老晶體，但每顆大小都不會超過各位在這頁看見的句號。蘇格蘭團隊提供昂貴的新型離子探測器，機器外形彷彿粒子加速器縮小到汽車的體積。它會向晶體射出離子束，並對剝落的分子進行分析，藉此確認晶體內部的氧元素含量和類型。由於機器敏感度極高，所以趁建築內沒人、電梯不運行的夜間運作最合適，他們為此開始大夜班，每次十四小時。第十天凌晨三點，輪到瓦利分析最古老的幾枚晶體。他很快意識到如果晶體在極高溫下形成，氧同位素不應該這麼高。佩克帶著早茶露面時瓦利正喝著「睡前酒」，兩人討論了這個古怪的數據。「接下來四天我們都想搞清楚自己做錯什麼，」瓦利說。

排除所有可能的誤差來源後，他們得出唯一可能的結論：讀數根本沒出錯。那麼比例高得出奇的罕見重氧同位素（這部分超過本書範圍故略過不表）之所以存在，唯一合理解釋是鋯石所在的沉積岩處在有液態水的地表環境，但同時又來自非常早期的地球。[4]

其他科學家很快證實這項發現。不足十顆、只是沙粒大小的晶體竟是太古地球遺物，目前只能在澳洲內陸少數岩脈露頭找到。地球歷史因此改寫了：根據線索推論，四十四億到四十二億年前，距離燒灼地球、創造月球的超大規模撞擊事件才一億到三億年，這顆星球的表面就已經有水，而且很可能是一片海。

地球的第一片海洋是否不斷遭到巨型小行星轟炸汽化，熬了四億年才等到晚期重轟炸結束？又或者部分海洋未受攻擊，於是為生命提供了安全和庇護？學者對此意見不一，但現在許

4　根據同位素可以推論地表岩石水解為黏土同時氧同位素比率也改變了。黏土埋入沉積岩以後因地底高壓形成鋯石晶體。

多研究者懷疑晚期重轟炸可能不像最初想像的猛烈，代表細胞先祖演化的那片海可能在地球形成後不久已經出現。

還有許多顯而易見的疑問與未知。目前能確定的是：血管內流動的水，有一部分曾經凝結在形成地球的碰撞塵埃上。體內其他水分子則在從海王、冥王兩星間的古柏帶出發，跟著彗星跨越漫長距離來到此地。還有更少量水分子來自太陽系外緣更遙遠的歐特雲，然而人體內大部分的水可能來自木星周邊的岩質巨型小行星。四十四億到三十八億年前某個時候，也就是地球誕生後的一億到七億年間，來自不同地方的所有水分匯聚成一片遼闊海洋。

太古的原始地表風景裡，翻騰的波浪中偶爾能有島嶼探出頭，火山不分晝夜將氣體、岩漿和火山灰噴上天際，一道道灼目閃電劃破天際。從遠處眺望，地球不再是紅色熔岩海，也不完全被黑色灰色的火山岩覆蓋，而是波光粼粼、有海浪和潮汐的藍色行星。人體分子的祖先在這片水域找到了家，演化的舞臺搭建完畢……只待最後一個重要角色登場就能夠開演。

6 最著名的實驗
探尋生命分子起源

我大半輩子與分子為伍，他們是好夥伴。

——喬治．沃爾德（George Wald）

一九一八年，共產主義俄羅斯新首都莫斯科的市民努力維持正常生活假象，但過得十分艱辛。白軍與紅軍的內鬥不斷擴大，西方又實施貿易戰。革命思想席捲城市，平等、正義、歷史都從新角度加以詮釋。沒能逃出去的富有階級淪為市井小民，被迫與弱勢族群分享財富和住所。轟轟烈烈之際，科學思想也很激進的年輕生物化學家亞歷山大．奧巴林（Alexander Oparin）收到令人失望的消息：審查委員會不允許他發表手稿，內容是推測生命如何從單純的化學物質中產生。儘管布爾什維克一年前已推翻沙皇，但革命意識形態尚未滲透到審查委員之間，或許因為他們還沒做好直接對抗東正教教會的心理準備。

然而奧巴林的嶄新思維不會被壓制太久，終將指引人類去探尋自己的起源——古老的化學先祖、生命的基本構成，也就是有機分子。他將目標放在連結「生者的世界」與「死者的世界」，現在只是第一步。

奧巴林成長於烏格里奇，一個充滿原木建築、泥巴路和馬車的鄉下地方。他在那裡養成收集植物的興趣，喜歡在雲杉、樺樹和松樹林裡尋找各式各樣的草木、花朵、昆蟲。一九一四年，奧巴林進入莫斯科大學攻讀植物學，對克利緬特・季米里亞澤夫（Kliment Timiryazev）教授特別有印象。季米里亞澤夫是個很有個人魅力的生物學家，儘管因為反對沙皇被逐出大學，卻仍在公寓繼續授課。他二十六歲時深受達爾文啟發，還前往英國朝聖，刻意選在達爾文住處附近的酒館落腳，逗留了一星期才終於與已經退隱的達爾文見上一面。季米里亞澤夫成為達爾文主義的重要推手，宣揚演化論能夠與馬克思主義完美契合、打造統一的「科學」世界觀。達爾文主義革新我們對生物歷史的理解，就像馬克思主義重新塑造了我們對人類事務的理解。演化和共產之於他是歷史的必然。

一九一七年，布爾什維克奪得政權，奧巴林也成為植物生理學領域研究生。他留起列寧風格的鬍鬚，與著名科學家兼革命家亞列克謝・巴赫（Alexei Bakh）合作。巴赫曾經出過小冊《沙皇的飢餓》（*Tsar Hunger*），以犀利嚴詞推廣革命社會主義。在他指導下，奧巴林著手研究藻類光合作用。

他學得越多，就越堅信另一個革命性觀念：化學演化可以解釋生命起源。

即使達爾文發表《物種起源》都過了半個世紀還是很少得到認可。英國很長一段時間許多著名科學家同時身為教士，篤信自身使命是揭示上帝造物的宏偉，若贊同無生命的化學物質中能產生生命會變成異端。但在新的俄羅斯，奧巴林沿著新思路做出的推測則能得到褒美（儘管不是來自當時的審查委員會）。

不過試圖追溯人體化學起源時，奧巴林首先要面對一個重大挑戰：人體和所有生物的分子與環境岩石中的無機分子截然不同。我們分析自己的結構會發現約百分之六十是水，然後有百分之一是離子——由鈉、鉀、鎂等元素組成的帶電分子。除此之外所有物質，從指甲、骨骼到肌肉、大腦都是圍繞碳鏈或碳環構建而成的有機分子。

能給碳做性格分類的話想必是所謂的外向連結者。許多科學家認為如果能在宇宙其他地方找到生命也一樣要以碳元素作為基礎。碳的變化豐富源於外殼有四個電子，通過巧妙的幾何機制能夠輕易朝四方向形成連結，建構出長而穩定的環和鏈。碳環和碳鏈就是有機體骨架。糖類、脂肪酸、胺基酸、核酸的結構都奠基於碳，這些分子連接以後形成碳水化合物、脂肪、蛋白質和DNA，也就是體積更大的生物有機建材。比如人類心臟是一大塊肌肉，其中約七成是蛋白質（不計水分），也等同於七成是胺基酸。

就當時科學家所知，這些有機分子只能由生物製造，怎麼找也無法在地球岩石內找到，除非是煤炭這種由有機物形成的沉積岩。不可諱言，這對解釋生命起源是一大阻礙，如果不知道生命的基本成分來自何處又怎麼理解生命的出現？岩石是死的，無機分子與生物體複雜的有機分子之間鴻溝太巨大，當時的科學家極度困惑、無法提出解釋，就像現在的科學家也不完全明白大腦怎麼產生意識。很多人認為有機分子需要僅存在於生命體內玄之又玄的「生機能量」才能夠製造。

我還是學生的時候總覺得這種「生機論」很荒謬，怎麼會有科學家相信？但站在科學家的角度思考反而容易理解。從亞里斯多德時代開始，許多偉大思想家都相信某種形式的生機論。簡單分子變成有機分子缺乏理論依據、沒有強大電子顯微鏡可以觀察細胞及其內部結構、無法理解遺傳如何傳遞的話，無生命的化學物質化作生物根本就是魔法。想像一下：把一塊石頭劈成兩半，兩邊都不會有進一步變化。但如果把扁蟲切成兩半，兩邊居然都會再生長成相同整體。這種現象要如何解釋？「元素在自然界的生物與非生物上似乎有著完全不同的規則，」十八世紀瑞典化學家永斯・貝吉里斯（**Jöns Berzelius**）就曾經留下這樣一句話。無生命物質看起來就是缺了一種生命能量。著名的十九世紀物理學家克耳文男爵（他還因為主張比空氣重的飛行機器不會成功而出了風頭）寫道：「無生命的物質必須受到原本有生命的物質影響後才有可能得到生命。這對我來說好比重力一樣，是科學法則。」在二十世紀，量子物理學奠基人尼爾斯・波耳也做出臆測，他認為瞭解生命的前提是找到全新類型的化學現象。即使達爾文本人也一樣，他能揭開物種蛻變之謎，卻無法解釋最初的生命如何從一團化學物質誕生。「現在去思考生命起源都是空談，」他給植物學家約瑟夫・胡克（Joseph Hooker）的信裡提到：「不如直接思考物質的起源也罷。」

許多十九世紀科學家沮喪到索性放棄。克耳文男爵的解決方案是主張宇宙和生命自始至終就存在，著名科學家兼哲學家赫爾曼・馮・亥姆霍茲（Hermann von Helmholtz）也持相同觀點。他們認為生命無需起點，和物質本身同樣古老，換言之地球出現之前生命早已現身於宇宙其他角落，如何來到地球則仍未可知，但能夠推測可能是搭了便車，或許隨隕石或彗星抵達。「誰知道呢，」亥姆霍茲說過：「太空中滿滿的天體，說不定每個星球都被播下了生命的種子？」但克耳文男爵和亥姆霍茲等人的胚種論（panspermia，意即「種子無所不在」）其實只是擱置問題，對解開生命的神祕起源沒有任何幫助。

一九二二年，奧巴林被審查委員會打回票的一段時間後，他與他的布爾什維克英雄亞列克謝・巴赫一起在莫斯科某實驗室工作，同時也取得了大學教職，與校園氛圍格格不入的豪邁形象留在很多人心中。他一度出國短期進修，總是穿著整齊乾淨的全套歐式西裝並搭配蝴蝶結，外觀優雅權威，與課堂上的學生形成強烈對比。俄羅斯雖然號稱新工人天堂但經濟崩潰、生活艱苦，連莫斯科都有許多人挨餓。奧巴林開始應用生化知識改善麵包和茶的製程。

即使環境極度匱乏，他依舊沉溺於科學上更深層的問題，而且意識到達爾文巨作《物種起源》可謂「缺了真正的第一章」。奧巴林認為這個問題可以解決，但得先回到第一原理[5]上：

有機分子真的只能由生物體製造嗎？果真如此的話，最初的細胞、或者說第一個有膜包覆且可以生產能量與自我複製的分子集合體就必須複雜得可怕，因為它必然得製作構成自己的材料。從演化角度考量，這是很難想像的巨大跳躍，因此奧巴林認為更合理的假設是第一個細胞是從既存的有機分子形成。但究竟來自何處？

十九世紀化學家掌握到乍看能夠簡化生命起源的科學事實。儘管週期表有大量元素，但人類大部分質量來自其中六個：碳、氫、氧、氮、硫、磷。

人體脂肪和碳水化合物是僅由碳、氫、氧組成的分子鏈，蛋白質以碳、氫、氧、氮、硫構成，DNA則包含碳、氫、氧、氮、磷。這六種元素大約組成人體百分之九十九。一百五十磅（六十八公斤）的人體含有九十四磅（四十二點六公斤）的氧，三十五磅（十五點八公斤）的碳，十五磅（六點八公斤）的氫，四磅（一點八公斤）的氮，接近二磅（九百零七克）的磷，和半磅（兩百二十七克）的硫。

這六種元素正好在宇宙裡十分常見。氫是存量第一名，氧排名第三，碳第六，氮第十三，硫第十六，磷第十九。換個角度來看，理解生命起源有點像是化學版拼字遊戲，只需要解釋這些元素如何結合為有機分子就能找到答案。

譯註❺：哲學與邏輯學術語，意指不能省略刪除也不可違反的最基本命題或假設。

可想而知，後來專家才發現這個遊戲十分困難。原子十分挑剔結合對象，而六種元素的潛在組合數量又多到難以想像。碳太活躍，擅長結構的扭曲與組合，所以地球上已知有機分子超過一千萬種。

一九二四年，紅色蘇聯急於說服民眾上帝根本不存在，《莫斯科工人》就將奧巴林七十一頁手稿做成小冊出版，封面大大印上「全球無產階級要團結！」這種標語。十二年後，奧巴林又出版一本書，擴展論點並納入更多更新的科學研究。

奧巴林在思考上的第一個重大突破是：要理解生命最初如何產生，就需要對幾十億年前的地球環境有更清晰的認識。有趣的是，絕大多數人思考生命起源時居然都沒考慮過這點。回顧天文學和地質學的最新文獻後，他察覺地球最初形成時的樣貌迥異於今日。

缺少的東西才是關鍵。很多科學家認為氧從一開始就存在，但奧巴林理解到大氣中的氧是經由光合作用產生，生命出現之前大氣中並沒有氧。如果我們回到那個環境，連一秒鐘都支撐不了。

他主張地球早期大氣更接近木星，而天文學家剛發現木星大氣充滿氨和甲烷。奧巴林另一項驚人之舉是詳細推演出基本成分如何進行化學反應形成如蛋白質、複雜有機分子以及生命本身，起點只需要簡單的碳水化合物甲烷（CH_4）再加上氨（NH_3）、氫（H_2）和水（H_2O）。他認為我們可以將生命詮釋為化學演化，給自己的著作下了個謙虛的標題：《生命起源》（*The*

Origin of Life），正好能當作達爾文《物種起源》的前傳。

那麼最初的生命長什麼樣子？與奧巴林同期的專家推測是行光合作用的藻類，然而他則認為絕對不可能。奧巴林原本主修植物生化學，深刻理解光合作用之複雜遠超演化之初應有的表現，否則演化跨度未免太大。在他看來，最早的生命形式恐怕是海中有機分子群，後來緩慢演化為細菌。

J.B.S. 霍爾丹（J.B.S. Haldane）是英格蘭地區思想奔放的演化生物學家、生物化學家、數學家，著述非常豐富。他也通過自己的獨立研究發展出類似理論，文章登上了《理性主義年刊》（*Rationalist Annual*），但一開始不少同儕認為是「亂猜一通」，霍爾丹的研究重心也轉向別的地方。奧巴林不同，將專業生涯繼續貢獻給生命起源的研究。

他在蘇聯科學界地位極高，獲得許多勳章，包括社會主義勞動英雄、勞動紅旗勳章和平民最高榮譽列寧勳章，後來訪問西方同樣備受推崇。

不過他在學界崛起還有另一個原因，曝光之後名聲蒙上了陰霾。一九四〇年代，他與追求名利的生物學家特羅菲姆．李森科（Trofim Lysenko）結盟。李森科推動符合馬克思主義的遺傳理論，所以得到史達林青睞。然而理論本身有嚴重缺陷：他主張無論植物或人類特徵都是由環境而非「基因」塑造，並且直接否定基因存在。支持孟德爾遺傳理論的人遭到他無情迫害，不肯附和的人或丟掉工作、或流放到西伯利亞，更慘的直接被滅口。而奧巴林不僅支持李森科，兩人還成了朋友，連度假別墅都靠在一起。

多年後，作家洛倫．葛拉罕（Loren Graham）質問奧巴林為何支持李森科。他的回答是：「換作你活在當年，就會義無反顧公開作對然後去西伯利亞勞改嗎？」

在史達林統治下的俄羅斯，奧巴林為保住地位與性命或許顯得趨炎附勢，但他的研究不但具有開創性，還直接引發科學革命。

*

奧巴林提出了研究生命起源的理論框架，但受限於有機化學檢測技術所以遲遲沒人做驗證。得等到一九五一年，懷著雄心壯志的美國研究生史丹利．米勒（Stanley Miller）進入芝加哥大學才開啟新篇章。

芝加哥大學在科學領域獨霸一方，因為許多著名科學家來此參與原子彈研究之後留任，因此米勒也有幸第一個學期就參加了化學家哈羅德．尤里（Harold Urey）的講座。尤里因發現氘元素（氫彈燃料，戴夫．朱維特團隊後來在彗星中找到的物質）而獲得了諾貝爾獎，曾主導曼哈頓計畫中的鈾同位素分離。但他對原子彈的恐怖深懷憂懼，反對進一步使用核武器，曾經在《科利爾雜誌》（*Collier's*）中表示：「我認識的每個科學家都很害怕，不只擔心自己，也擔心世界上每一個人。」美國聯邦調查局基於尤里的「左派」立場而搜集了大量情資，但後來他轉向更符合和平主義的研究領域，也就是行星、月球和地球的化學。

尤里對早期地球大氣組成的看法與奧巴林相當相似。米勒參加的那場講座中，尤里隨口提到應該要有人測試奧巴林的理論才對。米勒記在心裡，但沒立刻行動。他才剛進博士班，還在為論文主題傷腦筋，但研究所之前的經驗造成他傾向全力避免需要實驗的研究，因為實驗過程混亂耗時，重要性卻不比理論來得高。起初他找到一個研究恆星如何生成元素的好機會，指導教授是充滿爭議、外號「氫彈之父」的物理學家愛德華．泰勒（Edward Teller）。然而才過了六個月，泰勒轉調去加州勞倫斯利物浦實驗室開發新型核武器，留下米勒自己想辦法。事後看來對他是福不是禍，因為佛萊德．霍伊爾團隊在元素生成領域搶得先機還有高科技支援，幾年以後就做出重大成果，米勒不太可能有所斬獲。

泰勒離開後，米勒回歸原點，四處尋找題材時才想起講座內容，於是向尤里尋求合作機會，希望能針對奧巴林的理論進行測試。他提議模擬地球初期的大氣，看看是否真如奧巴林所聲稱能夠產生有機分子。

尤里態度是懷疑。「他試圖說服我別做這個主題，」米勒回憶時說。原因是看起來太冒險，當時米勒已經虛耗一年，需要盡快取得博士學位，一旦投身實驗或許好幾年焦頭爛額還沒有成果。很多學者相信生命誕生花費了數十億年，這個過程如何濃縮進十二個月？然而報酬率非常高，米勒覺得不試可惜，加上他對於安全但無聊的題材沒興趣，所以選擇堅持到底。最後尤里讓步了，可是加上但書，就是只給米勒六個月、最多一年時間，倘若沒結論就得趕快另擇主題從頭做起。

米勒在戲稱是「地牢」的地下實驗室內重現地球初期的大氣環境。資金部分靠尤里從其他專案撥出一些小錢來解決，自古至今科學界常用這辦法資助看似有勇無謀的實驗計畫。尤里和奧巴林想像的古老世界是一片汪洋，火山爆發造就烏雲翻湧、雷電交加的天空。米勒藉由一堆玻璃裝置營造類似環境，外觀看起來就像瘋狂科學家的實驗室。沒裝滿水的大圓瓶是「海」，充滿氫氣、甲烷和氨氣體（H_2、CH_4和NH_3）的瓶子是「大氣」。兩者相連之後，海洋下方點燃小火焰，於是產生水蒸氣（H_2O）上升至大氣。大氣經過冷凝會將水蒸氣轉換回「雨水」，經由玻璃管路返回海洋。尤里曾經帶著還在念大學的卡爾．薩根參觀米勒實驗室，年輕的薩根對此印象深刻、十分震撼。複雜有機分子會自行組合似乎是個太過異想天開的假設，但米勒決定嘗試看看。

一九五二年秋季某個深夜，米勒準備好了便對實驗室夥伴提出預警，大家也懂明哲保身，速速撤離實驗室。他首先在「海洋」下方用瓦斯點燃一小束火焰製造水蒸氣，然後因為安全性不是首要考量，就使出不成功但說不定會成仁的絕招：以兩個電極引發六萬伏特的電流穿梭在「大氣」間，強大的能量波動令人聯想到科學怪人的故事。實驗成功有幾個條件，例如添加氣體之前必須抽空玻璃器皿內易爆的氧氣，以及裝置不能有洩漏。如果發生洩漏，空氣與高揮發性的實驗氣體混合之後會像炸彈那樣子爆開。

米勒開啟電源。沒有爆炸。他鬆了口氣，觀察幾個小時後離開實驗室。

上天十分眷顧，兩天後「海洋」的水就變成黃色，瓶子靠近電極部位的玻璃上出現黑色污垢。他太興奮了，直接中斷實驗著手分析水樣本，驚訝地發現自己製造出甘氨酸（NH_2-CH_2-COOH），也就是人體最簡單的胺基酸。模擬的古代大氣自發組裝出這種分子是很振奮人心的成果：甘氨酸除了是蛋白質基本材料，也在人類大腦作為神經傳遞物質，同時還佔骨骼、皮膚、肌肉、組織中膠原纖維的三分之一。

激動之餘他再次進行實驗，這次增加海洋下方的熱量，模擬由火山製造更多水蒸氣的大氣。米勒決定讓實驗持續運行一週。

米勒日復一日懸著心觀察著。海水逐漸變為粉紅、深紅、然後黃褐，從電極滴下一種黑色油狀物質。研究生同儕格拉德．瓦瑟伯格（先前提過，他之後會為月球岩石測量年份）看了不以為然地說：「應該是蒼蠅屎吧。」弦外之音是米勒沒有將實驗器具清理乾淨。但事實上兩者毫不相干。

從實驗開始到分析完畢竟然只用了三個半月，米勒的哥哥回憶說「他興奮得跳起來了」。這就好比將木頭和釘子擺進車庫，回頭一看已經變成新桌椅。他創造出多種有機分子，包括人類細胞合成蛋白質的二十種胺基酸的其中兩種或更多，因為數年後以更敏感的儀器檢測時會再發現至少另外八個種類。電能刺激下，有機化合物不僅自行組裝，而且這些胺基酸符合奧巴林預測，是地球上最先出現的類型。

尤里十分訝異，鼓勵米勒趕快撰文發表研究成果。這個科學故事裡不得不提的一個重點是：尤里居然讓米勒單獨署名，論文作者欄不必加上自己名字。這個舉動非常高尚，反映出尤里多麼慷慨，更彰顯出他有資格慷慨，因為他早就拿到了諾貝爾獎。

也正由於尤里是諾貝爾獎得主，聯絡《科學》雜誌的編輯請對方盡快刊出米勒這篇論文不是難事。話雖如此，審稿過程異常緩慢，一位編輯請來審閱論文的科學家覺得實驗結果太離奇，甚至連評語都沒寄回去。時間拖久了米勒不免擔心是否遭到剽竊，於是撤回論文想轉發在知名度較低的期刊，後來《科學》編輯親自擔保會以最快速度發表，他又同意重新提交給對方。回憶這個過程，米勒自己也認為實驗結果出乎意料，「靠我自己提交給《科學》雜誌一定會被棄之不顧。」

同年春天，年僅二十三歲的年輕學者在人滿為患的大講堂內緊張地向芝加哥大學一干傑出科學家報告實驗結果。聽眾裡有幾位諾貝爾獎得主，還是大學生的卡爾．薩根也在場，眾人的第一反應令他頗為吃驚。「大家根本沒當回事，」他後來在文章中提到：「想方設法說成是他做事不仔細，實驗室裡到處都有胺基酸。」就連奧巴林聽同事提起米勒的實驗居然也不肯相信，這個結果在他們眼中違反常理。

很多人認為一九五三是生物學奇跡年。約納斯・沙克（Jonas Salk）宣布小兒麻痺症疫苗開發完成，一位神經外科醫生確認海馬迴是大腦記憶形成的關鍵區，精子冷凍後成功恢復活力。米勒的論文「在可能的古地球條件下產生胺基酸」也是在華生與克里克解開DNA結構之謎的幾個星期後發表。

米勒這篇論文點燃大眾想像，很快成為生物學領域最著名的實驗。他本人常說其實高中生都能複製過程，換言之某種前生物時代的湯汁隨隨便便就釀造出地球上第一個有機化合物、人類分子的祖先。尤里也和大學同事說過：「上帝沒這麼處理的話是他的損失。」因為真的很簡單。

僅僅四年後，奧巴林邀請米勒前往莫斯科參加第一屆國際生命起源會議。奧巴林以前在文章裡表示：「前路漫長艱辛，但毫無疑問會通向我們對生命本質的終極認知。以人力來製造和合成生命是非常遙遠的目標，但並非無法實現。」一九三六年或許只是一廂情願，但米勒推翻了現狀。許多科學家在工作臺上組裝玻璃瓶管時滿懷期望，認為自己有機會揭開造物的神祕面紗。年輕的卡爾・薩根也是其中一人，他深信科學不僅即將發現地球生命如何出現，還能為全宇宙的生命提出解釋。

只可惜米勒做出突破後的十年內，科學家從突破天際的期望逐漸回歸現實面。他們很失望，因為釀造生命基本元素比預期困難許多。生命體中連結構成蛋白質的胺基酸有二十種，但實驗室只能做出大約一半。製造與連結核苷酸則更為棘手，然而這種分子是DNA和RNA的基本單位。遲遲沒人能想出如何利用早期地球既有的材料來達成。

米勒繼續嘗試從大氣氣體合成有機分子，但進入一九六〇年代之後情況有了變化。新證據顯示米勒、尤里和奧巴林的猜想有偏差，地球最初的大氣並不充滿氫、氨、甲烷。他們之所以認為會有這些氣體形成是因為氫，氫不僅在宇宙最常見，在地球上也很豐富。可是後續研究發現氫會因為質量較輕而逐漸流失，其他氣體則會在隕石撞擊和紫外線影響下逸出地球。因此地球最初的大氣來源是火山，主要為氮、二氧化碳和水蒸氣。新發現對米勒的研究是壞消息，這些氣體稍微加熱後生成的是煙霧，而非生命的基本結構。於是儘管米勒實驗備受矚目，很快有人主張這種做法無助於解答生命起源之謎。

「前生物化學之父」米勒堅持自己的理論，但眼見別人紛紛放棄時不免苦澀。許多投身這個新領域的人感到迷失無助，需要其他途徑探究生命基本成分如何在地球出現，也需要嶄新思維重燃探索的熱情和希望。

出乎意料，轉捩點是個局外人。

＊

有機分子不在地球大氣內形成，究竟從哪兒蹦出來？一九六〇年代中期，多數科學家的共識是再怎麼找也不會找到外太空去。簡而言之，太空環境惡劣，充斥來自太陽和恆星的強烈紫外線、X射線、γ射線以及各種有害粒子，脆弱的有機分子接觸到之後很快就會損毀。

人類之所以能生存，是因為地球有兩個巨大防護罩。首先地心鐵核產生了巨大磁場，學術上稱為磁層（magnetosphere），它包圍整個行星並彈開名為宇宙射線的危險次原子粒子。再來是高空中的臭氧層（由氧分子O_3組成）會吸收有害紫外線。此外，人體細胞經過演化有了巧妙的機制，可以逆轉很多紫外線猛烈攻擊造成的損傷。我們每個皮膚細胞中數十萬個酶像工蟻一樣群聚在染色體，它們能夠修復DNA鏈的斷裂。皮膚中的DNA若是損傷就會誘發化學訊號，警告身體應該生產黑色素來吸收紫外線緩和傷害。夏天曬黑就代表DNA開始受損，身體機制正在力挽狂瀾（所以醫生和父母都會強調防曬重要性）。

雖然外太空環境嚴酷，但到一九五〇年代科學家已經在太空找到一些簡單分子，因為兩位荷蘭天體物理學家，揚．歐特（歐特雲的命名淵源）和其同儕亨德里克．范德胡斯特（Hendrik van de Hulst）察覺到令人驚訝的事實。一般人很難想像，但每種類型的分子都會發出獨特的無線電波長。分子碰撞時，原子會振動和旋轉。由於原子非常微小，彼此之間結合力又很有彈性，所以會像打了類固醇的彈簧玩具一樣每秒來回數十億次，並在這種運動中產生出微小電磁波。（因為十億是個太大的單位，要想像這裡所謂的彈跳可能有點困難。或許可以換個角度思考：一百萬秒等於十一天，十億秒則是三十二年。）合理推測，大量分子集合體發出的訊號有可能強到能被電波望遠鏡接收。到了一九六七年，科學家已經偵測到幾團僅由兩種原子組成的簡單分子雲，但多數學者認為更大的分子無法留存於太空。

物理學家查爾斯．湯斯（Charles Townes）不這麼篤定。他是律師的孩子，十九歲大學畢業、拿到物理學博士後在貝爾實驗室和哥倫比亞大學工作過。三十五歲那年一個明亮春日清晨，湯斯坐在公園長椅上突然得到「天啟」，後來他常用宗教口吻詮釋這個經驗。在啟示中，湯斯想出如何打造新裝置放大氣體分子發出的微弱電磁波，這個裝置進一步演變為雷射，所以他也榮獲諾貝爾獎。由此出發，湯斯開始思考如何更有效偵測外太空的氣體分子訊號。

湯斯早在一九五七年就發表論文敘述如何以電波望遠鏡尋找外太空中的複雜分子——前提是它們因為某種怪異因素真的留在外太空。論文甚至都預測出精確的頻率數字了，所以時間一久他不免好奇：怎麼沒人真的試著找找看？

他不知道的是確實曾有年輕研究人員想要嘗試，但都被勸阻了。比如哈佛大學一位研究生曾被某諾貝爾獎得主說服：較大的分子即使能在太空存活也會極度稀少，根本不可能偵測得到。

一九六五年，湯斯都五十歲了，但他決定轉換跑道。為了維持腦力，他開始閱讀天體物理學，還去哈佛大學上過課（其中一堂與卡爾．薩根是同學）。後來他搬家，去了陽光充沛的柏克萊，正好那裡也有最尖端的望遠鏡。身為諾貝爾獎得主，湯斯若需要研究經費不成問題。他開發新研究計畫時遇見傑克．韋爾胥（Jack Welch），一位年輕電機工程師。

訪問時我問起一件事：韋爾胥的專業生涯絕大多數時間都在柏克萊，兩人是什麼機緣下認識？「他一過來就到處打聽『無線電天文學有沒有新鮮事？』然後有人跟他說『傑克．韋爾胥發神經想要找分子。』結果他就自己上門了。」

那時候韋爾胥正在加州帽子溪天文臺東北方約三百英里外建造二十英尺高的電波望遠鏡。他的計畫是研究地球大氣，但還有別的打算。幾年前他讀到湯斯的論文，思考了怎麼以電波望遠鏡探測在恆星之間漂流的大分子並且做了報告。「在天文學家面前發表完以後，」韋爾胥說：「一個人跑過來跟我說，『你這次演講有點尷尬，在太空中找到超過兩個原子的分子是不可能的事。』」他笑了起來，「這個人很聰明，但有時聰明反被聰明誤。」

韋爾胥向湯斯提過這次報告的經驗，湯斯也笑了，然後與韋爾胥分享自身經驗。他年輕時在哥倫比亞大學進行研究，系上重量級人物都說湯斯是浪費自己的時間與學校的經費。「我們都知道，」大家指責：「你自己也很清楚，這根本不可能成功。別浪費錢，收手吧！」湯斯固執己見，「那些人無法阻止我，就氣呼呼地跑掉。」可是最後他因為那項研究獲得諾貝爾獎，所以勸告韋爾胥：「不必理會那些自以為什麼都懂的人。」這套異乎尋常的哲學也源於他和頂尖物理學家及工程師團隊合作的經驗。湯斯親眼所見，專家會被知識蒙蔽。他們對專精領域如量子物理學或放大器工作原理有深刻理解，卻因此忽略了自己不懂的事情還很多。有些工程結果看似不可思議其實是因為專家對所謂的可能與不可能過度自信。

到了柏克萊，湯斯立刻找到韋爾胥：「你有興趣尋找分子？」然後提議出資做一臺光譜儀裝在韋爾胥的望遠鏡上。「當時柏克萊大多數天文學家都覺得我是怪人吧，」湯斯回憶時說得雲淡風輕。

他招募一位博士生和一位博士後研究員來協助這個臆測性質極高的研究專案，目標是找到氨（NH_3）。氨分子有四個原子，而且是有機分子的前身。團隊開始建置設備，放大湯斯精準計算出的氨分子無線電頻率，訊號很可能來自好幾千光年之外。

一九六八年秋季某晚，帽子溪團隊準備好將望遠鏡對準天空。「問題是該看哪裡？」韋爾胥問。「這誰知道呢。」他們便決定將望遠鏡對準我們銀河系的中心。

沒有訊號，但他們堅持不懈，幾天後又將望遠鏡轉向人馬座B2，一團距離稍遠的塵埃雲。結果就這樣找到了：巨量的氨飄浮於太空，推測是雲團裡的氫和氮碰撞而成。

為什麼這麼容易？為什麼這麼多著名科學家都犯下大錯？專家們從未想過分子雲可以如此巨大，大到內部的分子可以避開紫外線破壞。零星分子在太空存活困難重重，但數百萬英里寬的塵埃雲中，大量分子依附於塵埃顆粒後就能找到活路。科學家未能認識到人類所知甚少的事實，陷入「因為身為專家就忘記還有許多未知」的偏見。

翌年，湯斯團隊重新調整放大器以尋找水的存在。這次他們甚至不必親自前往帽子溪，只是打電話給操作員告知他搜索方法。「砰地一聲，它就出現了。」韋爾胥回憶道。操作員開始不久就找到了水的訊號。

全球各地天文學家紛紛趕到他們的望遠鏡前面集合。「當時無線電天文學界像是燒起來一樣。」韋爾胥說。後來發現了超過兩百種有機分子。

其中許多都是熟面孔，例如清洗指甲油的去光水，更精確的說法是丙酮（C_3H_6O），通常在分解脂肪時產生。再來是煮飯或燒水可能用到的瓦斯，也就是甲烷（CH_4），以及醋的主成分乙酸（$C_2H_4O_2$），或者觸摸蕁麻或被黑木工蟻❻咬傷時觸發皮膚疼痛受器的甲酸（CH_2O_2）。太空中還有氯化氫（HC_1），它遇水會形成鹽酸，也就是我們消化食物所需的胃酸。此外還找到了甲醛（CH_2O）雲，雖然主要用來保存遺體，但其實人體每天也製造大約一點五盎司。甲醛在體內分解會變成甲酸鹽，用來製造DNA和一些胺基酸。孕婦需要補充葉酸（維生素B_9的一種形式）是為了製造甲醛，再將甲醛加工為DNA原料。（然而其他來源的甲醛卻會損害

譯註❻：黑木工蟻是英語俗名，正式名稱為賓州弓背蟻（*Camponotus pennsylvanicus*）。

DNA，這種化合物是雙面刃。）

能在太空中找到的有機分子裡，最駭人聽聞應屬氰化氫（HCN）。它天然存在於櫻桃、桃子之類水果果核中（大約十個桃核的含量就足以致死）。黃斑千足蟲會分泌氰化氫以防止遭到捕食。一八八〇年代，農民將氰化氫用作殺蟲劑。人類吸入氰化氫，運送氧氣的酶會受到干擾，於是血液會從紅色變成紫色，最終因缺氧喪命。二次世界大戰期間，納粹在毒氣室施放名為齊克隆B的氰化氫，謀害超過百萬人。不過氰化氫終歸是由氫、碳和氮組成，這些都是生命所需。氰化氫與硫化氫（太空中發現的另一種分子）結合會產生一些作為脂肪前身與RNA材料的胺基酸。適當條件下，氰化氫也能轉化為腺嘌呤，這是DNA的原料。

原本科學界深陷泥潭難以解釋生命起源，如今發現太空蘊藏豐富的有機分子，這種可能性引發了問題，也帶來了希望。如果生命最初的分子不像米勒所想是在大氣和海洋中產生，難道是來自外太空的訪客？

彷彿為了回答這個問題，一九六九年九月二十八日早上十點四十五分，湯斯團隊在太空發現氨才沒過幾個月，一顆亮橘色火球劃過澳洲默奇森村（Murchison）上空。「我們聽到轟、轟、轟的聲音。」一名婦女說。其他人的印象則是「卡車輪胎刮過濕路面上」那種嘶嘶聲。

來自太空、重達兩百五十磅（約一百一十三點四公斤）的岩石在他們頭頂爆炸，隕石碎片散落五平方英里遠。其中一塊如拳頭大小，穿過民宅棚子金屬屋頂之後掉進乾草堆，聞起來像當作清潔劑的甲基化酒精。村民競相在農場和田野間收集隕石碎片，最後找到好幾百塊，以黃金價格三分之一、也就是每盎司十美元賣給專門收集岩石的商店。一部分輾轉進入博物館和大學，還有一些到了美國太空總署加州艾姆斯研究中心的地球化學家基思・克文沃爾登（Keith Kvenvolden）手中。

「能取得隕石樣本我們非常高興。」克文沃爾登這樣告訴我，背後原因是一個多世紀以來許多科學家聲稱曾在隕石中找到有機分子，然而學術界仍舊十分懷疑，畢竟眾所周知排除污染非常困難。「一位研究人員就指出，」克文沃爾登回憶：「某些樣本中發現的胺基酸分佈與指紋的胺基酸分佈實在雷同，結論是我們認為的外星生命證據實際上來自人類手指碰觸。」一九六〇年代初，科學家也曾經為隕石含有生命的證據而起了論戰。一位微生物學家以一塊他懷疑來自外星的太空岩石培養出活細菌，但又不得不承認樣本污染的可能。另有研究者在隕石發現極微小的外星生命「微化石」，然而其中部分卻被證明是紐約的豚草花粉。一九六九年，默奇森隕石碎片送到NASA艾姆斯中心，同時克文沃爾登也正在研究從月球取回的第一批岩石。結果令人失望，除了微量甲烷氣體外，月球岩石中沒有任何有機物跡象。新實驗室經過精心設計，可以避免月岩樣本受到任何污染，換言之克文沃爾登團隊擁有最乾淨、最先進、最無可挑剔的設施來分析隕石。收到的隕石碎片還新鮮，並非在博物館架子上閒置多年有可能發霉的老石頭，所以他們重燃希望，期待能有新發現。

一行人換上無塵室白衣，挑選出裂縫最少又最大的一塊。岩石表面光滑，因爆炸熱量而呈現夜色般的黑。但它內部也是黑色，這是好跡象，代表很可能有碳。

化學分析顯示這塊隕石有大約百分之二點五是有機物質。沒有生命體或生命體製造的分子跡象，然而令人訝異的是隕石裡有胺基酸，而且很高比例是不存在於地球的形式。同樣是好事一樁，可以證明樣本未受污染。克文沃爾登說：「對科學家而言這是美夢成真，可能是我一生中最激動的時刻。做出重大突破、只有自己與夥伴知道結論的那個瞬間快感無可比擬。」好消息還沒完，人體構建蛋白質和酶需要二十種胺基酸，他們最初在隕石找到其中七種，後來再發現另外兩種。

誰會想到人和隕石竟然能有這麼多共同點？飛馳在無垠星空的石塊帶著人類生命的必要分子？像是纈氨酸，有助調節大腦血清素水平並為肌肉提供葡萄糖。天門冬胺酸是興奮性神經傳導物質，也在製造睪酮和其他激素中發揮作用。還有谷氨酸，這是人類大腦最常見的興奮性神經傳導物質，存在於八成以上的突觸，能幫助學習和創造記憶。此外我們該感謝谷氨酸帶來鮮味，也就是鹹、甜、酸、苦之外的第五種味道。除了在醬油和奶酪等食物可以品嚐到，備受爭議但確實美味的食品添加劑味精也含谷氨酸。要不要在早餐吐司上抹點隕石？

更有趣的是：克文沃爾登檢測到的許多胺基酸種類與史丹利．米勒在實驗室中製造出的胺基酸完全相同。因此，米勒、尤里、奧巴林認為曾發生在古地球的反應想必也在太空中發生，很可能是含冰岩石因撞擊或放射性衰變而加熱的階段。後來還有其他人研究默奇森隕石碎片，他們又發現兩種核苷酸。核苷酸是構築DNA的基本材料，米勒等人無法在實驗中創造。更敏感的儀器捕捉到成千上萬種有機分子，科學家推測隕石中可能還包含其他數百萬類型，只是太過微量無法檢測。許多隕石主成分是岩石、金屬或兩者兼有，內部不含有機物，但默奇森隕石屬於特殊類型（稱為碳質球粒隕石）所以富含有機物。

確認太空岩石內含有機化合物之後，研究人員開始在彗星的冰塊中尋找。透過衛星，學者發現彗星中有機物濃度甚至更高，能達到其質量的百分之二十。

這個消息令人振奮，同時學界也開始思考：即使克耳文、亥姆霍茲、霍伊爾都錯了，生命本身並非來自太空，但最初的有機分子是否像水一樣來自遠方？

不無可能，很多人甚至認為極有可能，但得先回答另一個複雜問題。發現飄浮於恆星之間的有機分子雲以後天文學家非常興奮，但這些雲團都在好幾兆英里外，實在太遙遠了，分子怎麼來到地球？份量不大的話，可以藏在默奇森隕石這樣的小岩塊中倖存，但這些零星痕跡幾乎不足以創造生命。此外常理推斷，大量脆弱有機物搭乘巨大的彗星或小行星以時速三萬八千英里移動，航程戛然而止時會產生熔岩和超高溫氣體，它們無法全身而退。所以學者們繼續糾結：怎麼可能會有足夠的有機分子穿越太空降臨地球？

一九九二年，天體物理學家克里斯多福・希巴（Christopher Chyba）和卡爾・薩根彷彿從帽內撈出兔子似地變出一個答案。雖然小到看不見，但隕石和彗星一直朝地表各處灑下塵埃和粉末。科學家改造退役的U-2間諜機，在機翼下方安裝托盤，從六萬五千英尺（約一萬九千八百公尺）高空收集了太空塵埃。這種看不見的微粒稱為行星際塵埃顆粒，由於體積太小所以不會高速穿透大氣層並因此燒毀，而是像張開降落傘那樣緩緩下降，同時也將微量有機物質帶來地球。每年約有四萬噸宇宙塵埃落在地球，將時間拉長到數億年，積累就相當可觀。根據柴巴和薩根的估計，降落在早期地球上的星際塵埃份量總和是目前生物圈有機物質總量的十倍到一千倍。

也有別人提出不同觀點來解釋太空中的有機物如何到達地球。這是種「杯子半滿還是半空」的理論。雖然劇烈撞擊可能摧毀大顆小行星或彗星中的有機物，但有機物的分子碎片卻可能在超高溫之中重新組合並形成新的有機物。敗也天體成也天體，部分實驗室實驗的結果支持了這種有機物循環理論。若非星際塵埃，就是大規模撞擊為地球播下了生命種子。

*

那麼問題解決了？旁聽科學家討論生命從天而降的可能性是低是高，總能感受到他們情緒激昂。假如生命來自太空，那麼其他行星也得到播種，找到外星生物的機率提高很多。然而這份熱情掩蓋了一個棘手問題：即使有可能化作生命的素材完好無損到達地球，也不代表現在的生物就是這樣誕生。有機化學上的人類祖先自天外墜地然後開枝散葉是個浪漫的臆想，但終究沒得到證實。

結論是什麼？可以肯定地說有機分子無所不在、遍佈宇宙。硬逼學者給個交代的話，答案是孕育生命的要素、人類最遙遠的有機物祖先或許有好幾種來源。有些隨著小行星、彗星、宇宙塵埃從太空降臨，也有一些如後述可能是在地球土生土長。科學家提出的假設包括在火山煙柱、熱間歇泉、深海熱泉以及新海床誕生的大陸板塊裂縫間。甚至小行星撞擊坑也有可能，因為內部就像運作好幾千年的孵化器。人體許多有機分子實際上不難製造。

學界普遍同意的是：只要有機分子配方正確且在水中含量豐富，新類型分子彼此相遇之後吸引力導致原子重新配置，很快就會產生新的化合物，結構逐漸擴展得越來越近似生命體。

這種奇跡般的現象是全宇宙最深奧的謎。科學家困惑之餘不僅起了口舌之爭，甚至還會勾心鬥角。

7 最深奧的謎

最初的細胞從何而來

生命是宇宙的必然。

——克里斯蒂安．德．迪夫（Christian de Duve）

如果給自己舉辦一次家族團圓大會，只要與自己能扯上一丁點關係就邀請對方，而且不對物種設下限制，那麼需要準備的座位……嗯，大約一百萬兆個，來賓絕大多數會是細菌。這個理解得歸功於達爾文，他察覺所有生命都通過巨大的家族樹彼此相連。地球上每個生物都從另一個生物演化而來，沿著DNA這條細線就能向上追溯到先祖。過往世代披荊斬棘開闢道路，分子才能構成新的個體。但，世界上第一個細胞、將繽紛生物圈化為可能的原始老祖宗是誰？地球上的分子怎麼學會互助合作，創造出自我維持、自我複製的細胞作為生命基礎單位？這恐怕是意見最分歧、爭論最長久的科學領域。

如前所述，一九五三年史丹利．米勒為生命起源研究打了一劑強心針，原來在簡單的氣體裡點燃火花就能合成胺基酸。可惜這份輕巧終究是假象，米勒的實驗手法無法製造出生物體內所有種類的氨基酸，而且早期地球大氣條件也不吻合實驗假設。想製造DNA的原料——脆弱的核苷酸——似乎沒那麼容易。

其實詹姆斯．華生和弗朗西斯．克里克發現DNA結構後的十年裡，有些學者意識到解釋生命起源所需的化學過程太複雜，研究受挫便灰心喪志不了了之。該從什麼分子起頭、以什麼方式組合都很難判斷，好比案發過後數千年才進行調查，多數線索早就不翼而飛，所以似乎是個無解之謎。

陰暗氣氛中，英格蘭的研究者亞雷克．班漢姆（Alec Bangham）解開一小部分謎團。他身材魁梧、面孔寬大，留著不拘小節的褐色捲髮，對科學的熱情非常容易感染別人。班漢姆小學時代成績很差，父母常在成績單看到「多加油」這種評語，後來想進醫學院也考了兩次才通過。但他好奇心過人，事隔多年竟又轉換到別的領域。班漢姆形容自己「背叛」了病理學。他進入劍橋附近的動物生理學研究所接受血液方面專業訓練，同時開始思考一些難題，比如為什麼紅血球不像其他細胞那樣黏在一起，它們如何保持獨立？為了得到答案，他著手調查細胞膜特性。一九六一年，研究所購置才剛開始成為標準配備的電子顯微鏡。班漢姆試用時在辦公室四處找樣本，最後鎖定稱為卵磷脂的脂肪，細胞膜裡也有這種物質。卵磷脂有個奇妙的特徵：將它放進水中會形成球體，類似熔岩燈內醒目的氣泡。班漢姆決定藉助尖端科技觀察球體，在昏暗實驗室內注視散發綠光的螢幕。他訝異發現球體是由具薄壁的微粒組成，看起來與細胞膜神似得古怪。

班漢姆非常興奮。此前沒人知道膜從何演化而來，最初的細胞為什麼學會在自身周圍建立柔軟球體？現在看來，答案一清二楚：膜是自然產生的，源於脂質一端親水、另一端卻疏水。脂質分子放入水中會像磁針快速轉動，親水端朝外、疏水端朝內且彼此相鄰尋求保護，在吸引與排斥作用下陣型變得密集，構成厚度兩個分子的球壁，以親水端外層夾住疏水端內層。班漢姆察覺這與細胞周圍的膜根本一樣，同為僅僅兩分子寬的脂質薄壁球體，排列方式能滿足親水與疏水兩端的需求。

班漢姆總說：「最早出現的是膜。」既然製造起來如此簡單，膜當然應該是細胞最早成形的部位。但這樣神來一筆就使大家很好想像生命起源了，很清楚地，當正確成分備妥的前提下，某些結構很快能夠自我組裝。

為第一個細胞造膜似乎很簡單，然而製造細胞內部的東西就未必。有機分子組成的細胞會不斷吸收新材料以產生能量、製作結構並進行複製。負責發號施令的分子是DNA。（後面章節會提到詹姆斯．華生、弗朗西斯．克里克與羅莎琳．富蘭克林如何發現DNA結構。）DNA指示細胞製造何種蛋白質，蛋白質會完成後續工作。

然後科學家就碰壁了，卡在一個雞生蛋蛋生雞的經典問題上。DNA和蛋白質哪個先？

問題是這樣的：複製指令在DNA上，顯然是生命必須要素，乍看之下必須優先其他結構演化出來。但DNA由蛋白質製造，所以出現了矛盾的循環——DNA有製造蛋白質的指令，蛋白質有製造DNA的能力，兩者若非同時存在就應該都不存在。從這角度看，生命能夠出現真的很離奇。

一九六〇年代中期，生物學界三位重量級人物扭轉了局面。卡爾．烏斯（Carl Woese）、萊斯利．奧格爾（Leslie Orgel）和弗朗西斯．克里克（Francis Crick）各自進行研究，卻得到同樣結果。他們認為最初的細胞並非以DNA為中心，而是基於其「小弟」RNA形成。關鍵在於RNA也能進行複製。

之前學界不太重視RNA、將其視作次要是因為DNA更長，也就包含更多信息。RNA乍看只是中間產物。DNA的核苷酸序列達到驚人的三十億單位長度，囊括一個人類所有遺傳信息。相比之下，RNA分子只是基因複本，長度僅約一千個核苷酸。此外，RNA分子在細胞核中生成之後就會移動，由身體的化學工廠將其代碼轉譯成一系列胺基酸並製造蛋白質，然而這樣樸實無華的RNA分子不會得到細胞保留，一旦不需要對應的蛋白質就將RNA直接摧毀。曾有科學家說RNA的生命好比「希臘悲劇」，其死亡在出生那一刻已經註定。

不過烏斯、奧格爾和克里克對RNA刮目相看。DNA是兩條螺旋體中間連接並構成長條雙螺旋，相較之下RNA只是一條單螺旋，分子組裝容易得多。三位學者之所以開始注意RNA是因為學界有了新發現：RNA可以像折紙一樣進行複雜扭曲，與酶十分類似。酶是一種關鍵蛋白質，負責聚集分子並大量加速化學反應。因為有酶，人體細胞中的反應速度才會快得離譜，每秒大約百次，而不必等上百萬年或十億年。沒有酶就沒有人類。三位科學家提出的推測可謂快刀斬亂麻，他們認為RNA在細胞最初形成時堪稱雙重身分的超級英雄，既如同DNA能夠承載複製指令又如同酶能夠加速反應，什麼都難不倒它。

許多對生命起源感到困惑的人鬆了口氣，終於不必兜在雞生蛋蛋生雞的問題上。而且生物演化的推測情境變得單純很多，第一個細胞若以RNA為基礎就不再需要DNA或蛋白質，雙股DNA（穩定性幾乎是RNA的百萬倍）和酶（效率更高）要等到後面才出現。RNA在生命早期並非拋棄式工具，它是點燃生命的分子、孕育出所有人的母親。

但結果跟上次一樣，興奮情緒很快就被潑了滿頭的冷水，因為研究中從未發現RNA能像酶一樣能誘發並加速化學反應。畢竟酶是以蛋白質構成而且更有效率，RNA遭到取代後失去相關作用並不奇怪，然而無論如何RNA多功能論暫時停留在臆測層面。

轉機出現在十年後，也就是一九七〇年代末。那個時期科學界非常興奮，基因工程剛成熟，科學家開始破譯遺傳編碼的複雜機制。科羅拉多大學三十一歲助理教授托馬斯・切赫（Thomas Cech）才剛謀得教職，本來並不關注生命起源。他若不是在洛磯山脈滑雪，就是正在研究ＲＮＡ分子如何從ＤＮＡ鏈複製出來。為了方便，他以生活在水池中的纖毛原生動物四膜蟲（有七種性別且基因數量與人類相當的奇特生物）為目標。這種單細胞生物繁殖迅速又會產生大量ＲＮＡ，取得特定類型的樣本十分容易。

切赫發現四膜蟲若要產生特定ＲＮＡ鏈，細胞首先得切除ＲＮＡ分子中間一小段不需要的核苷酸序列。他想知道細胞如何做到，因此開始尋找負責剪除多餘序列的酶，沒想到會為生命起源研究帶來新的突破。一開始他做得很沮喪，因為每次試圖分離出完整原始ＲＮＡ鏈時中間的多餘片段已經消失。切赫懷疑剪除多餘片段的酶與ＲＮＡ結合得極為緊密，整個團隊一次又一次地進行搜查，但結果總是不變。他們找不到酶，也不明白自己錯在什麼地方。

疑惑了一整年之後他才回頭重新思考，想破了頭還是沒答案。切赫提出新方案，趁隱藏的酶尚未行動前就將其癱瘓，於是研究小組將ＲＮＡ煮沸、添加洗劑、引入能破壞其他酶的酶。即便如此，他們依然無法分離出中間片段完好的ＲＮＡ分子。「我們越來越絕望，」切赫說遍尋不得之後大家幾乎要放棄，「可以說是被絕望逼著做出完全相反的假設。」他們懷疑會不會ＲＮＡ分子自己一氣呵成完成所有工作，先將自己扭曲成神奇的形狀剪掉中間多餘部分再重新接合？為了檢驗這個怪異的理論，他們製作一個從未接觸過酶的ＲＮＡ人工複本。「結果立刻起作用，」切赫說：「出現與四膜蟲ＲＮＡ一樣的反應。那時候大家心裡都大喊『感謝上帝』，因為已經沒有別的選擇，這是唯一可行的解釋。」ＲＮＡ發揮了類似酶的作用，啟動並加速化學反應。

研究發表不久後，加州大學洛杉磯分校生命起源俱樂部邀請他過去演講。「當時我連生命起源研究是什麼都沒聽說過，」他回憶道。「那之前我從來沒有思考過相關的問題，」他告訴我：「與研究生命起源的團體完全脫節，什麼都不懂。所以整個晚上，我這邊描述的是化學反應機制，他們那邊卻在討論三十八或三十九億年前。」事後他才驚訝發現自己證實了生物學前輩烏斯、克里克和奧格爾很久以前做出的預測。「在我們不知道的地方，」切赫感慨：「有一群人苦苦盼著這一刻。他們雖然篤定會有這種結果，但得活得夠久才能親眼見證。」一年後，耶魯大學生物化學家西德尼・奧爾特曼（Sidney Altman）也發現另一個RNA分子跟酶有同樣表現，後來與切赫共同獲得諾貝爾獎。

時至今日學者已經找到十幾種兼具酶作用的RNA分子，很可能殘存自蛋白質尚未出現、RNA主導細胞活動的年代。人類身體裡，維生素B_1和核黃素（譯按：維生素B_2）含有較短的RNA單位，再者科學家意外發現核糖體中心也有長RNA，而核糖體正是細胞製造蛋白質的工廠，兩者或許都承襲了已經消失的分子祖先。我們來自「RNA的世界」。分子生物學家華特・吉爾伯特（Walter Gilbert）有一句話流傳很廣：在已逝的世界裡，最初的細胞由RNA管理。

故事說到這兒終於撥雲見日陽光驟現。科學家總算能夠認真解釋生命起源，只需要回答最初的RNA、或者稱作原始RNA如何演化，又是如何得到膜的包覆並形成第一個細胞。此外也需要闡明RNA複製時，小的複製錯誤如何導致新分子誕生，尤其如何導向蛋白質、DNA和人體細胞機器。

可惜化學之神不打算讓科學家過得太輕鬆。解釋最初的RNA分子如何形成、尤其細胞如何以其為中心開始演化仍然極其困難。距離史丹利・米勒破天荒的實驗過了四分之一個世紀，很多研究生命起源的學者仍有逆流而上的困頓感。

幸好他們又從一個如夢似幻的新天地找到全新可能性。

*

一九七七年二月，一支科學探險隊穿越巴拿馬運河，前往太平洋加拉巴哥群島東北方二百五十英里處。到達指定地點時，首席科學家傑克・寇利斯（Jack Corliss）朝四面八方望去都只能看見海天一色。年輕力壯的他來自俄勒岡州立大學，是個地球化學家，這次行動可以調度三艘研究船。第一艘是克諾爾號（R/V *Knorr*），長度兩百七十九英尺（約八十五公尺）且空間寬敞，船上除了幾個實驗室之外還有廚房、餐廳、圖書館和機械工廠。第二艘名為露露（*Lulu*），是大型雙體船[7]，主要功能是作為第三艘船、著名的阿爾文號（*Alvin*）的發射平臺。

這艘來自伍茲霍爾海洋研究所（Woods Hole Oceanographic Institute）的潛水艇長達二十三英尺（約七公尺），能夠承受深海海床的巨大壓力。地質探險隊成員包括後來發現鐵達尼號的海底探險家羅伯・巴拉德（Robert Ballard），以及超過二十名地質學家和地球物理學家。然而誰都沒有預料到此行會為近代生物學中帶來極為關鍵的突破。

行程耗費巨資，所幸有美國國家科學基金會資助，目的是探索海洋深處以確認仍具爭議的大陸漂移學說。如果理論正確，可預期的是巨大構造板塊在海洋下方分開，而且水會滲入新形成的裂縫。地質學家推測水會沉到下方岩漿處，接觸超高溫後再噴回海底。若能發現海底熱泉就等於支持板塊構造理論，並有助於解釋地球冷卻階段如何散熱。然而遲遲沒有一個人探索海洋時見到所謂的熱泉，它們是否真實存在？

寇利斯挑選這個水域是因為一年前曾有斯克里普斯海洋研究所（Scripps Institute of Oceanography）的地質學家在此處研究，利用船隻拖曳裝置下方至海底進行探測，結果竟找到一塊溫水區。攝影機記錄到的多半是荒蕪景象，卻在某個地點拍到一堆巨大空蛤殼。難道那裡就是熱泉出口？不過同時又拍到了啤酒罐，因此蛤殼也可能只是海上宴會後的垃圾。他們將利用應答機標註位置，取了代號叫做「蛤蜊派對」（Clambake）。

譯註❼：將兩個長條形船體（但各有推進裝置）連接即稱作雙體船。

一年後，寇利斯團隊準備進行調查。二月十七日黎明時分，寇利斯、地質學家提爾德・范安德爾（Tjeerd van Andel）、駕駛傑克・唐納利（Jack Donnelly）排空膀胱後爬進阿爾文號狹窄的指揮艙。他們蹲在小舷窗邊，準備下降一點七英里（約兩千七百三十六公尺）。潛水艇以鈦合金打造，能夠承受每平方英寸九千磅壓力。隔著厚玻璃，三人看到周圍變得平靜，光線逐漸暗淡，水色從藍綠轉為深藍、更深的藍、以至於最後是漆黑。一個半小時過去，偶有鬼火般閃爍的螢光生物漂過，其餘什麼也沒看到。

好不容易，他們到達了海底。

一開始探照燈範圍內只有熱熔岩接觸冷海水時形成的黑色枕狀熔岩，但靠近「蛤蜊派對」位置後便發現前所未見的景象。周邊水溫僅僅華氏三十六度（攝氏兩度），接近冰點，但該處的水呈現濁藍色，有礦物質閃光，而且是從海底升起。他們後來偵測到某些區塊溫度達到華氏六十三度（攝氏十七度），若不考慮水壓因素其實足夠舒適，不穿潛水衣也能很自在。這是人類第一次發現海底熱泉。

透過舷窗看到的畫面深深烙印在寇利斯記憶中永遠忘不掉。他以對講機呼叫海面露露號上的研究生黛比・史狄克斯（Debbie Stakes）。

「黛博拉，深海不是應該像沙漠嗎？」他問。

史狄克斯與其他地質學家討論片刻後才回答：「應該是。」

「可是這裡好多動物，」他又說。眼前有比晚餐餐盤還大的蛤蜊，巨大的貽貝，白化的龍蝦，橘色白色的螃蟹。毫無道理。潛水艇下降超過八千多英尺，陽光和食物徹底遭到隔絕。寇利斯和范安德爾拼命收集數據，用阿爾文號機械手臂捕捉一些標本。

之後幾次下潛找到更多熱泉口以及更加奇異的生物：像義大利麵的蠕蟲、大型粉紅色魚類，以及生有紅色羽毛、如花朵在風中搖曳的七英呎（約二點一三公尺）管蟲。克諾爾號上，科學家邊觀察邊讚嘆。探險隊導航員凱西・克雷恩（Kathy Crane）以無線電聯絡伍茲霍爾研究所，請對方協助辨識這些奇異生物，但生物學專家無法回答。

地質學家訝異之餘手邊卻沒有適合保存生物的工具，只有某個研究生帶了一小罐甲醛加上大家在巴拿馬購入的俄羅斯伏特加。他們不得已先用塑膠盒和保鮮膜來存放，但不久之後領隊之一就收到來自伍茲霍爾研究所的訊息：「立即返回港口，生物學家趕過去了。」不過寇利斯沒有乖乖照辦，他不打算將機會拱手讓人。

船上情緒漸漸高亢，成員察覺自己找到荒漠中的綠洲，而且裡頭棲息著許多未知物種。它們與地表動植物不同，不依賴陽光和光合作用，僅憑地球深處的礦物資源和熱能維持生命。研究人員在克諾爾號實驗室打開收集罐時有了切身體會：類似雞蛋腐敗的氣味將大家逼到舷窗邊，但惡臭隨著空調系統遍及全船。是硫化氫。他們很快意識到這個生態系統特殊至極，能夠與火星相提並論。「大家忍不住跳起來，」約翰・愛德蒙（John Edmond）回憶：「船上跟瘋了一樣亂糟糟的。實在太新奇太出乎預料，每個人都爭著想下去親眼見識。」

多年後，哈佛大學微生物學研究生柯琳・卡瓦納（Colleen Cavanaugh）、史密森尼博物館的蠕蟲館長梅芮迪絲・瓊斯（Meredith Jones）、伍茲霍爾研究所微生物學家霍爾格・詹納許（Holger Jannasch）合作研究，證實海洋底部細菌藉由類似光合作用的過程創造能量和糖分。它們不倚靠太陽，而是分解硫化氫化學鍵，釋放的能量與光合作用一樣可以結合二氧化碳和水形成糖。簡而言之，海水與岩漿接觸時會產生硫化氫，深海細菌以此為食並生產能量，支撐起整個詭異的深海食物鏈。

難忘的一幕深深影響寇利斯。他從地球化學轉向生物學，與研究生蘇珊・霍夫曼（Susan Hoffman）和微生物學家約翰・巴羅斯（John Baross）共同提出驚人新理論：我們最古老的祖先、地球第一種生命是在熱泉口演化形成。

這個理論足以徹底顛覆人類對生命起源的思考。一直以來，大家認為生命起源於地表，就像史丹利・米勒的實驗中閃電和紫外線刺激大氣形成有機分子，它們落入海洋或水池就會形成能夠孕育生命的環境。但寇利斯團隊則主張生命之初並非地表，而是誕生在海洋最深處的高壓和黑暗之中。

新理論具有顯著優勢。首先是晚期重轟炸、也就是地球誕生後數億年期間，大量小行星和彗星撞擊地球表面，深海或許發揮了類似防空洞或庇護所的功能，免受地表災難的毀滅性影響。此外一個發現大幅強化了寇利斯團隊的理論：十多年前，生物學家驚訝發現例如黃石公園熱泉這種極高溫環境中竟然也有微生物繁衍生息，即使熱泉溫度可達華氏一百六十三度（約攝氏七十三度）。同樣引人注目的是研究中能夠追溯到最古老的基因來自名為LUCA（此為縮寫代號，完整術語是「最後共同祖先」）的生物，而它就生活在靠近深海熱泉的高溫環境中。

然而寇利斯團隊提交論文時遭到權威期刊《自然》和《科學》直接拒絕。大約一年後，他們終於在鮮為人知的期刊《海洋學報》（*Oceanologica Acta*）上得到機會。想不到這篇論文點燃一把火，生命起源於熱泉的想法沒有悶燒而是熊熊席捲科學界，為陷入停滯的生命起源研究領域提供了煥然一新的切入角度。

一九七九年發現新型深海熱泉「黑煙囪」將學術界帶向新一波高潮情緒。這種新型熱泉溫度更高，在華氏六百五十度（約攝氏三百四十三度）左右，而且體積非常巨大。其中一個被取名為「哥吉拉」❽，頂部直徑四十英尺（約十二點二公尺），自海床隆起十五層樓高。如此巨大崎嶇的塔型結構，且內部熱水混雜礦物質和分解後的氣體，自然而然成了絕佳的生物反應爐，不斷產出有機分子。理所當然，周圍生命的繁盛程度也令人驚嘆，族群豐富度可媲美珊瑚礁。

譯註❽：日本電影的著名怪獸，已成為世界級經典形象。

但看在該領域奠基者史丹利．米勒眼中，生命能夠在深海熱泉極端溫度下演化極為荒唐。他試圖「勸退」異議者，發言指出有機分子十分脆弱，若在熱泉形成應該會被高溫迅速分解。RNA、胺基酸和糖這類分子都不耐高溫。「熱泉在原始海洋中的地位是破壞而非合成有機物。」米勒和與研究夥伴傑佛瑞．巴達（Jeffrey Bada）在文章表示。於是「米勒派」和「熱泉派」的鬥爭就此展開。

讀者或許還記得米勒的理論也有潛在的致命缺陷。科學家發現，地球早期大氣結構與米勒認知有所出入，並不含有能產出第一個胺基酸的氫、氨與甲烷，而米勒只是堅稱這些成分必然存在於某處。其他人也基於這點做出猜想，認為或許是星際塵埃或彗星和隕石撞擊首先將有機分子帶到地球。

對部分科學家而言，深海熱泉似乎更有可能是生命誕生之處。地球的熱量將富含礦物質和氣體的超高溫熱水送到海底，各種化學物質可以在熱泉周圍不同溫度區間內混合，創造出有利於有機化合物演化的優渥條件。然而，科學家仍難以解釋有機化合物及生命具體如何出現。

轉捩點在一九八〇年代末的根特．瓦赫特紹澤（Günter Wächtershäuser）身上。他本職是專利律師，探究生命起源只是閒暇愛好，但他的研究結果影響深遠，生命從海底出現這個觀點因此從迷人可能性躍升為難以忽視的縝密理論。瓦赫特紹澤平日在慕尼黑的事務所工作，出於興趣深入探究了科學哲學以及演化論。「百家爭鳴的時候想找個明白人，通常只會找到最忙的那一位。」他描述當時情況。邏輯至於專利律師就好比貴氣之於君主一樣普通，那可是他們的專業領域。根據同事形容，瓦赫特紹澤好辯好鬥，這些特質在律師行業上是優點。他喜歡挑剔專利申請的漏洞，此外碰巧擁有有機化學博士學位，只是離開化學界轉向法律超過二十年。檢視生命起源現有理論之後，他深感不滿。

在奧地利科學暑期學校中認識的一位朋友對瓦赫特紹澤造成很大影響。這位朋友是著名的科學哲學家卡爾・波普爾（Karl Popper）。波普爾最知名就在於提出了科學理論必須具有可駁斥性，換言之理論做出的預測至少在原則上要能經由證據反駁。以這個標準衡量，瓦赫特紹澤認為當時所有的生命起源理論都無法服眾。混合化學物質並添加能量來觀察結果的實驗無法打動他，因為所謂的「前生物湯」必要成分似乎會隨著科學家每個星期釀造出的分子類型而不斷改寫。

無論是在自己家中，還是在通往慕尼黑中世紀城門的塔爾街辦公室內，瓦赫特紹澤一邊處理有關抗生素和其他爭議的專利訴訟，一邊嘗試建立能夠被證偽的生命起源理論。他努力尋找最有可能創造出生命分子的化學反應，過程中決定仔細查查海床那兒到底有什麼素材可用。

瓦赫特紹澤得出結論認為海底是完美的生命搖籃，必要材料一應俱全。首先，自地球深處滲出的熱水含有有機分子前體，如氫硫化氫、氨、二氧化碳和氰化氫等氣體。這些物質處於高壓環境，有助於促進反應。研究細菌和人體細胞中負責加速反應的酶之後他有了新的見解：酶的反應核心在於鐵、鎳、鋅、鉬，而海底的金屬元素很豐富，特別是鐵硫化物（FeS）。更有趣的是鐵和硫原子團簇出現在許多人體最關鍵的酶，以及細胞內負責產生能量的粒線體的中心位置。事實上，影響人類製造鐵硫簇能力的遺傳缺陷會導致心臟病和肌肉無力。瓦赫特紹澤不禁好奇，海底發現的礦物對人類或者說所有生命都至關重要，這真的只是巧合嗎？同樣重要的是，海底產生的鐵硫化物（被稱為愚人金❾）表面帶有正電荷，導致它們具有良好化學黏性，誕生於海底的有機分子可以依附上去不必隨波逐流。

就瓦赫特紹澤看來，海底似乎就是生命的起點。適當條件組合下，這裡出現了更複雜的分子，形成基本新陳代謝，也就是生成能量、對化學物質進行加工以維持生命運作的模式。他甚至進一步預測胺基酸、蛋白質和RNA可能如何形成，並主張海底的分子祖先變得更先進以後就得到膜的包覆，演化到一定程度之後勇敢離開了家園。簡而言之，瓦赫特紹澤認為生命是在海床下方愚人金之類礦物的表面演化而來。

起初瓦赫特紹澤不願發表理論，擔心自己業餘學者的身分會成為笑柄。「我算是局外人，」他苦表示：「尤其可能被說是『律師』，這字眼兒可談不上形象正面。」但經過波普爾和其他人鼓勵，他鼓起勇氣撰寫論文，毫不避諱指出其他理論的缺陷，而且筆下絲毫不留情，

譯註❾：硫鐵，又稱黃鐵。

劈頭就是這樣一段：「前生物湯理論因邏輯矛盾、與熱力學不相容、違反化學方法和地球化學、在生物學和化學上缺乏連貫性而承受猛烈批判，且與實驗結果不符。」

可想而知，史丹利．米勒和傑佛瑞．巴達不開心也不服氣。〈有人喜歡熱的，但不會是最初的生物分子〉巴達在《科學》雜誌發表文章反駁時下了這種標題。兩人還反過來質疑研究這種理論的人有毛病，「熱泉假說根本毫無道理，」米勒曾向記者抱怨：「我不懂有什麼討論的必要。」巴達則說瓦赫特紹澤的模型「與我們所知的生命起源問題毫無關聯」，屬於「紙上化學」的例子，指責部分學者隨便寫下假想的化學反應就妄稱破解了早期生命的謎團。

但瓦赫特紹澤畢竟是律師，深暗如何捍衛立場，展現出面對證人抽絲剝繭的冷靜態度。「就我所知，」他向記者表示：「前生物湯理論只是個迷思，連理論都算不上，因為它什麼都無法解釋。」接受我訪問時已經事隔多年，瓦赫特紹澤回憶時情緒出奇平靜，「用運動比喻的話我是反擊型選手。」他說：「科學本來就該充滿爭論，一個科學話題沒有爭論的話就根本不科學，所以我不會抱怨不公平之類的事情。的確，有人攻擊過我，但，」他漸漸壓抑不住語氣中的笑意，「我也沒讓他們好過！」

米勒和巴達白費了唇舌，無法阻止許多人「對熱泉假說盲目追捧」。瓦赫特紹澤的理論不僅為尋找分子祖先的研究注入活水，還激發出另一個理論，生命起源的關鍵似乎近在咫尺。

*

地質學家麥克・羅素（Mike Russell）認為瓦赫特紹澤的理論很好，不過自己能做得更好。二〇一八年我們通過Skype交談時，他正在噴氣推進實驗室的辦公室內協助美國太空總署設法在其他行星尋找生命跡象。談話時他經常像個莎士比亞演員那樣撐著頭，這種姿勢不是做給觀眾（包括我）看，而是因為他完全沉浸在自身思想的專注中。羅素渾身散發創意和熱情，他以一種找尋到生命奧祕的激情述說著。

羅素以現場地質學家身分花了多年時間進行勘測和探礦，直到八〇年代重新受到學術吸引，開始研究很引人關注但在當時具爭議的想法：從銅、鈾到金，大多數礦物開採地點位於海底熱泉或其噴口。

為了進一步確認，當時在格拉斯哥大學的羅素開始研究鉛礦中的特別礦層，他懷疑是古老熱泉所造成，岩石中充滿奇怪的微小孔洞。一天晚上在家裡，他十一歲兒子安迪對著水族箱裡玩化科工具包，興奮地發現礦物從溶液沉澱出來以後形成了中空的岩石管道。羅素看了以後突然意識到這畫面與鉛礦岩石的孔洞相似，頓時明白了古代礦脈結構如何形成。

隔天，羅素和一位同事在實驗室重現礦脈成長過程。他們預測部分深海溫泉與黑煙囪不同，能夠生成充滿細小空腔的類似結構，並將其命名為「鹼性熱泉」。不到十年後果然有人發現鹼性熱泉，羅素非常激動，原因之一是藉由這種熱泉更容易想像生命起源。

首先鹼性熱泉溫度比黑煙囪低得多，僅約華氏六十度（約攝氏十五點五度），而非炙熱的三百度（約攝氏一百四十九度）或更高，因此更能容許脆弱的有機分子形成。新形態熱泉似乎還解決了令人困擾且畏懼、但所有生命起源研究者都得面對的棘手問題，也就是如何「集中」：如果生命分子首先出現在巨大水體甚至池塘中，是什麼阻止它們四處散逸導致一事無成？瓦赫特紹澤認為生命分子首先形成於帶電礦物的表面，會黏附其上、與其互動，不至於輕易離散。羅素則主張鹼性熱泉可能更容易困住有機分子。這類型熱泉充滿細小腔室且腔壁薄而多孔，與細胞一樣很適合分子集中。

羅素認為鹼性熱泉還有一個優勢：它們不只具備瓦赫特紹澤視為催化劑的金屬，還多贈送了大量氫氣。羅素和生物化學家威廉．馬丁（William Martin）都主張成分豐富是解鎖生命起源的關鍵鑰匙。

他們認為如薄膜的腔壁上存在帶電氫離子，但腔壁兩側質子濃度有微小差異，於是會產生電位差，生出的能量可利用於生成有機化合物。更令人訝異的是這看來與人體細胞創造能量的機制非常相似。我們細胞依賴稱為三磷酸腺苷（ATP）的小型循環能量包，普通細胞每秒需消耗一千萬到一億個三磷酸腺苷分子。此外，帶電氫離子會在熱泉腔室薄膜壁孔洞內流動，科學家從中辨識到類似於人體細胞產生三磷酸腺苷的電流。羅素和馬丁得出結論：熱泉中的電流提供了化學循環發展所需能量，除了將二氧化碳和氫轉化為有機分子，其副產品加上出乎意料的組合又會構成新循環。循環愈發複雜之後演變為生命必要機制，也就是能運用胺基酸、RNA的完整生命機器。根據兩人看法，難以捉摸的生命初始跡象就是這股電流，今時今日的人體仍仰賴它來驅動。

最初的細胞可以在熱泉中孵化嗎？地質學家認為鹼性熱泉在海底形成之後只能存活十萬年左右。對羅素而言絲毫不構成問題，他解釋說：每個細胞裡每秒鐘有百萬到十億個電子移動。若進入電子的境界就不是以年、天、分、秒衡量時間，它們的運動要以微秒和皮秒，亦即百萬分之一和兆分之一秒來估算。這種時間尺度上，只要成分正確，一百年之於化學系統已經是足以創造生命的漫長歲月。

許多人認為羅素和馬丁的理論具有說服力，而且想像創造生命的電流至今仍在所有生物體內流動確實饒富詩意。礦物、氣體、從地球深處湧出的水三者交互作用，學者從其中看到無生命分子如何產生能量並發起一連串革新。就像奧運聖火在無數世代間傳遞一樣，啟動生命的能量依舊在我們之中流動。總之，羅素等人相信人類終於得以解釋生命的奧祕。

＊

但大家或許也發現了，討論生命起源的時候總是會有不同論點。一九九〇年代以來競爭的理論數量爆炸性成長，許多學者又將舞臺從海洋深處拉回陸地表面。在《新科學家》期刊搜索關於生命起源的最新標題會得到如下的例子：〈生命搖籃並非海洋而是水池〉、〈俄羅斯溫泉指向生命起源於岩石〉、〈在地球引發生命的或許是火山雷❿〉、〈最初的生命可能誕生於冰封地球的凍海〉、〈生命或許是黏土撮合出來的〉。

詢問十個生物學專家可能會聽到十一種不同意見。熱泉口、潮池、水塘、火山潟湖、有放射性物質的海灘以至於南極湖泊——每個都有支持者。有人認為生命誕生在於黏土塊而非水池，因為黏土結晶模式可以集中有機化合物並協助連接成更長的鏈。也有人看中黃石公園等地的熱泉或間歇泉，因為來自地球深處的熱水含有類似海底熱泉的礦物質，每次泉水週期性乾涸就是有機分子集中到岸緣相互混合的機會。

也有研究者專注在RNA啟動生命的可能性。RNA如何形成始終沒答案，然而英國化學家約翰．薩瑟蘭（John Sutherland）找到一條多步驟途徑，可以從氰化氫（富含於彗星）、硫化氫（地球上常見）轉化為核苷酸、RNA，甚至胺基酸與脂質的前體。他認為不同環境形成不同分子，大家在水體相遇從而產生生命。

譯註❿：火山噴出物（相對於雨雲）摩擦而產生的閃電。

還有人主張結合多個情境，例如部分人認為彗星將有機物前體帶到地球，撞擊坑環境溫熱正好供作培養皿，其他分子則經由下方斷層噴出的熱間歇泉參與過程。「應該對各種可能性保持開放態度。」地球化學家喬治・科迪（George Cody）說：「這個領域有多少人就有多少種假設，虛心和開明有其必要。」

然後還有少數觀點——有些人認為生命並非在地球誕生。我個人初次聽到這個理論出自深受尊敬的地球物理學家傑・梅洛許（Jay Melosh）口中，他說出一番令我訝異的話：「我的感覺是，如果非得挑一個地點，生命起源的明顯首選應該是火星。」我當時還以為這只是邊緣理論，但事實證明它不僅存在甚至堪稱主流。一群科學家在南極尋找隕石時發現一塊四磅重岩石，因為發現地點是阿倫山（Allen Hills）便將其命名為ALH 84001。一九九六年，美國太空總署一支科學家團隊得出結論，該隕石不僅來自火星，而且裡面有細菌化石存在過的跡象，以及類似細菌才會製造的磁化礦物質顆粒。連柯林頓總統都曾在白宮簡報中提及此事。火星是否存在生命仍有爭議，多數科學家尚不接受，但梅洛許卻因此思考人類是否能實現太空旅行。

他是撞擊坑形成專家，以前計算發現火星表面遭受大撞擊恐怕不會蒸發或熔化附近所有岩石，反而能將一些大團塊拋進太空，朝著地球飛來。有點類似肉丸掉進盤子，醬汁濺上半空。若有生命藏在岩石裂縫中，能否存活並到達地球？有可能。地質學家班・衛斯（Ben Weiss）和喬・基什文克（Joe Kirschvink）分析過火星隕石，其磁性顯示它從未經歷過高於華氏一百零四度（攝氏四十度），亞利桑那州鳳凰城熱起來都超過這程度，所以不至於導致生命體死亡。至於真空也並不礙事，曾有細菌在國際太空站外度過長達五百五十三天航程。

生命起源於地球之外出乎意料得到很多人認同，這種觀點最有力證據在於地球形成過後沒多久就已經有了生命體。四十五億年前地球誕生，有人認為只過三億年生命體就蓬勃發展，其他人懷疑生命體出現在三十八億年前，底線則是三十五億年前生命已然存在，速度快得出奇，尤其得考慮這段期間地球表面遭受大量巨型小行星轟炸（即晚期重轟炸）。「生命存在於地球的時間一而再再而三往前推，早得很離譜。」梅洛許說：「癥結點在於短短時間內不僅有了生命還變得如此複雜，這是否合理？」

梅洛許認為若將場景換成火星，生命就有更多時間演化。火星表面比較平靜，沒有遭受月球形成時的大碰撞。「一開始火星表面有大量的水，氣候也溫暖，」梅洛許解釋：「還有地底熱泉系統，環境穩定了很長時間。要過很久以後地球表面才會變得濕潤宜居。」在火星上，火山潟湖到深海熱泉等各種環境一應俱全，不輸給地球。基什文克則提出更複雜的額外理由，他主張早期火星表面的化學成分更有利於生命演化。

梅洛許補充指出若細菌祖先藏身於火星岩石的裂縫或孔隙，十分有可能度過危險旅程存活到地球。研究人員發現許多基因能幫助細菌孢子抵擋紫外線或在無水真空中支撐。「遇到惡劣條件，」梅洛許說：「細菌會用蛋白質包裹ＤＮＡ加以穩定，然後進入休眠，這樣就能活下來。」如果梅洛許和基什文克說中了，大家就都是火星人。

*

最古老的細胞祖先如何形成又在哪裡形成？這兩個問題並未從根本得到解決。沒有人能完全肯定地球生命是土生土長抑或來自火星，生命的出現是必然、是宇宙常態抑或是難得一見的低機率事件。生命演化是快還是慢？我們是生命2.0嗎？祖先佔領地球之前的數百萬年裡，是否有一種（或多種）生命形態遭到毀天滅地的撞擊抹煞？我們不知道，能確定的是迄今地球每個角落發現的每種生命形式都有相同源頭，大家共用同一套基本生化公式。DNA和RNA中有同樣的核苷酸，蛋白質中有同樣的二十種胺基酸，以三磷酸腺苷分子創造能量的機制也如出一轍。

莫衷一是、爭辯不斷的同時很容易忽略科學已經有了長足進展。其實若沒有時光機，誰也無法保證人類能對地球生命起源下個斬釘截鐵的結論。話雖如此，許多專家強烈感覺到我們逐步接近最可能的情境。目前已有詳細（儘管必須承認尚不完整的）理論闡述膜、胺基酸、RNA和DNA可能的形成途徑，以及第一次新陳代謝和複製在什麼條件下得以啟動。生命的化學起源不再遙不可及難以參透。

許多學者設想了最可能的情境：無論在地球某處或火星某處，有機複雜性進步之後少量分子被膜捕捉。這種膜具備足夠滲透性，所以一部分外界分子可以入內成為複製材料或能量燃料。這種原始細胞生長到膜無法容納時就分裂成兩個小細胞，新的細胞也開始生長和繁殖。在這些原始生命泡泡中，RNA（或原始RNA）的組裝發生意外錯誤，反而產生出效率更高的結構，最終形成蛋白質、DNA以及越來越複雜精細的細胞機制。

久而久之，地球表面充滿生命。其中許多物種對人類而言不陌生。無論最初的生命形式是什麼，科學家相信它演化成兩種單細胞生物：細菌，以及神似細菌但被稱作古菌的生物。大家對細菌一定很熟悉了，但可能不太瞭解古菌。古菌生活在諸如熱泉、酸池和人體腸道這類極端環境，是消化過程的一環，與腸道氣體產生有關。我們源自微生物，它們開枝散葉後的幾十億年幾乎徹底改變了地表風貌。

第三部

從陽光到餐桌

本書第三部將描述植物光合作用的神奇、如何轉換宇宙能量並改造地球，以及它們怎樣發揮「智能」在陸地形成殖民地，並開始生產構成人體的基本材料。

8 組裝時請開燈
探索光合作用

食物不過是冷凍保存的陽光。

——約翰．哈維．家樂（John Harvey Kellogg）

一七七九年夏天，頭髮整齊、年屆四十九的荷蘭醫生兼自然哲學家揚．英格豪斯（Jan Ingenhousz）乘馬車從倫敦前往在英格蘭鄉間租下的莊園。最初他計劃利用夏季「隱居」時間發揮醫學專長，撰寫一本關於天花接種的書籍，然而途中卻出現更新鮮刺激的計劃。他和僕人多米尼克離開倫敦時，馬車載了四張桌子、半打刀叉、亞麻布料、一個扶手椅坐墊，實驗設備則包括測量空氣品質的玻璃儀器。英格豪斯有預感即將成功，只是當時他不可能知道自己即將發現科學家做夢都沒能想到的無形反應，然而或許是地球上最重要的生化機制，也就是光合作用。

生命僅靠一招就對地球表面造成最巨大的改變：光合作用使細胞能夠利用太陽能量。除了水和地表的鹽，生物體內其他分子幾乎都是由植物的光合作用收集或製造（或來自吃植物的動物）。光合作用是一系列獨特化學反應，效果遠超表面所見，接下來就會探討它為地球帶來多大的變化。其中最重要一點是：植物將光合作用主要產物，也就是糖，轉化為環境中盎然的綠意，並使你我這般陸地動物得以存在。因為有光合作用，我們才有木材、橡膠、煤炭、天然氣和石油。也因為有光合作用，分子化作人類的漫長道路奠定了基礎。儘管光合作用以如此恢弘的規模改造地球，卻又並非直接觀察就能輕易意識到。光合作用的細節非常不明顯，那麼科學家如何得知光合作用的存在及其驚人成果呢？

雖然英格豪斯是個優秀醫師，但若他想證明植物發揮神祕作用改造了大氣，直接走進森林能找到的線索恐怕不多，而且太細微。春夏時植被是濃淡不一的綠，碰上秋天則會落葉滿地，換言之樹木隨季節更迭而休眠，暫時停止看不見的反應。除此之外沒什麼跡象能觀察出自然暗中以其偉大力量推動世界運行。

英格豪斯溫文儒雅、博學多才，但又時而顯得自大，性格過分認真不適合交際，但頭腦確實聰明，十六歲那年就進入荷蘭的大學，而且希臘語和拉丁語造詣連教師也讚嘆。他在小城市布雷達開診所，經營成績不錯，或許其父的藥局也沾了光。一七六四年，父親去世後不久，英格豪斯前往倫敦向當時最傑出的醫生求教。用不了多久他也躋身名醫行列，共同抵禦當時對人類健康最大的威脅：天花。天花在那個年代是慘劇，患者有兩成到三成會演變為畸形並痛苦死去。英格豪斯協助開發高度爭議的新治療方法——接種，需要勇敢的醫生從痂皮刮下活性微生物並注射進健康人體（改採死亡或弱化微生物的現代手法要之後才出現）。接種者死亡率約為百分之一，遠比比百分之二十至三十好得多。英格豪斯表現優異，奧地利女皇瑪麗亞・特蕾莎不顧御醫反對，邀請他為哈布斯堡王室進行接種。女皇罹患天花活了下來，但幾個子女和一位兒媳都未能倖免，因此迫切希望能拯救餘下的子女。她賞賜了終身御醫職位與豐厚收入，英格豪斯得到閒暇便用於科學研究。

他可說是啟蒙時代科學家典範，受到班傑明・富蘭克林啟發後進行了關於電的實驗。後來他搬到倫敦，與富蘭克林居住在同一城市，兩人的情誼持續到生命終點。當時教會有些人認為富蘭克林開發避雷針是凡人妄圖干預上帝懲罰罪人，但英格豪斯仍舊全力支持。兩人通信內容談了很多，還分享了各自在研究過程中遭遇意外嚴重觸電的經驗。

一次電擊將英格豪斯震暈，或許就是電痙攣療法的起源。「我好怕自己以後都變成白癡，」他在信上告訴富蘭克林。然而隔天早晨醒來之後他卻感覺精力充沛思緒敏銳，比先前更舒服。於是他開始建議一些「瘋狂醫生」嘗試以電擊恢復病人的精神能力。不久之後，倫敦一些醫生真的著手實驗。

英格豪斯進行過各式各樣研究，包括用氫氣和空氣做成易爆物質替換手槍火藥。一七七九年，四十九歲的他將整個夏天空出來，希望能得到不同於以往的突破。

他在距離倫敦兩小時馬車車程的鄉村地帶租下一座僻靜莊園，想趁沒有訪客打擾的日子以約瑟夫・卜利士力（Joseph Priestley）一項重大發現為基礎繼續發展。卜利士力是英國的自然哲學家和化學家，最有名的發明是蘇打水，至今仍然深受大眾喜愛。他在政治和宗教上立場激進，是一位論的創始元老，在氣體研究方面慧眼獨具。他發現若用玻璃器皿覆蓋蠟燭會有奇怪現象：燭火很快就熄滅，彷彿空氣中某種物質被耗盡。出乎意料的是如果在器皿中放入一株「薄荷枝」似乎就能中和「壞空氣」，蠟燭會繼續燃燒。如同火焰一般，老鼠若被器皿覆蓋只能短時間生存，但加入薄荷枝（整株植物的可能性較大）則老鼠可以繼續活動。卜利士力推測植物能將大氣中的「壞空氣」變成「好空氣」，改善了所有人呼吸的無形空氣。

然而有一點造成卜利士力的困惑：植物有時候能夠恢復實驗器皿中的空氣但有時又不能，他無法查明原因。瑞典化學家卡爾・席勒（Carl Scheele）試圖複製卜利士力實驗竟然完全失敗，將發芽豌豆的根放入水罐中並用玻璃罩罩住，結果空氣沒有改善。席勒據此宣稱卜利士力的說法毫無根據。

英格豪斯對此很感興趣。植物真的能夠「淨化大氣」嗎？身處鄉村別墅廣闊花園的他開始研究，還因為擔心時間不夠而加緊趕工。起初英格豪斯以玻璃罩蓋住地面植物葉片，使用一種叫做量氣管（eudiometer）的儀器來檢測容器中「好空氣」的變化。一段時間後，他發現更簡單的辦法，就是將植物剪枝之後浸泡於罐中測量。正好他手邊植物資源非常豐富，有蘋果檸檬梨子、桑樹柳樹榆樹、法國豆、朝鮮薊、馬鈴薯、鼠尾草、風信子。除了這些英格豪斯也找來別的植物測試，對葉、根與嫩枝做實驗，早中晚按次監測樣本。

開始不久後他就在筆記寫道：「一幕極其重要的景象在我眼前開展。」大自然向英格豪斯揭示了彷彿點石成金般令人心動的奧祕：葉子能在短短幾小時內將「腐壞的空氣」轉化為「良好的空氣」，條件是必須曝曬陽光。他把一罐浸泡在水中的剪枝置於陽光下，親眼看到葉子底下升起一連串氣泡。將葉子置於瓶罐後加熱未能產生相同效果，可見陽光是必要條件。

一週七天，英格豪斯從黎明到黃昏不停進行精密實驗以深入瞭解這個特殊現象，並確保自己檢測到的「有益健康的」空氣並非出自其他來源。不到三個月時間裡他執行五百多次實驗後對結論有信心，同年秋季離開別墅前他完成新著作，標題為《有關植物的實驗：探索它們在陽光下淨化普通空氣的強大力量、在暗處和夜間如何損害空氣，以及一種檢測大氣健康程度的新方法》。

發現這種「神祕作用」之後英格豪斯十分興奮。他發現植物暗中呼吸，也就是說它們吸入某種「壞空氣」（現在稱之為二氧化碳）並呼出「好空氣」（他的朋友、化學家安托萬．拉瓦節〔Antoine Lavoisier〕命名為氧氣）。

準確地說，卜利士力首先發現這個現象，但未能察覺只有植物綠色部分才能「淨化」空氣，而且過程依賴陽光。

然而英格豪斯期望的名聲並未到來。昔日舊友卜利士力牧師、荷蘭藥師威廉・范・巴尼維爾德（Willem van Barneveld）以及瑞士植物學家尚・瑟納比埃（Jean Senebier）都聲稱自己首先發現光合作用，即便他迅速出版英文、法文、荷蘭文和德文版新書也無力挽回。「兩狗相爭，總會有第三隻虎視眈眈，」英格豪斯曾經忿忿不平向自己的荷蘭譯者抱怨。范・巴尼維爾德和瑟納比埃名氣相對不響亮，也就沒有公開駁斥的必要。但卜利士力不僅有名，還曾受英格豪斯盛讚為「創新的天才」，他想爭功確實會得到大眾注目，所以非常麻煩。

聽聞英格豪斯的擔憂，卜利士力去信表示自己在同一時期發現了陽光的作用並公諸於世，但也承諾會在著作《不同種類空氣的實驗與觀察》第二版內承認英格豪斯的研究成果。然而兩年後，英格豪斯查閱新版內容完全沒看到卜利士力提及自己的實驗，於是向朋友憤慨表示舊友卜利士力顯然是尷尬嫉妒，像是「不容別人爭奪王位的蘇丹」。一年一年過去，卜利士力不斷再版著作並擴大影響力，卻始終對英格豪斯做出的突破避而不談。英格豪斯壓抑的挫折感爆發了，直接對卜利士力提出質疑，要求他公開說明自己在何處首次發表這項理論。「如果你真的在我之前發表學說，我也應該大方接受……請你提供作品名稱和頁數，以後我引用時會標註得清清楚楚一字不漏。」可是卜利士力既不給證據也還是不公開承認英格豪斯的研究，靠這種模稜兩可的手法佔上風。他不僅因實驗聞名也是積極追求知名度的多產作者，相比之下性格羞澀的英格豪斯不願成為目光焦點更不願與風頭甚健的對象公然衝突，只在自己那本書的法文版第二版和十七年後英國政府發佈的報告附錄中對卜利士力提出反駁。多數記錄將卜利士力譽為光合作用發現者實在不意外，英格豪斯遭到社會忽視直到現在，是大眾沒聽說過的重要科學家代表人物。

即使英格豪斯發現了光合作用的存在，它的本質仍然是謎。植物如何將「壞空氣」（二氧化碳）轉化為「好空氣」（氧氣）？

一部分答案來自看似簡單但科學家長期被誤導的問題：植物吃什麼？顯而易見，植物不像動物這樣子進食，它們不吃其他生物（除了食蟲植物，如捕蠅草和少數其他物種）。那麼一棵高聳樹木重達數萬磅的質量從何而來呢？或者說，一棵樹由什麼構成？

早在一百五十年前就有另一位「揚」最先試圖回答上述問題——揚・巴普蒂斯塔・范・海爾蒙特（Jan Baptist van Helmont），因異端邪說罪名遭到西班牙宗教裁判所軟禁的佛拉蒙人❶鍊金術士。他是貴族之子，對真理和啟蒙的熱切追求無論以何種標準來看都顯得十分特殊。一五九〇年代時他在天主教魯汶大學修習邏輯、天文學和自然哲學，但對教師解釋自然界的方式不屑一顧。對亞里斯多德等一干古人不近距離觀察自然想像，僅憑所謂的純粹理性加以推測，無論伽利略還是范・海爾蒙特都對這種做法不屑一顧，因此認為自己所學都是空談，實際上什

譯註❶：日耳曼人分支，現代比利時兩大主要民族其一。

麼也不懂。他在回憶中提到要「追尋真理和知識，而非表象」，而且拒絕接受學位，後來進入耶穌會學院學習煉金術和魔法。教授說世界上不存在善良的「白魔法」，所有魔法都來自惡魔。范・海爾蒙特畢業時沒覺得自己變聰明。

遺憾的是他才出版第一本小冊《論磁性治療》就引起宗教裁判所注意。范・海爾蒙特的做法很接近現代科學家，先推測聖遺物的治癒能量是一種自然現象後命名為「磁性效應」。但一方面這套論述引起教會不滿，另一方面他批評耶穌會神學家不適合研究自然科學所以樹敵眾多。（請注意范・海爾蒙特的科學態度也不完全就是科學典範，例如他曾經研究老鼠自發形成，結論卻有點古怪：「將汗濕的內褲和小麥一起裝進罐子，等待一段時間發酵後成年老鼠就會爬出來。」）一六二三年，魯汶大學醫學院將其出版品貶為「駭人聽聞的小冊」，宗教裁判所便逮捕了范・海爾蒙特。他懺悔後被判處軟禁，同年伽利略也遭囚於自己家中。或許就在那段期間，范・海爾蒙特對樹木進行了實驗，四百年後他的名字仍然流傳在教科書中。

他提出疑問：一棵樹的質量來自何處？當代多數研究科學的人心中早有定論：植物攝取泥土，大部分體積必定來自土壤，但范・海爾蒙特認為這個理論也應該接受測試。（一百五十年前德國學者庫薩的尼各老〔Nicholas of Cusa〕提出過類似實驗，或許對他有所啟發。）范・海爾蒙特仔細對乾燥土壤秤重之後裝進大桶，隨後種植一棵五磅重的柳樹並經常灌溉。五年後，他將樹木挖起並再次秤重，發現柳樹重量達到一百六十九磅又三盎司（七十六點七四公斤），土壤卻只減少兩盎司（零點零五七公斤）。對范．海爾蒙特來說結論顯而易見：樹木的巨大質量主要來自吸收的水分。植物主要由水構成，而不是土壤。

一百五十多年後，化學成為一門先進科學。到了一七九六年，也就是發現光合作用的十七年之後，英格豪斯明白植物吸收的「壞空氣」由碳和氧組成（現在稱為二氧化碳）。他也知道植物體含有大量碳，因此合理認為植物的主要營養源不是水而是空氣。不久之後，尼古拉斯．索緒爾（Nicolas de Saussure）又證明能對植物質量造成明確影響的因素除了空氣就是水。再來，尚．瑟納比埃確定了植物呼出的「好空氣」是氧氣。因此到了十九世紀中葉，科學家開始學習分子式時對光合作用已有基本理解。看來植物生存所需非常少，僅靠二氧化碳（CO_2）、水（H_2O）和陽光便能自己製造葡萄糖（$C_6H_{12}O_6$）並將其轉化為胺基酸、脂肪和與人類喜愛的雙醣分子，亦即蔗糖或食用糖。再加上植物竟然將人類呼吸所需的氧氣當作廢料排洩出來，大自然的設計令人讚嘆彷彿奇跡。

可是過程中發生什麼依舊是未知。

*

雖然光合作用與體內許多分子息息相關，但人類對它的理解暫時到此為止，必須再等個八十多年才能更進一步。研究停滯不是沒人努力，而是因為缺乏探究所需的工具。其間仍有小幅進展，例如發現植物以光合作用製造糖，藉此產出和儲存能量並用於生成脂肪和蛋白質。學者還察覺光合作用實際發生的位置是葉片內部細小的綠色結構體，於是將其命名為葉綠體。葉綠體內又有兩個不同的反應中心，整個過程的起點是色素葉綠素從太陽吸收能量。

儘管整個食物鏈依賴光合作用，科學家卻像小孩子不懂父母如何營生，對於產生醣、提供我們養分與肉體的化學反應幾乎什麼也答不上來。他們知道植物從空氣中吸收碳，從水中吸收氫，但醣分中氧的來源是什麼，二氧化碳（CO_2）或者水（H_2O）？即使顯微鏡也沒辦法直接觀察反應過程，因此光合作用像個黑盒子。科學家可以檢測進出的物質種類，幕後運作則仍舊霧裡看花。

過去物理學家感慨自己無法窺探原子的內部結構，後來因為粒子物理學看見曙光，生物學家則完全沒料到自己居然也能從粒子物理學得到救贖。兩個科學團隊在這方面做出重大貢獻，第一支團隊努力開發出性能強大的新工具卻被剝奪使用機會，所幸這項工具的後繼者成功拼湊出光合作用如何為人類存續鋪路。

邁出最初一大步的是馬丁・凱曼（Martin Kamen）和山姆・魯本（Sam Ruben）這對意氣相投又懷抱雄心壯志的科學家搭檔。凱曼是化學家，個頭矮小、一頭黑髮，成長在一九二〇年代的芝加哥，說起話來像連珠炮。他還是音樂天才，精通大小提琴，與艾薩克．斯特恩（Isaac Stern）和耶胡迪．梅紐因（Yehudi Menuhin）❷是終身好友，但進入芝加哥大學最初幾年正好是美國大蕭條時期，他的家境一落千丈，不由得擔心音樂之路或文學學位都可能成為通往貧窮的捷徑。值此同時，他父親開始在《大眾機械》（*Popalar Mechanics*）這些雜誌的廣告中謀求財源，某天給凱曼看了一則廣告，上面說：「當個化學家，收入數百萬。」六年後，也就是一九三六年，凱曼獲得核化學博士學位，卻不知接下來何去何從。

他決定冒個險，用掉了大部分存款。說穿了不過就幾百美元，是他在芝加哥南區做爵士樂表演的收入。凱曼買了一張火車票前往舊金山，計劃去柏克萊輻射實驗室先擔任志工，趁機謀得就業機會。二戰之前這個實驗室具有最高地位，類似於現代的人類基因組計劃、哈伯太空望遠鏡這種超大規模專案。他在正確的時間來到了正確的地點。

研究計畫起於物理學家歐內斯特．勞倫斯（Ernest Lawrence），十年前他發明出設計精巧的迴旋加速器，能將次原子粒子提升到前所未聞的速度和能量。勞倫斯研製了四個版本，一次比一次更大。他的環形粒子加速器成為瑞士歐洲核子研究組織（CERN）的鼻祖，後者擁有當今世上最大的加速器。歐洲核子研究組織的加速器直徑長達一點二四英里，非常驚人，但勞倫

譯註❷：兩人都是知名小提琴家。

斯的加速器只是從五英寸增長到三十七英寸（約九十四公分），尺寸小得可以安裝在一個普通建築物內。輻射實驗室是以兩層樓的木造工程大樓重新改裝而成，凱曼抵達時恰巧碰上勞倫斯組織新團隊，成員以志願研究生為主，目標是經由迴旋加速器進行粒子物理研究。除此之外還希望能製造新的放射性同位素供醫學用途，例如他想嘗試以放射性磷消滅癌細胞。

一個陰雨綿綿的日子，凱曼走進輻射實驗室，主動爭取參與研究工作，還表示自己願意協助高功率迴旋加速器的維護工作，過程總是辛苦而且滿身髒污。六個月後，凱曼樂不可支，因為勞倫斯得知他的博士學位是核化學與物理，決定給他一個有薪職位，負責監督放射性同位素生產。凱曼終於在一個尖端計劃裡身居要職。

進入機構後不久他就遇見山姆．魯本，這位精力充沛的年輕化學家就是他未來的研究夥伴。魯本有一雙上揚的眉毛，讓人總覺得是不是在追問什麼。他出身波蘭移民家庭，父親當過製帽工人又轉行成木工。魯本在柏克萊一帶長大，小時候打過拳擊，還在社團接受過傑克．登普西（Jack Dempsey）❸指導，高中時期又成了籃球明星。根據凱曼的回憶，魯本十分聰明也對自己腦袋很有自信，而且「講話耿直傷人又不怕起衝突」。柏克萊大學化學系裡競爭相當激烈，在那裡攻讀化學博士的魯本得靠這份勇氣立足。當時他的學界同儕多半看不起生物學，認

譯註❸：知名拳擊手，一九二〇年代美國的文化標誌。

為那是給次等腦力的人研究的次等領域，然而魯本卻建議與凱曼合作，想藉由放射性同位素研究生物反應。於是他們成為生化領域裡第一批使用新工具碳十一的學者，這種同位素是輻射實驗室的最新力作。凱曼以迴旋加速器製造碳十一，魯本負責將其實際運用在研究內容中。

人體中的碳是碳十二，原子核有六個質子與六個中子。勞倫斯團隊在輻射實驗室發現只要向硼（周期表上比碳低一位的元素）發射一束次原子粒子就能將額外質子加進硼的核心。硼有五個質子和五個中子，若添加一個質子就會轉變為新元素碳十一。它有六個質子卻只有五個中子，所以是碳的同位素。然而這種質子和中子的組合不夠穩定，時間到了就會失去一個質子，衰變回硼並釋出放射線。凱曼和魯本看中碳十一的潛力，最初的構想與光合作用沒有關聯，只是想瞭解實驗室老鼠如何代謝糖。概念很簡單：給樣本老鼠吃下含放射性碳的糖，然後追蹤碳從一個化合物轉移到另一個化合物的過程。

但實際操作上必須先將放射性碳導入植物才能製造出具放射性的糖，之後才將「熱騰騰」的糖餵給實驗動物，最後是在放射性碳衰變前鎖定動物以其造出的新化合物。兩人很快意識到構想過分龐雜，幾星期後魯本垂頭喪氣，表示技術困難難以克服。

「聊那些阻礙聊到一半，」凱曼回憶：「山姆忽然停下來瞪大眼睛改口大叫，『我們管那些老鼠幹嘛啊？你和我搭檔的話明明一下子就能破解光合作用了！』」

他們轉念後才意識到自己有機會解決生物學最大奧祕之一：植物究竟如何製造出生物生存

所需的糖。自從英格豪斯發現光合作用以來已經過了一個半世紀，科學家仍然對光合作用的詳細機制毫無頭緒，直至此刻凱曼和魯本才發現自己手中有了能揭開謎底的新工具。他們要做的是製造放射性二氧化碳並導入植物，在不同時間停止反應，觀察放射性碳進入哪些新化合物。兩人重新振作了。

由於他們幾乎壟斷了碳十一供應所以不必擔心別人競爭，起初也以為這項研究單純直接，趕快投入心力應該不超過幾個月時間就能解決，絲毫沒有預料到前方是一條荊棘滿佈的道路。

為了製造實驗所需的放射性碳，凱曼得等待其他物理學家完成所謂更重要的研究，利用別人下班回家的時段來做事。所以他都在晚上九點之後才找時間將硼置入八十噸磁鐵包圍的環形加速器。接著凱曼坐在控制臺後面，用質子中子的組合對硼進行好幾小時轟炸。得到放射性碳十一以後他又要跑個幾百英尺，穿越小巷和樓梯交織的昏暗迷宮找到破爛瓦屋，鑽進裡頭外號鼠舍的魯本實驗室。碳十一半衰期只有二十分鐘出頭，也就是說超過二十分鐘後放射性會減少一半，一小時後剩下大約一成，所以凱曼腳程絕對不能慢。每天凌晨時分魯本會先準備好試劑、滴管、吸紙、水瓶和其他工具焦躁地等著收貨，否則無法將碳十一導入植物追踪進度。凱曼回憶實驗過程，覺得看在旁人眼中應該是「三個瘋子在精神病院蹦來蹦去」這種印象。魯本倒覺得沒有每天工作十八小時的人都太懶惰。他們不靠睡眠補充精力，而是憑藉那股熱情支撐到底。

雖然成功開發出新的生化技術，也偶爾得到一些小的發現，然而經過睡眠不足的三年、數百次凌晨的實驗之後，兩人在鼠舍檢討時不免心灰意冷，因為不得不承認自己連光合作用化學過程的第一個步驟都沒辦法順利辨識。癥結點在於目標彷彿花火般轉瞬即逝，碳十一的半衰期是在太短暫，無法好好追蹤化學反應。

凱曼懷疑還有另一種同位素碳十四，而且半衰期會比較長。理論物理學家羅伯特．奧本海默（Robert Oppenheimer）跟他說可能性幾乎為零，但凱曼依舊懷抱夢想嘗試製造。外在因素是勞倫斯剛打造出直徑六十英寸（約一百五十二公分）的第二臺迴旋加速器，性能自然更強大，可是凱曼總感覺自己像是溺水時眼睜睜看著救生艇離去——他需要長時間獨佔一臺迴旋加速器，然而兩人的研究計畫不受重視，根本申請不到權限。這對科學家搭檔再度走入死胡同。

某一天，凱曼剛陪魯本討論完就被勞倫斯叫過去。在物理大樓往上又跑了整整三層才進入辦公室，頂頭上司勞倫斯情緒非常焦慮。他說找到氚元素的哈羅德．尤里（後來啟發了史丹利．米勒探索生命起源）在取得碳、氧、氮、氫自然產生的穩定同位素上有長足進展，這些新元素都可能供作醫學用途。反觀輻射實驗室想要人工製造有用的同位素卻一再失敗，於是尤里對外宣稱勞倫斯的迴旋加速器根本沒意義，長壽的同位素或許就物理而言不可能存在。勞倫斯提醒：假如被尤里說中，後果牽連甚廣。自己本想籌募資金打造更強大的迴旋加速器，可是一九三〇年代還沒有國家科學基金會或原子能委員會這類聯邦機構會提供物理學家大額資助。

（得等到曼哈頓計畫證明物理學有實務價值，尤其在戰爭層面，情況才有了轉變。）勞倫斯支撐這麼久的經費來源主要是對生醫研究感興趣的基金會，但如今尤里卻四處揚言迴旋加速器無法製造具有生物學意義的同位素。除非團隊成員找出辦法製造有用的同位素，否則更大型的迴旋加速器就只是空談。進退兩難的勞倫斯承諾凱曼無限制使用迴旋加速器和自由調度資源，條件是以最快速度製造出衰變期長的碳氧氮氫同位素。

碰上及時雨的凱曼心花怒放，勞倫斯像神燈精靈一樣實現了他最大的願望。他立刻將自己能想到新同位素製造方法全部列出，清單上排名第一就是碳十四。一九三九年九月底，他開始進行實驗時身上還穿著沾滿油污黑漆漆的實驗室外套，對於褲子拉鍊和口袋硬幣可能沾染到輻射不以為意。

企圖將一種元素轉化為另一種元素，想必鍊金術士范．海爾蒙特會十分欣賞凱曼。與勞倫斯會晤幾天後，他坐在三十七吋迴旋加速器控制面板前面開始朝硼發射 α 粒子（含有兩個質子和兩個中子），計劃是在硼的原子核添加一個質子與三個中子，將其轉變為碳十四。但是經過整整兩天努力，利用名為離子室的儀器測試樣品後仍沒有重要發現。凱曼轉而操作更強大的六十吋迴旋加速器再次嘗試，這次發射的是氘（成對的中子與質子），同樣沒有進展。

於是他改變策略，不再想為輕元素添加次原子粒子，而是嘗試從周期表上原子序更高的元素氮除去一個質子和一個中子來製造碳十四。

結果同樣令人失望。

後來六十吋迴旋加速器必須停機進行維修，他也已經進行了好幾個月的實驗。凱曼開始絕望，現實非常殘酷，他們所有努力可能付之東流。

死馬當活馬醫，他決定再次啟用體積較小的三十七吋迴旋加速器，但這次直接對碳元素進行轟炸。碳有一種軟固體形式是石墨，凱曼刮下一些塗抹在探針，以氘粒子撞擊以將兩個中子送入原子核。為了將強度提高到最大，他直接將石墨塞入迴旋加速器一個端口並盡可能提高功率，每晚反覆操作持續一個月。最後一搏的階段他連續三晚沒睡覺。二月十五日清晨，七十二小時不眠後昏昏欲睡的他將焦石墨刮入瓶子，走到鼠舍將樣品放在魯本桌上。

巧的是那天黎明時分柏克萊街道下著大雨，幾小時前又發生了一宗大規模槍擊案，嫌犯依然在逃。凱曼雙眼紅腫、衣著凌亂而且沒刮下巴鬍子，完全就是罪犯造型，搖搖晃晃走在路上被巡邏員警撞見了。他聲稱自己是化學家，忙著操作什麼「迴旋加速器」沒空打理儀容，但最後還是被警察帶回警局接受凶案生還者指認。對方雖然歇斯底里卻說不認得凱曼，所以他又被警察釋放，才回到家就倒頭大睡。

睡了十二小時醒過來，凱曼給人在實驗室的魯本打了電話，這回終於有了令人振奮的消息。魯本偵測到微弱放射性訊號，但還不完全肯定。他一聽整個人都醒了，興高采烈趕過去，但由於超時工作渾身都是放射性於是被魯本禁止靠近或幫忙。幾天之後兩人確認自己製造出了羅伯特．奧本海默聲稱不可能存在的同位素——放射性碳十四，半衰期非常長。

本來患了感冒在家休息的勞倫斯聽到消息也高興地跳起來。他們證明尤里是錯的，迴旋加速器確實能夠製造對生物研究有價值的同位素。一週後，他得知自己因為發明迴旋加速器和創造人工放射性同位素而將獲得諾貝爾獎，如此一來更有資格提案打造更強大的迴旋加速器。頒獎典禮上，這位物理系主任從講臺後退，高舉雙臂饒富戲劇性地宣布凱曼和魯本剛發現了新同位素碳十四，半衰期不像碳十一僅僅幾分鐘，而是好幾千年（目前所知為五千七百三十年）。[1]

碳十四是探究光合作用神奇化學反應鏈的關鍵，然而在此之前凱曼、魯本先與兩位同儕合作，利用放射性氧十八解決謎題裡份量雖小但至關重要的部分。他們知道光合作用製造糖（$C_6H_{12}O_6$）的氧從何而來了——許多人都認為是水，但答案是二氧化碳。植物怎麼做到這點仍舊成謎，但至少能肯定植物分解只是為了氫。我們呼吸的氧氣？對植物而言是要釋出的廢棄物。

凱曼和魯本破解了氧分子到達人體的部分路徑，過程中發現范．海爾蒙特的觀點錯得很嚴重：撇開水分，植物大部分質量竟然來自空氣而非水或土壤。將樹木乾燥之後，其中百分之五

1　不出幾年科學家又發現稀有的天然碳十四，是宇宙射線撞擊大氣原子時形成。大氣中的碳十四為有機物質定年方法帶來變革，在考古學、人類學、地質學和其他許多領域都得到充分運用。

十質量是碳，百分之四十四是氧，換言之高達百分之九十四、也就是將近全部質量源於大氣中的二氧化碳。其實你我沒有太大不同，因為植物會捕捉二氧化碳並轉換為我們食用的有機分子，所以人類身體乾燥質量大約百分之八十三也來自曾經飄浮在空氣的二氧化碳。我們體內另外百分之十的質量是植物光合作用從水中竊取的氫，再者我們呼吸的氧分子都曾經是水分子的一部分，直到植物將它們排放進大氣。

年僅二十六、處於學術生涯巔峰的凱曼和魯本解開光合作用一個關鍵謎團，手中掌握全球唯一碳十四供應源，所以終於能切入這個「大哉問」的其餘部分，也就是辨識以水和空氣生出糖的化學反應隱藏機制。

至少一開始是這樣計劃的。然而一九四一年十二月七日，他們還來不及驗收成果，整個世界變了天。日本襲擊珍珠港，輻射實驗室所有非軍事工作即刻停止，勞倫斯必須為第一顆原子彈所需的鈾－二三五制訂生產計畫並監督同位素生產，而凱曼則是助手。魯本則被分派到化學戰研究，卻因此遭逢不幸。

化學武器能否拯救同盟國士兵性命是戰爭期間反覆爭辯的主題。指揮官階層開始考慮送入同盟國士兵前先使用毒氣消滅海灘上的敵軍，候選方案是光氣（phosgene），這種毒物在一次世界大戰毒死七萬五千人，佔毒物致死比例八成。軍方想確定散佈光氣需要多長時間，否則無法判斷它在登陸戰的實用性。模擬測試就委任魯本去監督。

魯本急著回去研究光合作用所以求快心切。一九四三年十月，連續幾天不眠不休後他實在太累，開車回家的路途又太長。他駕駛到一半睡著了發生車禍，僥倖只有一隻手骨折。第二天早上，右臂還以吊帶固定的他回到實驗室，處理一瓶光氣時玻璃瓶突然破裂。或許玻璃有瑕疵，又或者他貪快不靠水冷用了液態氮。無論原因為何，濃稠的光氣逸出，魯本和兩名學生助手跑到戶外躺在草地，這是因應上升氣體最可靠的自衛方式。助手活下來了，但對魯本來說已經太遲，兩天後去世，得年二十九。

心碎的凱曼自己也遇上人生困境：他在這時候離婚了，所以花更多時間在新朋友身上，其中許多人是左派。同時他又和曼哈頓計畫主持人羅伯特・奧本海默頗有交情，而奧本海默遭人懷疑是親俄分子。種種因素導致凱曼成為聯邦調查局和軍方反間單位的監控對象，政府擔心奧本海默或他的熟人會洩露原子彈機密。一九四四年，小提琴家艾薩克・斯特恩介紹凱曼給舊金山俄羅斯使館副領事認識，這位副領事又請凱曼介紹勞倫斯的兄弟以詢問白血病治療事宜。作為答謝，副領事邀請凱曼共進晚餐，但看在跟監的軍方和聯邦調查局眼中他嫌疑越來越重。輻射實驗室在曼哈頓計畫屬於最高層級，不僅設有檢查站和警衛，內部也持續提醒大家必須保密防諜。凱曼太愛交際，長官認為他一不小心就會向左派朋友洩露機密，於是在萊斯利・格羅夫斯（Leslie Groves）將軍命令下，勞倫斯只能立刻將凱曼趕出軍事研究和輻射實驗室。

失去清譽、人人避之唯恐不及的凱曼十分沮喪，設法在奧克蘭造船廠謀得一份檢察員工作。後來他先在柏克萊大學另一個系所任職，之後也輾轉前往其他大學繼續在放射性同位素領域上努力，但卻失去了繼續研究光合作用的機會，沒能實現與魯本共有的夢想。[2]

柏克萊輻射實驗室裡，光合作用研究的舵手位置忽然掉到另外兩位化學家頭上，分別是梅爾文．卡爾文（Melvin Calvin）和安德魯．本森（Andrew Benson）。卡爾文當年三十四歲，是化學界的活躍新人、底特律汽車修理工的孩子，和凱曼一樣體恤自己父親工作辛勞所以尋找更穩定的職位，化學似乎是個不錯選擇。他觀察敏銳、聰慧過人，之所以認識勞倫斯是因為在教職員俱樂部用午餐時沒和化學家同儕同桌，而是跑去與物理學家打成一片。

一九四五年八月中旬，日本天皇宣布投降的幾天之後，勞倫斯認為科學家為戰爭做的已經夠多了，在教職員俱樂部外走向卡爾文說：「也該抽身去做點有意義的事情了，幫放射性碳找個用途吧。」

轉眼間卡爾文得到豐厚資金組建兩個團隊，其一研究放射性元素在醫學上的應用，其二則以凱曼和魯本開創的技術為基礎繼續探索光合作用。他招募到年輕的有機化學家安德魯．本森加入。本森精通實驗技術，戰前協助過魯本和凱曼，所以已經熟悉他們的操作手法。勞倫斯將安裝了三十七吋舊型迴旋加速器的舊建築提供給他們，卡爾文請本森設計組建新實驗室。以後

2　後來凱曼被帶去眾議院非美活動調查委員會，多年來持續否認聯邦調查局的指控，最終得證清白。

卡爾文就是船長，本森則是大副。

卡爾文知道解開光合作用之謎有很大機會獲得諾貝爾獎，但卻想得更高更遠。他認為只要理解植物製造食物的機制，或許就能夠無限量生產人造食物、徹底消弭饑荒。此外，若是掌握光合作用如何利用能量，也可以複製這個過程解決能源問題。他相信只要破解光合作用，種種革新只是時間問題。

在新實驗室裡，本森、詹姆斯・巴翰（James Bassham）和卡爾文麾下其他年輕研究員一起工作。他們發現如果樣本改用藻類而不是植物就能簡化工作流程。本森發揮巧思發明了圓形扁平玻璃容器，代號「棒棒糖」，培養和處理藻類變得很輕鬆。更重要的是本森找到方法改良紙色譜法，這是凱曼和魯本那時候沒有的新工具，可以大幅加快實驗進度：將放射性碳十四引入藻類，然後直接殺死樣本研磨成粉，調成漿狀滴在試紙，添加溶劑以後化合物會移動到紙張不同區塊，分離起來更容易。本森還發現只要將試紙放在底片前面，含有放射性碳的化合物位置會顯示為黑點，方便他們鎖定和辨析，實驗操作越來越輕鬆。

研究團隊就像一群偵探面對一群嫌犯，首先需要確認對方的化學身分。這點並不容易，試圖分離和辨識化合物時得先解決技術困難。每天早上八點，卡爾文總是穿著整齊西裝四處詢問：「有進展嗎？」並與成員交流意見。很長一段時間氣氛低迷，將二氧化碳轉換成醣的含碳分子似乎不固定。隨著技術進步，一些分子消失，隨後又發現迴旋加速器的輻射可能影響了一整年的數據。分析檢測到的大量分子十分棘手，即使知道如 $C_3H_6O_4$、$C_3H_8O_{10}P_2$ 和 $C_5H_{12}O_{11}P_2$，這些結構也看不出來背後的反應或者先後次序。儘管如此，實驗團隊精神一振。卡爾文繼續監督和主導，也兼任發言人、創意發想與決策者。他籌到資金，招募更多工作人員和合作夥伴。本森持續改進實驗技術，並做出許多重要的發現。

但也不是沒有摩擦。根據一位同事回憶，卡爾文常常覺得自己想出革命性的新點子。「衝進實驗室就一直講，還非要我們把手邊的事情停下來聽他一邊說一邊扭手指……說完又自顧自跑掉，可是安迪〔即本森〕會下評語，『哦，他又有新理論啦？唉，瞎扯一通，因為這個或那個所以根本不成立……』安迪一下就能看到盲點，而且很清楚同樣的事情過沒兩天又要重演……」

兩人關係越來越緊繃。

一九五四年，他們團隊發表具有里程碑意義的論文，內容是一套複雜得離譜的化學反應，解釋了二氧化碳如何轉變為建構肉體提供能量的醣類，原本命名是卡爾文循環，目前則更常稱作卡爾文─本森循環。十年前研究剛開始時，大家無法想像每個碳原子被光合作用捕捉以後如何變換成身體的一部分。這個過程的第一步可能昨天剛發生在各位家裡的花園，也有可能已經是幾百年前的事情：二氧化碳分子（CO_2）被加入到含有五個碳的分子內，形成不穩定的六碳分子以後立即分裂成兩個帶有三碳的分子。這只是開頭，反應持續運作之下很快出現了含有

四、五、六、七個碳原子的鏈，這種過程持續多次才能合成葡萄糖（$C_6H_{12}O_6$）。

同年，卡爾文和本森終於決裂。起初卡爾文很投入本森做的研究，但隨著卡爾文－本森循環細節逐漸明朗，卡爾文開始想解決另一個問題，也就是光之所以能驅動光合作用的化學反應基礎。卡爾文對自己的推測能力很有信心，即使沒有足夠數據做支撐也常常提出很新穎的理論。「他提出的詮釋別人想都想不到。」一位同事回憶。即使猜錯了卡爾文也不尷尬，他相信自己最後一定能突破，於是建立出一個極為優雅的化學模型，看起來完美無瑕，某位著名生物化學家聽完描述後居然眼眶含淚站起來致意。這種大膽推測的態度，之前帶來很多次豐碩的成果，但這回例外，整整兩年徒勞無功。

他專注在自己的理論就不太關注本森是否有進展，而本森也懶得提起自己正與別的同事鑽研另一個重要問題。經過幾個月努力，他們興奮地發現光合作用核心是一種大型酶，完整名稱十分繞口，叫做「核酮糖-1,5-二磷酸羧化酶／加氧酶」（ribulose-1,5-bisphosphate carboxylase oxygenase），所幸後來大家將其簡稱為Rubisco。大多數植物和藻類中，它是抓取二氧化碳開始製造葡萄糖的第一個分子。本森驚訝地發現Rubisco同時是植物葉片裡最豐富的蛋白質，我們常吃的沙拉生菜也不例外。Rubisco位於地球上每個植物每個葉綠體的中心，因為這個大型酶捕捉二氧化碳轉換為醣才有了構築我們身體的碳分子。

卡爾文或許地位受到威脅內心不安，肯定也對本森沒報告研究內容有所不滿，最終無法容忍繼續合作，簡單說了句「時候到了」就解僱本森。八年後，卡爾文獲得諾貝爾獎。雖然他實至名歸，但多數同事認為本森該站身旁一起受獎。之後本森在生物化學領域也很成功，但與科學界至高榮譽失之交臂總是留下了陰影。卡爾文領獎致辭時沒怎麼提到本森，三十多年後出版自傳敘述研究過程也完全略過此事。

*

自那時開始，學界解明光合作用其他許多層面，發現其機制複雜到極點，遠遠超乎卡爾文或本森所想。但這該在預料之內才對，畢竟光合作用能把無味的空氣和水轉化為存儲能量、建構肉體的甜美分子。卡爾文─本森循環只是過程的一部分，生物化學家發現光合作用非常瘋狂，彷彿就地取材的魯布．戈德堡❹操作，而且分為兩個不同階段。第一階段中，葉綠素嵌在特殊的膜上，內部的電子受到光線刺激，在不同分子之間遊走。這些分子逐漸利用電子能量分解水（並釋放氫和過量的氧）。接著它們再次靠光束能量驅動，產出的ATP和NAHDP分子會離開膜，為過程第二階段提供能量。這個階段也是一連串連鎖反應，由Rubisco啟動卡爾文─

譯註❹：Rube Goldberg，美國猶太人漫畫家，畫了許多用極其複雜的方法從事簡單小事的漫畫。

本森循環，將二氧化碳和氫轉化為糖。

整個過程包含數不清的反應是因為技術面上「能量匱乏」，說白話一點就是從化學角度來看異常困難。第一階段是分解水，這就很不容易，因為氧和氫之間鍵結非常強大，即使將水加熱到華氏三千度（約攝氏一千六百四十九度）能打斷的比例也很低。光合作用必須透過一系列複雜化學反應才能從水分分離出氫。第二階段重點是是強迫二氧化碳與其他分子結合，同樣阻礙重重。

植物已經發展出達成目標的技術。植物學家史蒂芬．隆恩（Stephen Long）表示光合作用包括超過一百六十個步驟，具體數字取決於計算標準。他拆解這些步驟，利用電腦進行模擬。結果發現運作過程既笨拙又沒效率。反應初期負責捕捉二氧化碳的酶Rubisco失誤率高達百分之三十，常常捕捉到形狀類似的氧分子。而且它動作慢吞吞，比其他多數酶慢了一百倍。「Rubisco是一個愚蠢的酶，一個不好的酶。大自然為何發明出來我完全不明白，」生物化學家戈文吉（Govindjee）認為：「可能上帝分心了吧。」他進一步解釋Rubisco表現如此糟糕與演化時間點有關。這種酶是在大氣不含氧但二氧化碳豐富的時間點出現，當時運作良好。然而現在大氣比例顛倒，氧氣豐富、二氧化碳比例變低，對Rubisco而言就顯得勉強。話雖如此其實它還是適任，否則不會成為地球上最常見蛋白質之一。若將地球上所有Rubisco放在一塊兒大約有七億噸重，相當於一億二千萬頭非洲象的重量，長度則超過地球一週。

順帶一提，卡爾文想模仿光合作用解決全球飢餓問題和世界能源危機的夢想仍未熄滅，不過植物科學家的焦點已經不在於複製光合作用，而是進行微調以求提高農作產量。他們透過基因調整幫助植物吸收更多光線並提升Rubisco的可靠程度。卡爾文晚年曾想開發人造光合作用裝置，利用陽光分解水，製造取之不盡的氫燃料。學術界還在琢磨如何達成，卡爾文的夢想只是比他預期要晚一些實現。

*

有了光合作用，生物能夠運用的不再侷限於地表收集到的化學能量。即便由氫轉氦的太陽核融合遠在九千萬英里外，生物從陽光獲取的能量相較之下遠遠更多。生物生存時消耗的所有能量都來自恆星光線，只是經由植物以化學鍵形式儲存在食物中。如果沒有光合作用，陸地外觀會像火星一樣只有岩石和沙土。然而地球不然，是顆綠意盎然的行星。就算不崇尚新時代運動應該也能體會這個奇跡的美好，但有興趣的人可以品味俄羅斯地球化學家弗拉基米爾・維爾納茨基（Vladimir Vernadsky）的說法，有遠見的他早就將光合作用視為「宇宙能量轉化的境界」。

如前所述，植物乾燥重量的九成、動物乾燥重量的百分之八十三來自二氧化碳，換言之追根究柢的話我們所有食物、棉衣、攀爬的樹木與擁抱的朋友大都是空氣加上太陽能變出來的。光合作用構成你曾經交談過、攀爬過、愛過、食用過的每個生命體的絕大部分。

光合作用也利用太陽能將二氧化碳和水轉化為醣提供動物熱量（同時釋放氧氣）。我們逆轉這個過程，燃燒醣和氧來產生能量（同時釋放二氧化碳和水）。無論思考、演奏還是跳舞，每個動作都會釋放光合作用儲存在分子中的能量，可以說每次呼吸每個步伐背後都仰賴光合作用的支撐。

將宇宙能量轉化為生命的過程首次出現在地球是何時？或許很多人認為光合作用首見於植物，但事實不然。數十億年前它便問世了，當時地球居民只有細菌和各種微生物。光合作用開始瘋狂化學反應，然後一切都變了，而且是地球未曾體驗過的劇變。幾乎所有生命都因光合作用滅絕，但植物和我們卻應運而生。

9 喜出望外

海中糟粕化為盎然綠意

這個星球現在仰仗光合作用運轉。

——史緹耶可．戈盧比奇（Stjepko Golubic）

四十億年前，地球的陸塊相當單調，黑色、褐色、灰色的岩石上一片荒蕪，火山朝著無氧的大氣噴發毒素，人類乘坐時光機回到那時間點會立刻窒息。當時地球上僅有的生命形態是細菌，以及比英文句號還小得多的單細胞生物。然而若往前快轉幾十億年，來到距今僅三億五千萬年前後，會發現大氣中氧含量接近人類已經習慣了的百分之二十一，這是個很奢華的數字。那個年代，海洋中滿是巨大生物四處洄游，植物入侵陸地並為人類的演化鋪路。地球從無法居住的荒土蛻變為藍綠色的生命樂園，這麼戲劇性的轉折是什麼力量在背後推動？

種種因素之中有一項特別醒目：直到一九六〇年代人類才開始意識到光合作用的力量不下於各種地質學事件，改造這顆星球的手段神祕且驚奇，非常難以想像。

改造過程中，光合作用或許曾經引發大規模生物滅絕。科學家一度認為其威力能夠與核戰浩劫相提並論，使這顆行星被寒冰覆蓋化作巨型雪球。但同時光合作用又輔助、甚至促成「不可能」的演化捷徑，進而提高生命多樣性，最終使植物甚至人類得以存在。科學家如何研究太古時代的自然變動？而光合作用又如何將地球鬧得天翻地覆？

十九世紀末期，有人找到能夠追溯光合作用悠久歷史的第一條線索。那時候沒有任何證據指向距今大約五億五千萬年的寒武紀之前有生命存在，然而一八八二年冬天美國大峽谷深處名叫查爾斯．沃爾科特（Charles Walcott）的岩石收藏家改變了一切，後來還當上史密森尼學會的主席。

沃爾科特的故鄉是化石天堂紐約州由提卡市（Utica）。小時候他生得瘦瘦高高，喜歡在父母的農場以及附近未來岳父擁有的採石場內找化石，十八歲離開校園之後先去五金行當店員，卻自己閱讀教科書、研究化石並撰寫論文、與著名地質學家通信來維繫心中熱情。他曾經蒐集古代海洋生物三葉蟲的化石標本，品質在全世界而言也是數一數二，後來慷慨出售給了哈佛大學。

沃爾科特的勘探技巧十分高明，也藉此就職於新成立的美國地質調查局。一八八二年十一月，地質調查局局長、同時自己也是探險家的約翰．威斯利．鮑威爾（John Wesley Powell）要求沃爾科特勘測迄今為止無法進入的大峽谷深處。鮑威爾之前嘗試過，但只能乘坐小木舟趁漂

[168]

流時稍微觀察最底層岩石，後來他就在偶爾有「刺骨寒霧、雪花飛旋」的地方紮營監督，帶人修建一條從峽谷邊緣延伸到下方三千英尺（約九百一十四公尺）處溫暖地帶的陡峭馬徑，並且讓時年三十三歲的沃爾科特帶著三名工人和足夠支撐三個月的食物、九匹上鞍的騾子沿著那條臨時小徑進入谷底。

「高原之後就會積滿雪，」鮑威爾告訴他：「春天之前你和搬運工無法離開峽谷。希望這段時間裡，你能好好研究地層序列，盡量收集化石。祝好運！」

對沃爾科特而言，這是千載難逢的機會。他已經發現一些已知的最古老化石，例如神似甲殼類但奇形怪狀的三葉蟲。此外，達爾文發表《物種起源》不過四十年前，但因為缺乏最原始的動植物或細菌化石而遭到很多抨擊。批評者仗著沒有化石這點堅稱所有物種都是神造，懷疑論者也要求達爾文證明古代有過更單純的生物，可惜他只能委婉表示若生物體很小就不容易留下化石，希望有朝一日會出現。

沃爾科特深知達爾文的窘境。他沿著陡峭原始小徑下降到幾乎沒有生命跡象的大峽谷谷底，然後用心觀察周遭環境。山谷、懸崖，除了石頭還是石頭，但這一隅紅色天地很得他喜愛，不過同行的化石收集家、廚師和馱獸管理員就未必能夠分享那份悸動了。他們沿著八百英尺（約兩百四十四公尺）峭壁吃力前行，其中一段就是現在的南科維山徑（Nankoweap Trail），一般認為是大峽谷裡最危險的路線，河流地形坡陡水急即使沿岸也難以行走，有時候不得不自己開路以求深入。後來一頭騾子死亡、另外兩頭受傷。旅程中至少一次，沃爾科特筆中的墨水結凍了，但又必須在篝火邊融冰為水給騾子飲用。但最可怕的其實是死寂與孤獨，才三個星期就導致那位化石收集家夥伴憂鬱求去。但沃爾科特不同，能來到谷底他太興奮了，堅持了七十二天才踏上歸途。

有一天他爬上爬下，對部分岩石中層層線條感到好奇，乍看很像切開的包心菜。這些圖案極不尋常，所以沃爾科特認定是生物，後來將其命名為藍綠菌（最初曾視為藻類）。他還聯想到自己在紐約州看過來自寒武紀時期的類似化石，取「隱含生命」的含義命名為隱藻化石（Cryptozoön）。然而大峽谷的情況有點不同，這些化石明顯可見，卻又位於更古老的岩層內，因此歷史比任何其他已發現的化石都久遠。

沃爾科特後來在蒙大拿州等地持續發現同樣古老的隱藻化石，接著其他古生物學家也在前寒武紀岩石內察覺到疑似化石的特殊圖案，種種線索指向最原始生命形式的證據可能保存在寒武紀前的石頭裡。即便如此懷疑論調不斷，尤其某個長期存在爭議的標本被證明了並非化石，而是火山石灰岩經過壓力和高溫形成獨特的礦物沉積。

一九三〇年代，沃爾科特去世的四年後，劍橋大學最具影響力的古植物學家蘇厄德（Albert Charles Seward）決定加入辯論，卻在後來被古生物學家肖普夫（William Schopf）形容是「讓煮熟的鴨子飛了」。蘇厄德在史稱「隱藻化石爭議」的事件中嚴格審視前寒武紀化石證據，得出結論認為這完全是一廂情願，所謂的化石與現存物種之間沒有明顯關係，大型結構並未顯示出由較小細胞組成的特徵。他主張沃爾科特在隱藻化石找到的環狀圖案可能是海底富含鈣質的淤泥沉積，人類本來就不該期望細菌這樣微小的生物會被保存在化石，最後又語重心長告誡科學家：有些尋找化石的人太過一頭熱，他們宣稱找到特別古老的標本時不能輕信。

地位如此卓著的人物提出警告，導致地質學家不願再從岩石尋找距今約五億年以上的化石，畢竟找到的機率幾乎等於零。久而久之許多人認定了生命在地球上的歷史很短，這顆星球的前面四十億年、其歷史的九成之中根本沒有生命存在。微生物學家史緹耶可．戈盧比奇指出許多科學家以「前寒武紀」一詞指稱生命尚未問世的太古時期，其實這是陷入「現有工具檢測不到就代表不存在」的思考偏誤，將缺乏證據直接視為否定證據了。

時間來到二十年後的一九五〇年代中期，澳洲年輕研究生布萊恩．洛根（Brian Logan）隨地質學教授菲利普．普萊福德（Philip Playford）探索了位置偏遠的鯊魚灣，也就是澳洲西北海岸一片孤立的鹹水潟湖。站在這兒的海灘，淺藍色海水退潮時會露出如夢似幻的奇景：數百顆三英尺（約九十一公分）高的圓柱狀岩石林立，彼此間距很小，彷彿堅硬粗糙如石塊的蘑菇聚集叢生。兩人詳細調查了這片怪異石陣，然後意識到理解沃爾科特隱藻化石的關鍵。眼前這些不僅是活化石，還能回答一個經典謎語：什麼東西既死又活？石頭表面曾經活著，是藍綠菌累積起來形成網罩般的構造。海水進出時，這層菌網會捕捉沉積物。而藍綠菌死亡後，沉積物固定在原位如海綿狀的石塔，於是又有新的細菌附著其上、形成新的一層網罩。細菌以同樣方式在太古海洋中創造出沃爾科特的隱藻化石，現在稱為疊層石，語源是希臘文stroma（層）和lithos（岩）。目前只有鯊魚灣等少數幾個地方能找到疊層石，環境對其他多數生物過於鹹澀無法生存。但另一方面，已經化石化的古老疊層石則在世界各地皆有發現。

澳洲地質學家偶然發現還活著的疊層石，同時美國兩位地質學家史坦利・泰勒（Stanley Tyler）和埃爾索・巴洪（Elso Barghoorn）也宣布找到了蘇厄德口中不存在的化石標本，其中微生物有單細胞也有多細胞，藍綠菌絲也包括在內，而且這些化石都有大約二十億年歷史。「許多人很震驚的，」戈盧比奇表示：「原本以為生命在寒武紀才爆發，之前什麼都沒有。寒武紀應該是起點才對。」但現在普遍接受最古老的疊層石化石上微生物活在三十五億年前，依舊是地球誕生的十億年之後。達爾文和沃爾科特應該很欣慰。

哪種細菌造出最古老的疊層石？無法確定是已經會行光合作用的藍綠菌，抑或是它們的祖先。不過藍綠菌至少二十四億年前已經存在於海洋。

大家或許很熟悉藍綠菌，畢竟它們是讓池塘變成濁綠色的討厭生物。但撇開這點小麻煩，藍綠菌其實也是地球歷史上最具顛覆性的生物。地質學家喬・基什文克曾將藍綠菌比喻為微生物界的布爾什維克❺，因為它們完全推翻既有體系。藍綠菌的祖先只生存在能找到礦物質的地

譯註❺：俄國社會民主工黨中的一個派別，其俄語原意為「多數派」。布爾什維克發起俄國十月革命建立蘇聯。

方，但它們卻學會光合作用，僅靠水、空氣和陽光就可以生存，於是自由蔓延到各處，以前所未見的方式殖民地球。開始行動以後，這些不起眼的革命者造就無數轉變，與植物以及人類的興起息息相關。

*

最先察覺光合作用對地球造成巨大影響的人是普雷斯頓．克羅德（Preston Cloud）。他體態結實、性格強硬，雖然身高只有五呎三吋（約一百六十公分）卻堪稱小旋風，是個有拿破崙情結的地質學家。「好鬥」是古生物學家威廉．肖普夫下的註腳，某些人便給克羅德取了「小將軍」（the little general）的綽號。進入美國地質調查局擔任部門主管時，他特地將辦公桌椅架高四英寸，為的是能俯視下屬。克羅德曾是美國海軍太平洋艦隊的雛量級拳擊冠軍，大蕭條期間白天全職工作，賺的錢用來就讀喬治華盛頓大學夜間部。經過哈佛大學、美國地質調查局等單位的歷練後，他當上明尼蘇達大學地質學系主任。此時已經五十多歲的克羅德開始對一些少有人思考的問題感興趣，例如生物和地球如何彼此互動及影響。「兼顧生物和環境的思維上他領先大家一步，」地球生物學家安迪．克諾爾（Andy Knoll）說：「整合式通盤考量值得表揚和效法。」

泰勒和巴格洪發現古老細菌但沒有公開地點（希望能有更多發現所以對外保密），於是克羅德親自前往加拿大安大略省尋找。爬過岩層時，他困惑於石頭外觀為何如此詭異：黑色岩脈之間夾雜富含鐵質的紅色條紋，像個巨大的千層蛋糕。他明白富含鐵的紋路源自古代海洋底部沉積，類似形態眾所周知。明尼蘇達州「鐵脈」（iron ranges）之中紅色沉積物份量極大，二次世界大戰前美國鐵礦生產有兩成五都靠這一個礦點支撐。克羅德還知道全球各地都有這種富含鐵質的岩層，包括南非、澳洲、格陵蘭。他甚至估計過這幾處地方的岩層年齡，最厚的約有十八到二十三億年之久。但困擾他的問題是：為什麼巨大鐵礦床在全球海床突然出現，然後又突然消失？

不過克羅德意識到紅色是鐵鏽就恍然大悟了。鐵生鏽是為什麼？氧氣。有點古怪。地質學家早就確定早期地球的大氣不含氧。可是克羅德眼前的紅色岩石說了不同的故事，二十三億年前地球似乎經歷一次劇變，氧氣多到海洋中絕大多數鐵分子都鏽了。鐵分子下沉到海底，經過壓力與時間作用便化身為沉積岩。

如此大量氧氣戲劇性出現，克羅德只能想到一個解釋，那就是產氧微生物終於誕生。「不然還能有什麼原因呢？」肖普夫與發現古老化石的克羅德略有交情，他看過之後說：「那些紅色岩床是真的有夠厚。」意思是岩層形成需要極其龐大的氧氣量。

「而目前所知足夠強大的氧氣來源只有一個，就是生物。」克羅德提出了難以置信的想法：我們稱為藍綠菌的微小光合作用者在海中形成了巨大綠墊，向大氣灌注豐沛氧氣，結果導致地球表面生鏽。氧氣首先鏽蝕了陸地岩石裸露出來的鐵，這些鐵隨著風化、降雨及河川流入海洋。然後隨著藍綠菌不斷增殖，堆積在海底火山與熱泉孔的大量鐵質也生鏽了。[3]等到地球上所有暴露的鐵都變成鐵鏽，大氣中的氧氣比例開始上升。

部分地質學家將氧氣激增現象稱為「大氧化事件」，但也有人取了「氧氣災難」甚至「氧氣大屠殺」這種比較可怕的名字，因為即使一般人都覺得氧氣是生命所需，但它同時也具有毒性。氧氣活性非常高，迫切想從其他原子偷取電子，這個特點足以致命。想想看搧風將氧送入火焰時是什麼反應應該就懂了。若氧分子不受控制進入細胞，它會執著依附於DNA或酶之類的重要物質，從而造成嚴重破壞。

所以人體才會演化出抗氧化物，這些分子的唯一任務是在氧氣造成傷害前加以捕捉（雖然像銅、鋅、硒等少數礦物質也是抗氧化劑，但包括維生素C在內多數由生物製造）。藍綠菌同樣演化出抵禦氧氣的機制，但對當時充斥海洋的其他無數微生物而言氧就是劇毒。

藍綠菌不斷繁衍，大氣氧含量提高，於是引發這顆行星上的第一次大規模滅絕。作為地球

3　後來發現部分鐵礦床更早形成，原因可能是不通過光合作用產生氧氣的細菌。這些細菌直接攝取飄浮於海水的鐵質，將其轉化為另一種形態，但結果仍會沉到海底。

歷史上最重要事件之一，藍綠菌毒害其他多數生物（當時仍是單細胞生物）。微生物學家琳恩．馬古利斯（Lynn Margulis）在著作中說「很多類型的微生物當場滅絕」，也曾將其稱為「全球等級的災難」，一場「氧氣大屠殺」。然而現在多數人認為衝擊並非如此突如其來（而且聽到「大屠殺」一詞就坐立難安），或許許多物種尚有時間適應新的棲息地。肖普夫解釋：無論如何，「規則是不退則亡」。必然有大量細菌族群死亡，其餘不是逃到海底熱泉就是躲進泥巴之類環境才能遠離氧氣殺傷範圍，但倖存物種的後代一直存活至今。

最後只有藍綠菌留下來統治地球表面。它們除了漂浮於海水，也以綠色菌罩形式在淺海海床成長茁壯，並建造許許多多疊層石城市。這顆星球曾經不屬於人、不屬於植物、甚至不屬於魚類，只屬於藍綠菌。

*

通往綠色星球的下一步是另一場大災難，而且這次災難非常奇特，地質學家很難想像出更不可能的事件：現在許多學者相信藍綠菌導致高達一英里的冰川出現，地球表面遭到徹底冰封。

若非古老地磁留下令人訝異的證據，科學家根本無從得知原來地球歷史有過這樣一個篇章。冷硬轉折的第一條線索出現在一九八六年，加州理工學院地質學家喬・基什文克應邀審閱一篇關於澳洲古代岩石的論文。基什文克在地質學界頗為出名，一方面是他的評註走幽默揶揄路線，另一方面則是他善於發揮想像力構思出大膽理論，其中許多與他對磁性這個主題的愛好有關。基什文克在位於帕薩迪納的「磁力實驗室」（maglab）中準備很多訂製改造的設備，比手持小型磁鐵弱上十億倍的磁場也能測量到。他曾經研究岩石內的磁鐵成分、鳥類腦部具導航功能的磁鐵晶體、以及趨磁細菌體內負責定向的微粒。這些磁力訊號非常弱，透過它們真的能夠瞭解地球古生物？答案是不但可以，得到的知識還很多。

基什文克審閱的那篇論文裡，作者群提出的主張出人意表：檢測到的磁場顯示澳洲一部分岩石來自赤道。他們的理論很完整，指出岩石形成時內部微小鐵晶體就像一個個小型指北針，沿著局部磁場方向排列之後才被固定住。鐵晶體在極地會指向地心，若在赤道則呈水平。澳洲那些岩石明顯是經歷過冰川沉積的特殊類型，然而內部晶體方向竟然是水平，乍看就像在撒哈拉沙漠看見冰屋一樣不合理。畢竟在此之前，大部分地質學家認為熱帶一直處於溫和宜人適合游泳的氣候。

其實關於赤道氣候，學界內一直存在其他聲音，基什文克也都聽說過。少數地質學家報告指出冰川推移痕跡在某些岩石特別明顯（與周圍格格不入的巨石、類型混雜的碎礫之類），但這項主張長期遭否定。一九六〇年代，板塊構造新理論以更簡單的方式解釋冰川岩石如何出現在熱帶——這些岩石先在高緯度寒冷地區成形，然後隨著大陸漂移朝赤道移動。

基什文克質疑那篇論文有另一個原因。如果岩石形成後被埋進地底深處再次經過高溫加熱，內部鐵晶體微粒方向就會產生變化。即便如此，赤道是否曾有冰川的問題在心頭縈繞不去，於是他設計了更完整的測試方法對澳洲同地點另一塊岩石進行分析。如果岩層受到壓力褶曲並再次加熱，內部晶體微粒重新磁化之後應該呈現同方向。然而若岩石只是褶曲卻沒有再次加熱，晶體方向則會順應彎曲角度。

一開始基什文克以為岩石必然經過二次磁化。

結果並沒有。磁訊號是跟著褶曲走。這代表岩石在赤道形成，隱含的意義就是赤道有過冰川。

理論非常動人，但還沒有把握，直到基什文克驚訝地發現另一個連結點。他在加拿大找到大約同年代、約七億年前的冰川岩石，而且與澳洲的標本一樣，旁邊出現很厚的紅色岩層。二十四億到十八億年前氧氣鏽化大海時，地球各處也形成了類似的鐵質帶。

為什麼紅色岩帶突然再次出現？基什文克這才意識到肯定是整個地球都被冰層籠罩。他說：「這代表得讓整個地球結冰，連海洋也蓋住。」即使光合作用幾乎停擺也無法阻止海底熱泉繼續將鐵質排入海水。一旦光合作用回復，新的氧氣爆發事件產生鐵銹，然後堆積出紅色岩層。

基什文克還是遲疑，這是有理由的。恰巧二十世紀六〇年代初是原子彈大氣層試爆的全盛期，當時科學家就擔心核武引發地球氣候不穩定。俄羅斯地球科學家米哈伊爾．布迪科（Mikhail Budyko）甚至為此建立了模型，結果意外發現條件滿足的話全地球結凍並非不可能。如果地球冷卻太嚴重，冰川又延伸得太靠近赤道，整個行星將陷入失控的冷卻循環：冰層是白色，會反射太陽熱量導致冷卻加速，於是冰川更接近赤道、反射更多熱量，形成一個反饋迴圈，整個地球很快會被關在冰層下。屆時萬物凍結，而且不僅陸地，海洋也難逃此禍。布迪科將這種現象稱為「冰封浩劫」，因為他的計算顯示只要進入迴圈就沒有出口，地球會永遠封鎖在冰雪中。

地球並未陷入無盡冰河期是顯而易見的事實，所以基什文克心裡很矛盾，不確定岩石磁鐵微粒的方向是否有別的解釋？如果赤道曾經被冰川覆蓋，地球為何能夠逃離永恆冰封？一天晚上他甚至夢到自己被困在冰封世界的海洋，「而且我是在水裡，」他描述了夢境：「滿腦子擔心的就是『天吶，這樣子還出得去嗎？』」

隔天早上醒來，答案也在腦海浮現，他意識到即使冰川包覆整個行星也無法阻止熔岩與火山爆發：「火山哪管你冰不冰呢，就坐在那裡自己噴自己的。格陵蘭和冰島周圍都是冰，但拿火山一點辦法也沒有。」火山會排放二氧化碳，二氧化碳會造成溫室效應、而且能在大氣積聚，最終創造出極端的全球暖化。氣溫炎熱之後，好不容易觸及赤道的冰川又迅速退回高緯度，而基什文克也發覺這就是地球逃離冰封的辦法。

但一開始究竟什麼原因將地球推向酷寒凜冬？令人驚訝的是，基什文克找到的證據表明全球冰凍事件不只發生過一次，實際上至少有三次，後兩次大約在七億年和六億四千萬年前。第一次特別古老，要追溯到約二十四億年前，也因此他只能想到一種可能解釋——冰凍事件與克羅德推測的藍綠菌大規模排氧實在太接近，不像是巧合。難道地球全面凍結的罪魁禍首是光合作用？

幾番思索後，基什文克留意到地球早期大氣含有大量甲烷。甲烷比二氧化碳更能保留熱量，也就是溫室效應更強烈，但藍綠菌大量增殖並排放氧氣時不僅使鐵生鏽、殺死或驅趕多數菌種，氧氣還會將甲烷轉化為二氧化碳和水，變相弱化了地球的保溫罩。換言之，氧氣能使地球失溫、氣候失控。

理論很瘋狂，卻又符合事實，基什文克給這假設取了個好記的名字叫做「雪球地球」（Snowball Earth）。他似乎成功證明了光合作用引發地球自然史上最極端的事件，很可惜第一篇有關該主題的文章卻像沉積岩一樣被埋藏起來，因為他將論文投到以早期地球為主題的論文集，這本書四年後才出版，而且篇幅多達一千四百頁。

然而機緣湊巧，一九八九年國際地質學大會在華盛頓特區舉行，他向哈佛大學地質學家保羅．霍夫曼（Paul Hoffman）提到自己的理論。幾年後，霍夫曼在納米比亞進行田野調查時也開始認真思考了。他意識到自己面前的掉落石（dropstone）與碎礫就是典型冰川沉積物，卻出現在原本靠近赤道的地區，更奇怪的是冰川沉積物上面還有另一種特殊的岩石形態，是一層厚厚的白色碳酸鈣。回到哈佛後，霍夫曼和同事丹尼爾·施拉格（Daniel Schrag）常在夜深人靜時絞盡腦汁、集思廣益，希望能判明碳酸鈣岩層如何形成。後來他們發現有個想法看似誇張，卻能與基什文克的理論相輔相成。

兩人想到「雪球地球」結束時，冰川消退會造成前所未有的惡劣天象：大氣充斥二氧化碳保溫因而異常炎熱，本來巨大高聳的冰川同時迅速融縮，這種一冷一熱的激烈衝突足以引發撼天動地的超級颶風。於是海水翻湧，巨浪可以高達三百英尺（約九十一公尺）。大量水分捲上半空，與大量二氧化碳相結合，催生出的酸雨高效率侵蝕岩石，在海中沉積出厚厚的碳酸鈣。

堅信證據已經非常充分，霍夫曼啟動一場大學巡迴講座試圖說服同行：「雪球地球」事件期間赤道處於華氏零下五十度（攝氏零下四十五度），足以使暴露的皮膚結凍。那種環境下，人類想觸摸固體岩石還得先挖開一英里厚的冰塊。可想而知，學界回應是滔滔不絕的批評與質疑，畢竟非凡的主張需要非凡的證據，同儕才剛看到證據而已，何況還要與「太怪異所以不可信」的偏見搏鬥（連愛因斯坦也會囿於成見，拒絕相信宇宙膨脹可能性）。地球完全被冰川覆蓋的景象在當年太難想像，但如今「雪球地球」已經成為主流理論，懸而未決的爭議在於究竟每一寸土地都被冰川覆蓋，抑或赤道地區留有少數喘息空間？前者情況地球真的變成冰球，後者情況精確而言是所謂融雪球（slushball）❻。然而無論哪種情況，當今生物體中大多數分子都曾被埋在凍結冰封的海洋和岩石中。

基什文克的真正想法是藍綠菌幾乎將地球葬送在永恆深凍之中。「我們真的非常走運，幸好地球跟太陽的距離沒再遠一些。」他說：「如果更靠近火星，大概就永遠無法擺脫雪球效應。」後來數千萬年裡，火山噴發出足夠的二氧化碳為地球重新加溫，終於打破了寒冬桎梏。

這次浩劫如何影響演化進程？很難說。雪球地球是減緩演化，還是促進演化？兩種觀點都有人提出。當然，地球冰封期間多數細菌和其他微生物都滅絕了，少數生命在火山熱泉、深海熱泉以及其他偏遠地區倖存。環境對外隔絕、存活條件嚴苛，生命體的適應能力或許會誘發基因層面的變革，但真相如何沒人知道……至少現在沒有。

能肯定的是雪球地球結束時，藍綠菌又得以肆無忌憚地擴張繁衍。然而不久之後，至多大約二十一億年前，化石紀錄中突然又出現一種特別的新型細胞，世界也再一次被顛覆。

譯註❻：因此另有「融雪地球假設」（Slushball Earth Hypothesis）一詞。

*

這種新型細胞被稱為真核細胞，在複雜度上的突破令人嘆為觀止，比從三輪車到太空梭的進步還大。無論砲彈樹還是澳洲魔蜥，所有多細胞生物都由真核細胞構成。真核細胞體積通常比細菌大一萬五千倍，基因數量也幾乎都比細菌多得多。而且，細菌只是將基因排列成單一環狀，真核細胞卻會將基因放在細胞核內隔離保護（因此「真核」語源包括「karyon」，也就是希臘語的「堅果」）。真核細胞還表現出其他許多革命性特徵，例如其中有胞器，就像專業化工廠，運作效率和規模都超過細菌。胞器能負責的工作包括燃燒糖和氧以產生能量、處理廢物，若是藻類和植物還可以進行光合作用。真核生物還擁有精密的物流系統，就像高速公路上的卡車來來回回運送分子。真核細胞如何實現如此巨大的演化飛躍？

神奇的解答來自思想灑脫、喜歡扮演革命者角色的微生物學家琳恩・馬古利斯。她長期因為性格特立獨行遭到嘲笑和忽視，然而如同古代被唾棄的先知最終得到大眾認可與讚賞。馬古利斯發現藍綠菌及其釋放的氧氣發揮非比尋常的作用，促成了植物以至於你我的祖先誕生。

馬古利斯充滿熱情、直言不諱，超前於所屬時代，有能力與生物學領域最頂尖的學者辯論並勝出，然而部分（多半是男性）學界同儕覺得她為人傲慢脾氣暴躁。「琳恩很會刺激人，」她的朋友之一、微生物學家弗雷德・史皮格爾（Fred Spiegel）說：「她總是跳脫框架思考，不停前進前進再前進，很容易踩到別人底線。那些人想要證明她錯了，但很多時候並不是想就能辦到。」她冰箱上貼著一句格言，引用自喬治・巴頓（George Patton）將軍：要是大家想的都一樣，代表有人根本沒思考。「她愛惹事，」馬古利斯的兒子、作家多里昂・薩根（Dorion Sagan）寫道：「但絕對不是無事生非。」

也許是早熟讓馬古利斯成了愛惹事的人。從夫姓之前，她本名琳恩・亞歷山大（Lynn Alexander），母親在芝加哥經營旅行社，父親是律師兼生意人。父母經常酒後吵架，於是琳恩從小躲進書本的世界探索自然，逐漸成長為知識分子。

一九五二年，她才十四歲，沒告訴父母就自己報名芝加哥大學入學考試，而且還錄取了。兩年後，在數學大樓階梯上，馬古利斯碰巧遇見一位名叫卡爾・薩根的帥氣「大人物」。那時候薩根才二十歲，是個口才流利的物理所研究生。他對科學充滿熱情，間接鼓舞和鞏固了馬古利斯自身的信念。她大學畢業後才一週就和薩根結婚。

之後她進入威斯康辛大學麥迪遜分校攻讀遺傳學碩士，初次接觸到改變之後人生的觀念。馬古利斯對兩個細胞器產生興趣，分別是行光合作用的葉綠體，以及動植物細胞內燃燒糖分生產能量的粒線體。起因是一位教授的陳述，他表示這些胞器與獨立生存的細菌相似度太高，因此懷疑它們曾經是細菌。這位教授還認為胞器可能有自己獨立的ＤＮＡ，若果真如此便能證明它們源於非共生的生命體。

一九六〇年，她和薩根從威斯康辛搬到了加州大學柏克萊分校，在那裡攻讀博士。儘管指導教授持懷疑態度，馬古利斯堅持繼續尋找證據，她想證明單細胞微生物眼蟲（*Euglena*）的葉綠體含有自己的DNA。大多數遺傳學家不明白為什麼有人想要這麼做，甚至有教授跟她說這和尋找聖誕老人一樣毫無意義。長久以來遺傳學有個核心信念：只要細胞核存在，所有基因都收藏在裡面，而細胞核內的基因能全權決定生物體遺傳特性。即使葉綠體含有DNA也只是基因自細胞核洩露出來，並不會發揮功能。

然而馬古利斯整理了一八八〇年代到一九二〇年代之間的早期研究，還有其他科學家也懷疑粒線體或葉綠體其實衍生自細菌。其中包括德國籍的安卓亞斯・席佩爾（Andreas Schimper）、法國籍的保羅・波迪耶（Paul Portier）、俄羅斯籍的康斯坦丁・梅列什科夫斯基（Konstantin Mereschkowski）和美國籍的伊凡・沃林（Ivan Wallin）。沃林甚至曾聲稱他能從細胞中將粒線體獨立出來，並培養成非共生生物（但他沒做到）。

當時多數科學家不同意粒線體和葉綠體源自獨立的細菌。他們覺得可能性太低，像其他胞器一樣在細胞內慢慢演化的機率大得多。研究人員持懷疑態度還有另一個理由：直到一九六〇年代細菌最為人所知的特性依舊是散播疾病，包括炭疽病、鼠疫、肺結核與梅毒等等都很棘手。怎麼有人會認為我們細胞中的粒線體來自細菌？想到就覺得噁心。換言之又是「太怪異所以不可信」的偏見影響科學家想法。

有一天，馬古利斯坐在圖書館閱讀，心裡突然有個頓悟。沃林於一九二二年出版過《共生和物種起源》（*Symbionticism and the Origin of Species*），標題是否已經點明一切？共生即為生物之間的互惠合作，或許演化上很多重要突破都是共生的功勞？而且粒線體、葉綠體及其他演化飛躍現象也可以透過共生得到解釋？她說那時候自己猶如被閃電擊中，但能否找到證據？

遺憾的是這階段馬古利斯另一邊的熱情逐漸消退。她和卡爾・薩根都在科學事業上奮鬥，薩根也很支持妻子的工作，但前提是自己的規畫不受干擾。大多數二十世紀五〇年代的丈夫都一樣，薩根「一輩子沒替小孩換過尿布」，覺得烹飪、打掃、處理帳單、照顧兩個孩子都是妻子該做的。此外，雖然薩根聰明有魅力，但馬古利斯認為他過度需索自己的關注，最後實在難以負荷（她後來曾在書中比喻：這段婚姻好比「酷刑室」）。馬古利斯離開了，即使一九六三年薩根搬去哈佛時兩人舊情復燃，卻又在一年內二度分手。不久之後她嫁給波士頓一位晶體學家，冠上夫姓馬古利斯。

尚未獲得博士學位時馬古利斯就開始提倡一個觀點：粒線體、葉綠體、以及纖毛（細小毛髮狀結構，可以推動如精子之類細胞）都從曾經自立自強的獨立細菌演化而來。到了這個時期，她在威斯康辛大學的前指導老師漢斯・里斯（Hans Ris）和沃爾特・普洛特（Walter Plaut）提供了證據。他們利用電子顯微鏡觀察葉綠體內部的ＤＮＡ鏈，發現與細菌中的ＤＮＡ相似。此外，瑞典兩位科學家也在粒線體內找到ＤＮＡ。差別是這兩組人並未花費太多精力說服學界同儕胞器曾經是非共生生命體，而馬古利斯會繼續努力。

她在布蘭戴斯大學任教、接兼職工作、還要照顧孩子的同時，設法擠出時間寫了一篇詳盡的論文，結合許多不同領域證據來支持自己的論點。當年的環境下，這個做法本身就很不尋常。柏克萊經驗讓馬古利斯對她口中的「學術界種族隔離」感到震驚，因為太少看到科學家願意走出象牙塔。細胞生物學家連遺傳學家都不去交流，更不可能與地質學家或古生物學家合作。

馬古利斯就不同，她與所有人互動，透過微生物學、生物化學、地質學和古生物學的證據發想出太古時期的演化敘事。

一九六〇年代中期，克羅德才剛提出假說，宣稱大約二十三億年前行光合作用的細菌造成地球大氣氧含量遽增。馬古利斯順勢主張後來有某種古代細菌利用氧氣產生能量的效率極高，而且因為命運安排遭到另一種細胞吞噬。妙的是，另一種細胞包裹了古代細菌以後並沒有將其排出或消化，於是細菌得以倖存，罪犯和俘虜竟然接納了彼此。勝利方透過吞噬其他細胞為才能出眾的新伙伴提供食物，後者則有效地利用氧氣燃燒糖分，生產的能量雙方共用，於是達成雙贏局面。馬古利斯認為被俘虜的細胞經過演化就變成粒線體，也就是生物體內的能量工廠。這個聯盟的後代成為第一批真核細胞，包含人類在內所有植物和動物的祖先。「換個說法，」

微生物學家阿奇博爾德（John Archibald）說：「馬古利斯覺得人體每個細胞都是併購案。」[4]

馬古利斯進而主張又過一段時間後，某種擅長光合作用的藍綠菌進入真核細胞，其後代是葉綠體。這次策略聯盟創造的新細胞成為所有植物的祖宗。

多年間她將自己的四十九頁論文提交給各種期刊，但都無功而返，研究經費申請也沒得到好結果。曾有評審不留情面地下批註說：「妳的研究是垃圾，別再浪費時間提申請。」然而馬古利斯性情固執拒絕放棄，一九六七年她的文章《論有絲分裂細胞的起源》經過十五次退稿後終於得到發表。

論文引起很多關注，但學界同儕大多仍對她的努力不屑一顧，甚至出言嘲諷，將其視為邊緣科學。幕後有個原因是馬古利斯自信、熱情、激動，有些同事覺得她脾氣暴躁十分難相處。然而衝突核心還是得回歸到許多科學家不敢接受演化會這樣子抄捷徑，感覺好像考試作弊。長久以來，生物學家一直認為演化唯一驅力是基因的漸進性突變。一位評論家指責馬格利斯的理論是「走回頭路」，說她「逃避研究上需要克服的難關，不敢解釋演化如何一小步一小步累積出粒線體和葉綠體這種成果。」一種單細胞生物吃掉或奴役另一種就成了演化上的飛躍？很多

4　目前多數科學家認為合併發生在兩個微生物主要群體間。稱為古菌（archaeon）❼的單細胞生物吞噬古代細菌，每次吞噬都為新細胞創造出不同的特性。

譯註❼：學界曾將古菌和細菌都歸為原核生物，但後來改變分類方式，現在古菌、細菌與真核生物各為一個域。

人覺得這種說法太可笑。

馬古利斯反駁：那如何解釋粒線體和葉綠體有自己的DNA？而且生物學家早就發現兩種胞器可以獨立於所在細胞自行複製，這又是怎麼回事？她堅持相信不只是相殘和競爭，生物之間的合作同樣足以推動演化。撰寫這篇開創性論文時，她諮詢的古生物學家肖普夫告訴我：「坦白說當時我也覺得演化不會那樣運作，或許是她考慮不周。面對那麼多非議，她真的很有勇氣。」之後多年裡，馬古利斯依舊遠離主流並保持著孤高性格。

時間來到一九七五年，原本以為永遠得不到結論的爭議因為新工具出現而翻盤。基因定序問世，研究人員實際上比較葉綠體和藍綠菌的RNA，發現兩者極其相似。一九七七年，比對粒線體和細菌的RNA也得到同樣結果。馬古利斯非常欣慰，她獲得了最終勝利。

不過有個重點她說錯了。原本期望找到更多共生案例，馬古利斯聲稱纖毛（某些真核細胞上會擺蕩的附屬物體）也是由能游動的細菌聯合構成。雖然纖毛理論得不到證實，但她對葉綠體和粒線體[5]的起源做出了正確推測。馬古利斯認為共生可以解釋演化上兩次最重要的飛躍，她的理論通過了時間考驗。

而這個理論影響非常深遠。馬古利斯認為細菌是「地球歷史上最偉大的化學發明家」，創

5 後來科學家發現人類只從母親卵細胞繼承粒線體，因此粒線體DNA在追溯母系血統時特別有用。

造了葉綠體使植物得以存在。細菌及其微生物親屬古菌一同發明了人體細胞必備的化學製程，也就是如何製造糖分、核酸、氨基酸、蛋白質、脂肪和膜。就連負責提供能量的粒線體也一樣，前身是太古時代的細菌集團。馬古利斯在著作中表示：「雖然可能會對人類的集體自尊心造成打擊，但我們並非演化階梯頂端的生命主宰。」反之，「人與人撇開表面差異之後，全都是會走路的細菌社群。」也有人喜歡以另一種方式總結我們與微生物的關係：「人類就是細菌。」

一如愛因斯坦或天體物理學家霍伊爾，在學術道路上先遭遇強烈質疑、接著取得重大突破，然後馬古利斯晚年就愈發依賴直覺。微生物學家阿奇博爾德描述：「走上生涯巔峰後，她與第一線研究員提供的資料越來越脫節，喜歡僅憑基本原理就展開自己的發想。」再加上勇敢無畏的性格，於是她開始支持一些備受爭議的論述，例如認為地球本身就是生命體、具有自我調節能力的蓋亞假說。馬古利斯連更可疑的觀點也加以推廣，比如聲稱梅毒細菌導致愛滋病。話雖如此，毋庸置疑的是因為有她才有了後面豐碩的研究成果，人類也因此得以一窺複雜細胞如何在演化過程突飛猛進。

澳洲、中國和其他地方的挖掘證實了她的論點。證據顯示十七億年前、甚至更早的年代，也就是地球大氣層含有氧氣、不再被冰層覆蓋之後，真核細胞首次出現在化石記錄中。

雖非所有人都同意，但生物化學家尼克・連恩（Nick Lane）和微生物學家威廉・馬丁

（William Martin）都認為若當初沒有發生一個細胞吞噬另一個細胞的情況，真核細胞的複雜特徵就不可能演化出來。這是演化史上最重要的步驟之一，而且他們認為只發生過一次。被吞噬的細菌比宿主更擅長製造能量，再者連恩和馬丁推測那些細菌的後代，也就是粒線體，成本相對較低。人類的粒線體只需要三十八個基因，但它們的老祖先可能需要三千個基因。粒線體現在需要的其他基因送進細胞核了，也就是說如果細胞需要更多能量，生成新的粒線體成本不高，可以大量生產無需顧忌。連恩和馬丁認為正是因為粒線體提供了大量能量，細胞負載能力提高了便製作更多基因，於是催生出更精細複雜的結構或機制。

人每天大約呼吸兩萬次，目的是為了將氧氣供應給這些前細菌，它們才能燃燒糖分轉換為能量。如果將人體所有粒線體取出來鋪平，可以覆蓋兩個籃球場的面積。總計約有一千兆（一千萬億）個粒線體維持人體活動。

倘若當初粒線體的祖先、非共生的細菌沒在另一個細胞內找到新家園，演化會不會停滯？生物會停留在單細胞階段嗎？連恩和馬丁認為確實如此，因為細菌及其單細胞親屬古菌似乎在過去三十億年中基本不變。連恩和、馬丁、還有行星科學家大衛・卡特林（David Catling）指出即使能在宇宙其他地方發現生命也可能異常單調，看起來如同微生物的機率很高，除非其他地方的演化也通過類似共生飛躍這種大膽手法提高了細胞複雜度。

古代藻類化石，比如一九九〇年從加拿大北極圈內薩莫塞特島（Somerset Island）取得的標本，顯示馬古利斯針對下一次巨大飛躍做出的推測也正確。年代鑑定顯示約十二億五千萬年前或更早，曾有真核細胞吞噬了擅長光合作用的藍綠菌。正如連恩所言，這種罕見、「極其古怪的」事件引發一連串效應。藍綠菌演化為葉綠體，細胞合併的後代演化成藻類，而藻類就是植物的祖先。如果沒有共生結合，植物（和人類）恐怕都不會出現在地球。

*

不過新的理解導致科學家對另一個令人困惑的新問題摸不著頭腦。真核細胞作為植物、動物和我們的祖先，至少十七億五千萬年前就在海洋中愉快漂流。然後大約十二億五千萬年前，植物的前輩藻類出現。再來，我們知道演化速度可以很快，僅僅七千萬年時間智人與當初在恐龍腳下驚恐逃竄的小型哺乳動物已經有了這麼大差距。然而大型且靈敏的海洋動物直到五億四千萬年前左右才出現。植物更慢，得等到約五億年前才出現在陸地。為什麼要花這麼長時間？為什麼如此漫長的時間段裡好像什麼也沒發生，以至於有人稱為「無聊的十億年」？

一九九〇年代，演化怠惰的原因之一似乎水落石出：沒有氧氣，活動就不迅速。地質學家開發新技術從古老岩石中探尋氧含量線索，結果非常令人訝異：直到約莫七億年前，地球大氣含氧量還遠低於百分之一，與現在奢華的百分之二十一相去甚遠。到了大約五億四千萬年前，大氣含氧量介於百分之五到百分之十，海洋含氧量也終於能支撐大型且靈活的生物。之前即使有這種生物也沒辦法呼吸。

地球氧氣含量怎麼會持續低迷這麼長時間？學術界目前仍有許多不同理論彼此競爭。目前受歡迎的理論之一不難理解，看看池塘和湖泊裡惱人的綠色浮渣就能懂——藻類和藍綠菌過度繁衍就會出現這種現象。若有富含磷和氮的肥料流入水中，這兩種生物就會迅速繁殖。所有生物都需要磷和氮來製造膜、蛋白質和ＤＮＡ，磷還是細胞活動所需的小分子能量包製程關鍵。沒有磷和氮，生物就無法成長。

十億年前要在海洋中找到氮可能不是大問題。藍綠菌很久以前就能夠從大氣提取氮。

然而研究人員發現取得磷困難得多，因為原本地球是個熔岩球，數十億年前冷卻階段磷會升起並凝固成極輕的岩塊，而且只能在陸地找到。換言之必然是特定岩層經過侵蝕風化，磷才能以碎屑形式進入海洋促成生命演化。二〇一六年，喬治亞理工學院、耶魯大學、加州大學河濱分校聯合組成的科學團隊決定研究古代的磷含量。他們煞費苦心分析全球各地超過一萬五千個古代海洋岩石樣本，發現直到八億年前磷含量仍然很低，磷的不足阻礙了行光合作用的生物繁衍，間接導致大氣和海洋氧氣匱乏，無法演化出體型更大、活動更多的物種。或許就是關鍵成分短缺推遲了大型且靈敏的生物問世，而這窘境可能持續數億年之久。生物圈只能耐心等待地殼釋出儲存的磷。[6]

最終什麼因素將關鍵礦物質從陸地釋放出來？最有可能自然是陸地上的各種磨蝕。磷元素或許經由熔岩來到地表，經過風化流出。七億七千萬年開始反覆進行的「雪球地球」事件直到六億三千五百萬年前才結束，這個過程也會造成很大影響：高度以英里計算的冰川朝著赤道挪移又遠離，冰川底部的碎礫如同砂紙摩擦底下可憐的山脈，軋出大量的磷及其他礦物質沖入海洋。這些沉積物就像高級肥料，導致海洋表面的綠藻和藍綠菌爆發式生長，於是大氣含氧量也跟著飆高，孕育出需要大量氧氣的大型動物。[7]

順帶一提，行星科學家卡特林認為如果宇宙存在其他智慧生物，它們應該也是呼吸氧氣。能量轉換效率同樣好的只有氟和氯，但氟造成有機物爆炸，氯則會破壞有機物。因此他認為若太空中有與人類同等的生物必然倚靠氧氣，而氧氣又正好是光合作用分解水的產物。換句話

6　許多科學家提出警語：數百年後人類也有可能面臨磷危機。全球人口不斷增長，需要肥料生產食物。然而肥料中大部分磷來自迅速耗竭的礦床，未來某個時刻磷供應可能短缺。

7　地質學家希望大家明白：氧氣增加並不僅僅來自更多的光合作用。因為全球範圍內，光合作用、呼吸作用和分解作用完全平衡。光合作用每吸收一個二氧化碳分子就釋放一個氧分子，而呼吸作用和分解作用則完全相反，每消耗一個氧分子就釋放一個二氧化碳分子。因此，大氣氧含量上升有個前提，就是需求二氧化碳的生物如藍綠菌不被分解並歸還元素。對人類而言很幸運的是這種情況確實發生過。數百萬年前，大量有機物沉積於海底，經過埋藏形成了石油和天然氣。但不幸的則是人類使用化石燃料，等於又將二氧化碳釋放到大氣導致地球變暖。這是人類必須面對的重要課題。

說，老派科幻電影的設定可能沒錯：外星人走出太空船踏上地球的時候其實會非常自在。

地球上，經歷大約十億年相對枯燥的日子，狀況又開始起了變化。第一批動物在含氧的海洋中出現，比植物在陸地上演化出來的時間早了數億年。這些動物問世於七億到八億年前，與雪球地球事件、磷和氧供給充足的時間點一致。不過動物出現是否直接與這些事件有關在學術界仍是爭議不斷的話題。

動物最初的祖先究竟是誰？答案莫衷一是。學者能猜想到它們無法自製食物（不會光合作用，無法只靠陽光、空氣、水就活得好好的），而是捕食能那樣做的其他生物。不少科學家認為動物從櫛水母演化而來，這些生物與普通水母頗為相似。但我個人喜歡更主流的理論：動物最初的祖先是海綿。每次洗澡我都忍不住停下來思考這段漫長的演化旅程。

海綿不追逐獵物，所以不需要大量氧氣，但四處徘徊的動物就需要了。因此在最後一次雪球地球的酷寒之後，海洋中含氧量大幅增加，從演化的角度來看最適合油門踩到底。大約五億七千五百萬年前，大型動物出現了。「那是第一批真正意義上的動物，」地質學家提姆．黎昂（Tim Lyons）解釋：「體型和運動能力都是高含氧環境才能有的奢侈品。」氧氣讓動物能製造膠原蛋白，這種蛋白質堅固柔韌，還能黏合殼、骨與肌肉組織。膠原蛋白與人類息息相關：我們體內約三成蛋白質都是膠原蛋白（詞源於希臘語的「膠」），大部分位於軟骨、肌腱、骨骼、皮膚和肌肉。氧氣不僅為動物注入能量，還協助維持形態完整。最後到了約莫五億一千萬年前，古代大魚追小魚時已經有了能擺動的鰭。肉食性魚類捕捉小型海洋動物，小型動物則以行光合作用的藻類和藍綠菌為食。為人類提供大部分食物的海洋食物鏈終於成形。

但光合作用對這顆行星的影響尚未結束，接下來輪到植物登場。植物能夠出現，歸功於光合作用已經以另一種方式深深改變地球。超過二十億年前，光合作用將氧引入大氣中，高空紫外線開始分解部分O_2並形成薄薄的臭氧層（O_3）。[8]巧的是這層臭氧成為地球遮陽篷，為地表擋下高達九成八的紫外線，否則紫外線原本能像剃刀一樣撕裂有機分子。之後離開海洋變得更安全，一些生命體開始積極擴展版圖。大約五億到七億年前，藻類率先挑戰登陸，侵入當時都是岩石的陸塊，後來演化成苔蘚類原始植物，再慢慢發展為陸地植物。

植物遍布陸地之後將含氧量推向天際。它們在三億到四億年前為地球大氣做了這最後一次大輪氧，正因如此魚類也開始離開大海，其後代能夠在陸地生存，逐漸演變為我們這種動作快但需要大量氧氣的後代。那個階段大氣含氧量先從約一成進步到誇張的三成至三成五之間，之後又下降到我們已經習以為常的二成一。光合作用每年釋放數千億噸氧氣，一個人會消耗其中約三萬六千加侖（約十三萬六千公升）。你呼吸的氧氣有一半來自各種藻類和藍綠菌，至於另外一半就要好好感謝陸地植物。

8　十九世紀科學家分析太陽連續光譜時推測出臭氧層存在。他們發現波長中缺失一小段正好對應到臭氧反射，於是意識到地球周圍必然有臭氧吸收了能致命的紫外線。

＊

地球原本只有類似火星的陸塊以及充斥單細胞生物的海洋，是光合作用費了超過二十億年時間改造成生命多彩繽紛的藍綠色行星。光合作用帶來的變化實在太巨大，令人不得不讚嘆。藍綠菌釋放的氧氣像毒藥，鏽化地球、殺死或驅逐生態上的競爭對手。而它們欣欣向榮之後，又將大量火箭燃料——還是氧氣——注入地球大氣。接著含有粒線體的新形態細胞突然現世，藉胞器產生更多能量、製造更多基因和蛋白質，生命複雜度因而大爆發。一部分新形態細胞又在葉綠體這種光合作用工廠協助下將大氣含氧量提升到更高水平，於是海洋中出現兇猛掠食者和眼花繚亂的生態系統，行光合作用的植物開始對陸地進行綠化工程。

地球大氣含氧量增加過程中，生物體主要原子像是被裝進攪拌器打散。碳、氮、磷、硫、氧先在水和空氣裡遊蕩，接著被納入生物體內，然後又沉入海洋底部，被板塊運動推向大地深處，隨著火山爆發和板塊移動時重見天日，結果又回到植物或其他類型的生命體。[9]

當然，橫掃陸地的綠色植物老祖宗後來還要對人類誕生做出最後一次貢獻。雖然人體蛋白

9 正是因為極度讚賞地表生命、化學、地質之間不可思議的平衡，英國科學家詹姆斯．洛夫洛克（James Lovelock）和馬古利斯提出了高度爭議性的蓋亞假說。他們認為地球本身有生命，是所謂的超級生物體，但很少科學家接受洛夫洛克這套主張。儘管如此，光合作用、呼吸作用、礦物循環和板塊構造的自我校正回饋循環為地球創造出孕育生命、得天獨厚的條件幾乎已經是共識。

質大約有百分之十五來自魚類，但多數原料主要來自作為食物的陸地植物。它們是人類身體的基石，沒有植物組裝好的營養我們無法存續。

但在植物能製造這些營養物質前，還必須完成一個不可能的任務：征服陸地裸露但堅硬的岩石。聽起來就像以混凝土為原料製作麵包一樣簡單呢！它們如何突破難關？研究這個謎團的科學家發現答案一部分在於植物比看上去更聰明——或許在某些人眼中，植物根本就有智能。

10 播種插秧

綠色植物及其盟友如何促成人類誕生

我怎能不認為大地有智慧？
身體一部分不就是果菜和草葉？

——梭羅《湖濱散記》

一八六七年九月十日，瑞士自然歷史學會在以鹽浴和塔樓聞名的小鎮萊茵費爾登（Rheinfelden）舉辦年會，脾氣溫和的植物學家西蒙・施文德納（Simon Schwendener）在場中拋下震撼彈。時年三十八的施文德納性情善良、留著鬢角、而且還是單身漢，心思敏銳又會寫詩，然而這樣的他捍衛自身觀點時也可以非常激動。那一年除了馬克思（Karl Marx）發表《資本論》，施文德納提出的理論對地衣學家而言顛覆性同樣強烈，激起許多人憤怒不滿。他認為地衣或許不像表面上看起來那麼簡單，後世則發現施文德納的理論有助於解釋植物如何實現驚人壯舉。

有人認為植物主宰全世界。儘管大家通常不在意，但植物佔地球生物質量約八成，陸地動物卻僅占不到百分之零點一（單細胞生物和真菌佔了其餘大部分）。儘管現在地表上不被冰凍或太過乾燥的區域都有植物覆蓋，然而直到五億年前世上根本沒有所謂的植物。當時的山脈、峽谷、平原只有冰冷堅硬的岩石，寒風蕭瑟毫無生機。不知何故，植物竟能從石頭、空氣和水編織出充滿生機的錦繡。它們如何完成這樁偉業，徹底改變陸地面貌？

回答這個問題的是施文德納，而他的出身背景非常切題，最初本打算以培育植物為生。施文德納的父親是農夫而且不大富裕，一直希望兒子擔任公職過得舒適些。他深受科學吸引，決心投入研究，不過曾遺憾地向同事透露自己沒結婚是因為研究工作收入太低。獲得博士學位後，施文德納與瑞士一位頂尖的顯微鏡學專家合作。那個年代顯微鏡正為人類開啟未知視野，施文德納也想利用這項工具探索生物學更深一層的奧祕，研究標的鎖定在很不起眼、被稱作地衣的生物。

地衣生長緩慢，外形神似乾燥海藻葉，主要生息在裸露的岩石、墓碑和其他看來極端不適居住的地方。以前專家認為它們就是古老的植物，可以稱作「原始植被」。然而當施文德納將鏡頭對準它們卻只看到一片迷惘。

經過仔細觀察，他發現地衣似乎是完全不同的東西，看來像是兩種不同類型的生物被強制綁在一塊兒，類似薄薄的白色真菌絲纏繞飽滿的綠色藻群，或者說是藻類掉進蜘蛛網內。他得出結論：「主導權在真菌……它們是寄生生物，奪取宿主的工作成果。而其奴隸是綠藻，綠藻遭到真菌包覆、附著後不得不服侍。」

施文德納的說法在熱衷於研究地衣的專家群體內引發騷動。當時林奈氏分類法已經確立，每個生物有其所屬物種，不僅獨一，重點是無二。更何況真菌和藻類怎麼看也不像是彼此合得來，「真菌的特性是破壞，」《西康瓦爾真菌》（*Fungi of West Cornwall*）一書作者就提出駁斥：「透過致病或摧毀來攝食。結果過去累積的經驗全被推翻了，被這種『形成地衣的真菌』當作食物以後藻類居然蓬勃生長？」《巴黎周邊地衣》（*The Lichens of the Environs of Paris*）作者認為施文德納「不是在妄想，就是胡說八道」。《不列顛地區之地衣專論》（*A Monograph of Lichens Found in Britain*）作者也嘲笑施文德納是譁眾取寵，以「地衣學羅曼史」來杜撰「被囚禁的藻類少女和真菌暴君之間異乎尋常的結合」。自然科學作家艾德華．史特普（Edward Ste）則在文章中說施文德納的理論「被奚落是活該」。

「太怪異所以不可信」的偏見再次發揮強大影響力。即使經過八十多年到了一九五〇年代都至少還有一位著名地衣學家抗拒施文德納的理論，儘管後來證明施文德納幾乎全部都說中，唯一可能的例外在於形成地衣的真菌和藻類究竟處於剝削性主奴關係還是雙贏的緊密夥伴關係，這點學界尚未達成共識。這段關係中，藻類釋出光合作用生產的糖分，而真菌則從岩石提取礦物質回饋給藻類。

真菌能做到這點是因為天賦異稟：它們可以吃岩石。真菌生命形式非常獨特，已經存在大約十億年，與細菌、植物和動物有明顯差異。它們配備兩種強大工具：分泌足以溶解岩石的酸，以及將極微小絲束插入細縫後牢牢固定並施加高壓使岩石崩解。真菌就是這樣獲得礦物質，所需的其餘營養則來自能找到的有機體，無論死活。真菌與藻類在遠古時代結盟，交換營養物質，所以地衣極為強健，集光合、酸蝕、強力膠和壓力撬於一身。

大約五億年前，單細胞藻類演化為原始植物，例如位於低處、沒有葉片的苔蘚。然而它們也面臨巨大挑戰，畢竟藻類祖先可以待在水中悠閒，水流自然會把重要的礦物質送到身邊，移居陸地之後就沒有這份餘裕了。雖然各處都有一些細菌、藻類和真菌慢慢以有機物和礦物質堆積出薄薄一層原始土壤，但施文德納的革命性發現才真正解釋了植物能夠佔領陸地的主因：地衣既能進行光合作用，又能找到礦物質，所以能夠快速擴張。它們以岩石製造土壤，為後來的植物鋪路。[10]

即便如此，最早的植物仍然面臨極大困境。那時候無論何處的土壤都是成分稀疏的空殼，但植物需要持續攝取礦物質，比如製造DNA、RNA和蛋白質的原料是磷，製造葉綠素的

10　最近一項基因研究顯示現代地衣的演化成形晚於植物。然而古植物學家肯里克（Paul Kenrick）解釋：理論上很可能曾有更古老但已滅絕的地衣族群存在過，它們製造出地表最初那層薄薄的土壤。這些古老地衣之中一部分可能是藻類和真菌合夥，其餘則是藍綠菌和真菌的聯盟。

原料是鎂和錳，加強細胞壁要有鈣，製造酶得有鉀、鐵、硫。最初的植物缺乏根系，也無法自己拿鋤頭。那麼，植物先驅如何能從岩石滿足大量礦物質需求？

一八八〇年，柏林著名植物病理學家阿爾伯特・弗蘭克（Albert Frank）開始挖掘樹根周邊的土壤。當時他並不關心上述問題，應該說他對古代植物沒興趣，挖土是要尋找備受推崇的珍饈真菌，因為普魯士農林業暨土地部長委託他研究農民是否能夠栽培松露。弗蘭克挖掘森林沃土時驚訝發現松露細絲延伸到附近樹根的尖端，並且在那裡緊密地編織包覆，彷彿精緻手套罩住了樹根尖端，甚至能隔絕樹根末端接觸土壤。

真菌是什麼用意？人類以前就發現了類似現象，但結論認為真菌只是寄生在樹根。弗蘭克仔細觀察，卻察覺真菌菌絲附著的樹木都活著，一棵也沒死。此外，菌絲附著對象年齡有大有小。如果真菌只是寄生，年老的樹木應該損傷慘重，然而事實上看不出它們受到明顯傷害。於是弗蘭克認為自己看到的並非寄生，而好似截然不同卻又似曾相識的物種關係。身為綜合植物學家，弗蘭克與多數地衣學家立場有別，他不在乎地衣被施文德納從植物界降格，反而另立新詞「共生關係」（*symbiotismus*）來加以描述。如今弗蘭克覺得自己又機緣巧合發現另一種自然界的神奇同盟，這次雙方分別真菌和樹木之間的聯盟。他聲稱，這種真菌是一種「奶媽」，它為樹木提供礦物質和水，而樹木則以糖的形式回報。

許多人批評弗蘭克，其中之一說他那番理論「旨在考驗大家的耐心和信任」，但最終結果是施文德納和弗蘭克的理論都得到印證。他將自己找到的真菌絲稱之為菌根（mycorrhiza），語源是希臘文的「真菌」和「根」。菌根纖維比絲線還細三十倍，但結成網狀就力量以數倍計，大大增加樹木吸收礦物質的能力。目前每一立方英尺土壤中可能含有總計數百英里長的真菌菌根，大約九成植物物種都與真菌保持密切關係。

一九一二年挖掘到的化石標本呈現出共生的古老根源：蘇格蘭萊尼村（Rhynie）出土距今四億零七百萬年的化石，從中能觀察到極為清晰的原始無根植物——它們往下方延伸出的結構看起來就像真菌菌根。最早期植物之所以能夠在陸地定居除了有地衣打頭陣，還因為與採集礦物的真菌網絡建立出互助合作的社會。現在人類體內許多礦物質其實都是薄薄的真菌菌根從堅硬岩石中提取得來。

即使如此，當時企圖佔領陸地的原始植物可能仍會猶豫不決。由於化學上的特殊機制，有一種關鍵礦物質無論什麼真菌都無法幫助植物獲取。然而缺少這種礦物質植物就無法生存：它們需要氮來製造DNA、RNA和蛋白質，可是岩石中的氮極為稀少。

諷刺的是周圍空氣中到處都是氮。氮構成目前地球大氣的百分之七十八之多，想必五億年前的空氣絕對不缺。問題在於氮氣分子由兩個氮原子組成，而原子之間的三鍵非常強大，彷彿擁抱中的戀人只對彼此感興趣，無視外界一切。或者說：氮氣幾乎是惰性，正因如此人類每次呼吸都攝入大量氮氣，但最後也只是再次呼出。通常這是好事，畢竟斷開氮原子之間的鍵就會釋放大量能量，可以參考硝化甘油或TNT❽。然而對科學家來說這成了想破頭也難想通的謎：植物到底如何取得所需的氮？只靠仔細觀察還不夠，必須結合相隔四十年的兩個科學發現才能得到答案，也難怪《自然》雜誌將其譽為「革命性的發表」。

提醒一下，這不僅僅是個學術研究，同時也是當時最迫切的科學技術問題，因為十九世紀初歐洲人口不斷增長但糧食卻無法自給，一旦遭遇歉收就會發生大饑荒。法國化學家讓・巴蒂斯特・布森戈（Jean-Baptiste Boussingault）非常了解情況，他出生商人家庭，成長在巴黎極端貧窮悲慘的區域，許多鄰居連衣服都不夠，除了拾荒沒有什麼工作機會。「很多孩子饑寒交迫，」他回憶道：「會來我家乞討麵包和剩菜剩飯，可惜我們家自己都不太有剩菜的餘裕。要是那些孩子的爸媽生病，後面的日子就會更難過。」因此當時社會上有非常多孤兒。

多年後他前往祕魯沿海平原，對一個特別的景象留下深刻印象。當地是不利耕種的砂質粘土，但農民只靠一種添加物就將土壤轉化為肥沃田地——鳥糞石（guano）❾，其實就是鳥類和蝙蝠的糞便混合物。

布森戈感到很好奇。他知道鳥糞石主要是富含氮的氨（NH_3），於是不禁開始思考：氮對植物是否如氧對火一樣重要？

譯註❽：TNT為三硝基甲苯，為常見炸藥。常與苦味酸混淆而被誤稱為「黃色炸藥」。

譯註❾：又稱海鳥糞。

布森戈生涯十分特別，有成就的事情都是從未接受過訓練的領域。他的人生起點令人難以樂觀，對小學的回憶是：「我們從這個班級轉到那個班級，就像被塞進軋鋼機的鐵條一樣。」老師把他當笨蛋，覺得他什麼都聽不懂。布森戈對校園環境很絕望，所以才十歲就輟學找工作，去幫朋友清掃某位知名化學教授的實驗室，可惜後來被發現年紀太小還是被解僱了。幸運的是，父母放棄要他當糕點師傅或藥劑師之類的期望，決定放手讓他照自己興趣發展，這代表他有機會閱讀很多科學書籍，比如母親買了四大本的化學教材給兒子。十四歲時他就去大學聽課了，當時講座對外開放，有興趣的人都能參加，只是大家得站在講廳內人擠人。

十六歲那年，布森戈錄取到一所礦業學校，兩年內進修了地質、化學和其他相關科目，還短暫在阿爾薩斯一座礦坑工作。之後一個很不尋常的職缺落在他頭上：去祕魯的礦業學校任教。對布森戈而言，這是生命的轉捩點。著名博物學家洪保德爵士（Baron Alexander von Humboldt）建議他效仿自己，利用外地工作機會盡可能廣泛地探索與研究。得到洪保德鼓勵之後，布森戈在拉丁美洲各地旅行，儘管受過的正規教育很少，卻仍針對南美大陸的地質、地理、氣象、當地原住民風俗等各方面撰寫許多信件和科學論文。十年後他返回法國，娶了阿爾薩斯一位富裕人家的女兒，於是成了大莊園的主人。

此時又成了另一個機會，布森戈再次投入未曾接受專業訓練的研究領域：他成了農業化學家，將岳父的農場改造為第一個農業研究站。

露天實驗室裡，布森戈心思很快回到勾起他極大興趣的祕魯鳥糞石上。氮對植物生長是否至關重要？如果是，植物以何種神祕手段獲得氮？他開始進行精細的農業試驗試圖找出答案。布森戈在莊園建造小型實驗並檢驗許多肥料，例如糞肥和稻草的氮含量高低，於是證明最有效的肥料含氮量也最高。他和其他學者的研究逐漸在農業界建立了共識，農民也就著手尋找最便宜又容易取得的氮來源，開始從南美進口大量鳥糞石，掀起一波新的商業熱潮。

一八三六年，布森戈開始調查一個相關問題：他很好奇，為什麼堅持傳統種植方法而且只種植穀物的農民最終會耗盡地力，但採用穀物與豌豆、苜宿或其他豆科植物交替輪耕的農民卻能保持土壤肥沃？布森戈進行大規模且長達五年的實驗，除了作物輪替外同時還記錄施用的肥料含有多少氮。其中有一組數據特別漂亮，明明是一塊地力耗竭的田，收成的甜菜、小麥、苜宿和燕麥含氮量卻還比肥料多出一百零五磅（約四十七點六公斤），數據上十分令人訝異。此外他發現另一個線索是田地裡麥稈的氮含量與麥子一樣多，但豆科植物苜宿卻能神奇地增加出三分之一，感覺彷彿豆科植物能從帽子、更精確地說是從空氣變出氮，然而這些氮來自何處仍舊謎團重重令人百思不得其解。

到了數十年後的一八八〇年代，兩位耐心且同名的農業化學家赫爾曼．海爾里格（Hermann Hellriegel）與赫爾曼．威爾法斯（Hermann Wilfarth）重新探索這個謎。他們想知道土壤中是否有什麼東西能幫助植物獲得氮元素，於是在普魯士一處經費充裕的農業研究站內挑選缺乏氮的沙質土壤種植兩組豌豆。這兩組作物在所有方面都相同，唯一區別就是其中一組的土壤經過蒸汽消毒。

結果他們發現豌豆在未經消毒的土壤上生長得非常好，而且根部出現凸起物，兩人和其他學者都懷疑過量的氮就儲存在裡面。而且不知道什麼原因，種植在消毒土壤上的豌豆反而非常虛弱。

他們很困惑。未消毒的土壤有什麼神祕成分大幅提高生產力？兩人異想天開，將一些未消毒的土壤與水攪拌成泥漿，然後少量（僅僅一湯匙多）摻入到消毒過的土壤中，再次嘗試種植豌豆。

結果出乎意料，豌豆現在蓬勃生長。後續研究發現原來豆科植物根部常看到的凸起內住了來幫忙的「客人」——細菌。

換言之海爾里格和威爾法斯偶然間又發現另一種互助關係。氮過於惰性，植物無法直接從大氣取得，但如果是氨（NH_3）中的氮就另當別論。研究發現細菌是唯一一種能將氮轉換為氨的生物形式，因此細菌將氨提供給豆科宿主，豆科植物則以糖分來回報細菌從空氣取得氮的苦勞。[11]

11 後來發現豆科植物根部甚至能在地下進行通訊：它們會釋放化學物質吸引附近的細菌，而那些細菌也會反過來發出化學訊號請求進入根部。

一八八六年，海爾里格在柏林的學術會議上發表研究成果並獲得滿堂彩，兩人一夕間成了農業界明星。對全球農民來說確實是一大福音，我們終於清楚掌握了苜宿、豌豆、黃豆等等豆科植物為何「天賦異稟」能夠大幅度提高農作物產量。不久之後科學家更發現非共生的藍綠菌同樣能為土壤添加氮，如果沒有細菌提供氮元素恐怕植物從一開始就不存在。

細菌產氮的過程不僅對地球生命至關重要，而且非常困難。一九〇八年，德國化學家佛列茲．哈伯（Fritz Haber）開始研究如何在工廠製造氨肥（NH_3）（是的，就是第一次世界大戰裡開發化學戰的那個哈伯），因為幾十年的商業熱潮過去之後南美鳥糞石所剩無幾。科學家提出警告：除非發展出自製肥料的能力，否則歐洲將再次面臨大規模饑荒威脅。德國猶太裔的哈伯認真瞭解了將軍們的憂慮，軍方擔心若沒有足夠的氮源，德國會沒有足夠炸藥贏得下一場戰爭。他在儲藏槽內混合氮和氫，並加入促進兩者反應的金屬催化劑，然而卻發現除非能將氮原子置於地獄般的高溫高壓否則無法斷開化學鍵，所需條件是華氏大約八百度（約攝氏四百二十七度）的溫度、大氣的兩百五十倍壓力。一九一八年哈伯因此獲得諾貝爾獎，有些人認為這個製程的地位比雷達、個人電腦和切片麵包加起來還重要。現代人體內許多氮都是直接將空氣裝進在儲藏槽內以高溫高壓提煉而來，工廠製造的肥料養活農作物和數十億人口。如果無法製造氨，地球人口很可能要縮水五成，而你我或許就是不復存在的那群。

每個人體內大約有四磅（約一點八公斤）的氮，大部分存在於ＤＮＡ和蛋白質。其中一部分從工廠中提煉的氮獲取，而另一部分正如海爾里格和威爾法斯所言是細菌從空氣中得來。

數億年前，苔蘚和地衣這類貼著地面的原始小型植物開始演化。它們之所以能在陸地擴張勢力範圍的道理和古老人類部落學會養獵犬一樣，關鍵在於找夥伴。這些植物與細菌、真菌建立同盟並分工合作，終於從岩石和空氣釋放出構成生命體的原子。

理論上植物掌握了獲得養分的手段應該就能攻陷地表，然而實際上必須等植物體積更大且直立時才能實現這種野心。那麼柔軟低矮的苔蘚如何做到？得靠更多巧妙的創新。

眾多創新之一就是植物為了站立而發明脊椎——當然對它們而言，正確的名稱是莖。但為了支撐莖又需要更堅固的建築材料，所幸藻類祖先為了加強細胞壁已經開發出纖維素（cellulose）。若以單位重量計算，植物纖維的強度優於鋼鐵好幾倍。一棵樹有四成到五成都是纖維素，纖維素也是目前地球上最豐富的有機化合物。然而，纖維素有個缺點是潮濕時會變弱，因此必須配合另一種發明木質素（lignin）來防水並接合纖維素與細胞壁。木質素是地球上第二豐富的有機分子。

憑藉這些極其堅固的建築材料，植物長出了莖，踏上未知旅途朝著天空漫無目的攀爬。為了獲取更多能量，植物又設置長距離脈管運送水分和營養給葉子，因為葉片就好比植物的太陽能板，內部塞滿葉綠體。

但如果植物會被自己的重量給壓垮就仍然無法長多高，而且葉片越高就需要越多水分和礦物質去滋養，因此植物又有了最令人驚奇的發明：根。儘管人類通常只注意植物根部較粗的部分，但那邊主要作用僅止於輸送管、鑽頭和錨。關鍵過程其實大部分發生在根部末端，微小的絲狀附屬體能夠捕捉營養，學者稱為根毛。據估計，一株黑麥可能就有一百四十億條根毛。「根毛像挖礦機器一樣吸走各種養分，」植物學家吉羅伊（Simon Gilroy）這樣形容。但根能做到的不僅僅是吸收水分與溶解在水中的礦物質，還會利用稱為質子泵（proton pump）的超微型奈米機器將氫離子排到土壤中，土壤顆粒捕捉氫的同時會鬆開對其他礦物質的抓握，而其他類型的泵和通道就迅速將那些資源拖入植物內部。（順帶一提，儘管人類會因為汗水和尿液失去礦物質，但植物可不會輕易放棄。植物學家莫塞斯〔Jim Mauseth〕的解釋是：「植物的硬體配置是從土壤中吸收礦物質並將其封鎖在體內，而我們透過植物獲得那些礦物質，所以才不必出門吃土。」）

植物根部努力不懈搜索礦物質和水，過程中還學會大膽冒險、遠走高飛。提出開創性見解的生態學家約翰．韋弗（John Weaver）發表過許多書籍文章，包括〈草原泥土之美〉和〈草原草本植物名錄〉（“The Wonderful Prairie Sod”、“Who’s Who Among the Prairie Grasses”），同時他是第一批探索了植物挖地挖多深的人。自一九一八年起的四年時間裡，韋弗帶著身強力壯的學生以鏟子、冰鎬和竹籤四處研究，揭開超過一千一百五十種草原植物根系的複雜結構。他們紀錄之中最厲害的植物是紫花苜蓿，挖了三十一英尺（約九點五公尺），比兩層樓房子還深。

其實有些植物更強，《金氏世界紀錄》裡南非無花果樹的根得利於地底洞穴而能深入地下四百英尺（約一百二十二公尺）。

數億年前，植物憑藉莖、葉、根等種種革新得以縱橫於陸地，過程中還完成可以用「石頭湯」❿來比喻的豐功偉業：植物葉片從地上的空氣吸收碳和氧，根則自地底挖掘礦物質和水分，最後利用這些資源創造介於天地之間的生物圈。

即使當時植物也面臨著重重挑戰，其實靜下心想像一下就不免懷疑它們到底如何生存下來。植物想在這個星球存續得從誕生之初就極其堅定，因為它們選好一個地點就終生不再移動，既不能回心轉意也別想逃之夭夭。接著必須應對季節與光線的持續變換、風雨雪雹的衝擊、還得擔心水結成冰。植物沒辦法尋找庇護，得靠自己撐過乾旱與洪水，有別的生物會競爭礦物質和陽光甚至以它們為食。然而植物卻像斯巴達勇士一樣穩穩扎根於所選的土地動也不動，不僅發展出狡獪的防禦機制，還在能夠觸及的範圍內汲取到足夠養分。換言之，為了創造人類得以出現的世界，它們需要演化出一個非常重要的特質，與其他因素同樣都是成功關鍵：無論外在環境是好是壞，植物會無所不用其極去適應。

譯註❿：歐洲民間故事，大意為村莊沒有人願意施捨食物，旅行者便謊稱煮石頭湯引起村民好奇，並一次次暗示若加入其它材料會更美味，最終做出豐盛美食與大家分享。

為了適應，第一個步驟是變成生物化學方面的天才。植物與動物不同，分泌的成千上萬種複雜分子之中很多並非體內所需，而是用來抵禦競爭對手、吸引傳粉者、與外界溝通、嚇跑想要吞食它們的生物等等。植物為生存而戰，它們選擇的武器就是化學物質（尤其擅長毒害動物）。正因如此人類才能從植物開發出大量藥物，例如與阿斯匹靈結構近似的水楊酸（在柳樹樹皮中可以找到）、抗癌藥物紫杉醇（如其名產自紫杉樹）、以及瘧疾藥物奎寧（取自金雞納樹）。為了干擾昆蟲類天敵的腦部，植物製造多巴胺、乙醯膽鹼、GABA（譯按：γ-胺基丁酸）和血清素前體「5-羥色胺酸」，上述都是人類大腦也有的神經遞質。需要驅趕昆蟲和其他動物的時候，植物合成尼古丁、咖啡因、嗎啡和鴉片。「植物為什麼製造古柯鹼？」生物化學家托尼・特維瓦斯（Tony Trewavas）感慨：「我們能想像葉子被昆蟲啃食對植物而言是什麼感受嗎？當然，認真研究之後會發現大多數昆蟲決定不啃葉子了。」而我們用來調味的香料呢？大多數也是植物生產，原本功能是防止動物和微生物侵害。

植物如何學會製造這麼多化合物？二十一世紀之初，科學家找到答案的一部分。研究人員首次透過基因定序和計算來解碼生物基因組，當時許多預測都認為人類至少要有十萬以上的基因，畢竟人類實在太複雜太聰明了。但結果令各界震驚了，我們實際上擁有的基因遠少於預期，只有大約兩萬四千（最新數據還繼續下修）。同理，二十所國際級研究機構首次解碼植物基因組，一開始遺傳學家認為植物相對「簡單」，所以基因組應該比人類少很多。然而首次解碼的第一個植物基因組來自阿拉伯芥，那是生長迅速的小型雜草，它們有兩萬五千四百九十八個基因。之後，銀杏樹有四萬個基因，金冠蘋果甚至多達五萬七千，是人類的兩倍以上。

順帶一提：科學家也驚訝地發現人類和植物有這麼多共同基因。我們身上大約有三分之一基因在香蕉中都能找到對應，也就是功能雷同、蛋白質編碼特徵也相似。種種跡象強烈暗示人類與植物來自相同祖先。

植物能夠成為如此出色的化學發明家，是因為生殖過程發生錯誤使染色體成倍增加。這種情況通常應該無法生存，然而一旦有罕見的倖存者就能留下大量額外基因。儘管重複的基因大多數失去功能，但有時植物後代能夠為其中一部分找到新的出路。

由於植物演化出許多精密複雜的適應機制，以至於一些研究者主張它們實際上很聰明。這種見解引發當代生物學領域最熱烈的辯論：作為人體結構基材的提供者，植物的生存繁衍如此成功是否因為它們其實具有智能？

而且這個想法頗有淵源和來頭。達爾文一八九八年著作《植物運動的力量》（*The Power of Movement in Plants*）最後一段提道：「毫不誇張地說，胚根〔即幼苗的根〕……有能力指揮相鄰部分的動作，如同較低等動物的大腦。」繼達爾文之後，其他科學家也偶爾觀察到植物某些行為似乎具有智能。

然而一九七〇年代出現了《植物的祕密生活》一書，使植物生理學領域蒙上偽科學污名。

這本書的大意是一位前中情局審問專家做了實驗，他將植物連接到測謊機，並聲稱它們會對人類的情緒做出反應。這項實驗沒人能夠再現，絕大多數有頭有臉的生物學家也不敢苟同書本內容，可是此後再提起植物有智能就會被貼上超心理學⓫的標籤。

不過到了一九八一年，達特茅斯學院兩位科學家傑克・舒爾茨（Jack Schultz）和伊恩・鮑德溫（Ian Baldwin）參加美國化學學會在拉斯維加斯舉辦的會議，對場內一項發表留下深刻印象。根據學界同儕大衛・羅德斯（David Rhodes）和戈登・奧里安斯（Gordon Orians）的報告，毛毛蟲攻擊柳樹樹葉時，鄰近樹木便開始產生有毒化學物質驅趕昆蟲，彷彿提前得到警告似地。

樹木真的能夠彼此溝通？羅德斯和奧里安斯的想法在當時是異端，許多人輕易否定。他們的實驗在戶外進行，因此很難排除造成表面結果的其他可能因素。

根據舒爾茨敘述，聽完兩人演講後他就和鮑德溫互看一眼說：「嗯，其實可以用控制更嚴密的方式來測試看看。」意思是可以在實驗室進行類似實驗，從而排除其他可能原因。於是他們進了溫室，將楊樹和楓樹安置在壓克力盒子，以撕碎葉片的方式模擬毛毛蟲攻擊。後續觀察

譯註⓫：超心理學即內容涉及一般稱為「超自然」的主題。由於實驗方法多半有盲點甚至詐騙，主流科學界普遍不承認超心理學為「科學」。

發現受傷的樹木會向空氣散發化學物質（丹寧，可作為皮革防腐劑），僅一個通風管路相連的鄰樹能夠感知到，並開始製造化合物來驅趕掠食者。

媒體對此興趣盎然。舒爾茨和鮑德溫登上《時人》雜誌（*People* magazine）和《紐約時報》頭版，《波士頓環球報》也大肆報導：「受傷的樹木會示警。」

可惜學界同儕對此興趣缺缺，尤其最初報導的媒體竟是《國家詢問報》（*National Enquirer*），所以大家印象並不好。⓬「標題大致是說『科學家證明樹木會交流』之類的，」舒爾茨回憶這件事情的口吻幽默卻又遺憾：「而且兩個月之後他們特別做了追蹤報導，還不忘在旁邊標註說『本報第一手消息』。」其實別的學者甚至對植物能夠交流這個想法就感到不悅，「感覺太過天馬行空，」一位植物學家如此評論。

「很多科學家討厭這個想法，所以我樹敵不少。」舒爾茨又說：「有幾篇文章直接罵我們是鬼扯淡，幸好都刊登在比較少人知道的地方。但那時候我去溫哥華參加國際昆蟲學⓭會議，臺下有人直接站起來說：『你應該明白吧，這絕對不是真的，植物不可能做得到。』在科學界，有人這樣子站出來大聲講話非比尋常，尤其那一場聽眾很多，大約一千人。被人當眾指責

譯註⓬：《國家詢問報》的定位是八卦小報。

譯註⓭：原文為 etymological（語源學），然而與前後文嚴重脫節，因此推測為昆蟲學（entomological）之誤植。

是胡說八道不僅很罕見，對於資歷不深的年輕科學家也是極其驚悚的經驗。」

直到二十年後，傑出的植物生化學家安東尼・特維瓦斯（Anthony Trewavas）才決定打破現代生物學的這項禁忌。特維瓦斯是英國皇家學會成員，而皇家學會是英國最重要的科學組織。他身材高眺、臉龐瘦長，灰色眉毛又粗又濃，說話條理清晰、流暢自如，表現出非凡氣度。二〇〇三年，他發表一篇長篇論文名為〈植物的智能層面〉（"Aspects of Plant Intelligence"），並在其中主張：對，植物有智能。「主要問題在於，」他寫道：「植物科學家普遍認定植物基本上就是機器。」而特維瓦斯打算改變這種態度。

他對智能的定義很簡單，在一封電子郵件裡面清楚解釋：「當生物置身於威脅或高度競爭環境中，會修改其行為以增進生存機會時，它就展現出智能。」特維瓦斯解釋：「植物通過改變結構來回應某些訊號，這是它們提高生存機率的一種方式。它們如怎麼做到的？從什麼角度評估環境？嗯，如果在動物身上這種行為被稱為智能，那麼在植物身上也應該稱作智能，因為從生物學角度來看，行為特徵一模一樣。」

「您的論文得到什麼評價？」我問。

「好像很多人覺得我腦袋有毛病，」他回答。

這並非特維瓦斯首次提出非正統觀點。一九六一年他還是研究生的時候以植物激素為課題，幾年後提出的新觀點就引發爭議：特維瓦斯認為植物激素的實際作用機制比學界同儕認識到的要更複雜。他在科學上廣泛涉獵，一九七二年讀到理論生物學家路德維希・馮・貝塔郎非（Ludwig von Bertalanffy）《通用系統理論》（*General Systems Theory*）一書後深受影響，從中得出的結論是無論單個細胞、生態系統甚至植物都一樣，人類觀察到的龐大系統其實是個多層次的互動網路，其中的交互作用細緻度遠超過多數科學家認知，可以產生複雜結果和湧現性質⓮，分析時不應侷限在個別部位的總和。然而多數科學家堅持還原主義信念，認為只要能先辨認出植物中每個簡單成分就必然能理解其整體運作。在特維瓦斯看來，這好比研究國家政府的組織架構就自以為能預測領導人下週對各個事件會作何反應。

一九九一年，特維瓦斯按照自己的理論框架進行一系列實驗，結果徹底扭轉他對植物的想法。愛丁堡大學植物學大樓一個又小又暗的房間裡，他和博士後研究員馬克・奈特（Marc Knight）將一株植物幼苗放入一臺冷光儀。機器是個如同微波爐大小的方盒，裡面有一根管子可以檢測亮度極低的光線。以動物而言，礦物質鈣在細胞對細胞的訊號傳遞以及神經傳導上能發揮很多作用，但特維瓦斯和奈特想知道它是否也對植物細胞交換訊號有關鍵意義。細胞太小了，追蹤鈣在細胞裡微乎其微的實時狀態原本似乎不可能，但特維瓦斯想出一種特殊手法解決

譯註⓮：湧現（emergence）意指許多小實體組成大實體，大實體卻出現了所有小實體都不具備的性質。即「一加一大於二」的概念。

問題。起因是同事提起水母體內有種不尋常的蛋白質，被取了暱稱叫做防盜警報蛋白質，因為只要鈣含量有一丁點變化它都會發亮。特維瓦斯和奈特嘗試將這種蛋白質基因插入植物，經過一年技術挑戰後終於製作出轉基因植物。接著他們將植物置入冷光儀，如果觸碰葉子上一個小點是否就能觸發鈣訊號給一段距離外的其餘細胞？他們將一根金屬線穿過小孔輕輕戳了葉子。

植物發光了。

我們都知道植物移動緩慢，彷彿只是站在那兒什麼也沒做，就算施加刺激也很難在幾天或幾週內看到反應。然而特維瓦斯觸碰幼苗時立刻看到它發光，所以心裡非常震驚。細胞在幾毫秒內朝周邊發送鈣訊號，感光圖表還能呈現高低峰變化，特維瓦斯覺得看起來跟人類神經動作電位的快速變化如出一轍。這種訊號不局限在小區塊的幾個細胞，而是遍及整株幼苗。「眼前所見顛覆了我過去認知，」特維瓦斯說：「看起來這麼像是神經細胞訊號，但根本沒有神經細胞，它們是植物。」

短短幾週內，他們發現鈣訊號非常敏感，幾乎所有植物在野外需要作出反應的事物都會觸發：觸碰、吹風、冷熱、不同波長的光，甚至入侵的真菌。特維瓦斯猜想植物可能不斷監測並傳遞各種環境資訊，於是也好奇植物和動物會不會比科學家以為的更相似。他開始更廣泛考慮植物能夠如何利用這些訊息，以及這種資訊獲取方式如何影響其行為。儘管聽起來還是異想天開，但特維瓦斯的意志沒有動搖，「我是碰上問題會努力找出解答的那種人。」

植物學家常有一種怨言：研究動物的專家像食物鏈的獅子一樣得到大量關注和聲望，而植物就得不到太多尊重。人類會受到懸疑、追逐、狩獵、殺戮吸引，相較之下每天長高一英寸這種事情沒有太多人在意。學者發現大眾習慣對植物視而不見，只當做背景處理。如果我們是魚，植物就是水。換句話說，植物只是舞臺上的綠色背景，非常稱職不搶風采。

不過特維瓦斯進行實驗的時期，也有其他研究挑戰植物行為很簡單這個假設。除了縮時攝影，還有對植物感官、遺傳、激素、訊號和根部行為的調查，在在揭示人類低估了植物的複雜性。而這些新發現也成為特維瓦斯思考的材料，他進一步設想：植物是否比人類認為的更聰明？接著意識到植物在野外僅僅要生存都面對非常嚴苛的條件。「植物存在時間與動物差不多長，」他得到結論：「覺得它們無法發展出同樣優秀和狡猾的生存方法是人類一廂情願。」

二〇〇三年，特維瓦斯發表一篇很長也很受爭議的文章來探討植物智能這回事，其實不少化學家、生物物理學家和植物學家一直存有類似想法，那篇專文彷彿打開一扇未知大門，大家士氣一振傾巢而出。以佛羅倫斯大學的史提凡諾．曼庫索（Stefano Mancuso）和波恩大學的弗朗提什克．巴盧斯卡（František Baluška）為首，有志之士成立植物神經生物學學會討論他們對植物的新看法。二〇〇五年第一次會議在義大利佛羅倫斯舉辦，眾人討論了植物間通訊、植物資訊處理、植物感覺和記憶等等主題。曼庫索和巴盧斯卡也十分關注植物運用神經傳導物質並表現出類似神經元的行為。

然而一聽到植物有神經元、突觸或以任何方式與動物神經系統類比，植物學界整體反應十分激烈。一篇三十六位植物生物學家聯名的反駁文章炮火猛烈，他們質問：「『植物神經生物學』這個概念對植物科學研究有什麼長期益處可言？我們認為若植物神經生物學只建立在表面類比和可疑推論的基礎上，對於學術界並沒有多大意義。」事實上二〇〇九年時，植物神經生物學學會確實也改名為植物訊號與行為學學會，因為新名稱更容易得到社會認同。

可是改名歸改名，學會某些成員的立場幾乎毫無妥協。他們指出植物擁有超過十五種感官，人類除聽覺外的所有感官都包括在內。而且就算論聽覺，植物對振動會產生反應，比如毛毛蟲的咀嚼聲就能造成影響，所以廣義上也可以說它們聽得見。植物可以嗅到空氣中、嚐到地底下的化學物質，會感知重力和觸覺，透過能辨識紅外線的感光受體偵查鄰近的植物。它們不斷整合大量環境資訊，並利用鈣、蛋白質與激素在內部傳遞消息。部分細胞能發送動作電位，特維瓦斯觀察到類似神經電流的峰波活動就是由鈣和其他化學物質傳播。有些訊號的功能已經得到確認，比如指揮葉子製造殺蟲劑、通知捕蠅草何時關閉陷阱，但其他的功能則仍然未知。植物甚至會發送一種不同類型的電訊號（稱為慢波電位），人類對此瞭解甚少。

植物學家進一步指出植物行為其實非常靈活。每當昆蟲或微生物進行攻擊，植物會向空氣釋放出能夠判別出威脅類別的一系列化學物質。（舒爾茨猜測這些警訊主要是對同植物其他部位發送，但鄰居能夠竊聽。）植物還會保留對乾旱等等有害事件的「記憶」，幫助自己應對未來事件更有效率。它們還會根據自身情況調整生長方式，例如有風的話植物會變矮、莖幹加粗、葉子縮小。「如果先在舒適緩和的條件培養植物，不讓它們風吹雨打或承受高低溫、沒有動物在上面爬來爬去，之後再把它們放到外面就會表現很差，」植物遺傳學家珍奈特·布拉姆（Janet Braam）說：「因為安逸的植物不會將能量用在強化身體。」這解釋了園藝實務上幼苗從溫室移到戶外為何得漸進，以及日本農民種植大麥小麥為何要去田裡踩秧。

科學家還發現森林中的樹木會通過戲稱為「樹際網路」⓯的巨大地下結構互相聯繫。樹際網路由樹木根系、細菌和菌根真菌組成，樹木利用網路彼此溝通並共享營養物質，所以這棵山毛櫸樹葉製造的糖分最後可能會被鄰近另一棵雲杉樹消耗掉。

當然，植物並不像人類有高度集中的大腦，但這是它們巧妙的策略。動物失去頭顱或肢體基本上無法挽救，但植物失去某部分只要再長回來就好。植物的智能屬於不同類型，進行「決策」時的考量更廣泛也更民主。譬如它們沒有固定的生長藍圖，而是根據當下條件選擇最佳角度和高度來發育新的莖幹和枝葉。這些關鍵決策來自莖幹內層組織形成層，特維瓦斯認為植物形成層還會持續監測自身枝條產能來分配生長激素和養分，並在必要時限制或切斷供給。綜合來看，他懷疑植物內部的訊號處理「很可能和人腦中的訊號同樣龐雜」。

譯註⓯：原文為Wood Wide Web，首字母縮寫與網際網路一樣是www。

植物所有器官中根部似乎尤為聰明，擅長尋找它們自己和我們動物需要的礦物質。波恩大學的巴盧斯卡，以及曼庫索（他在佛羅倫斯附近成立新機構，堅持要取名叫做國際植物神經生物學實驗室）兩個人將這個觀點推向極致。他們認為根尖附近稱為根端過渡區（root apex transition zone）的部位是堪比腦部的指揮中心，還喜歡引用十九世紀著名生物化學家李比希男爵（Justus von Liebig）的敘述：「植物尋找食物的方式就像有眼睛一樣。」尋找水和礦物質時，植物輕而易舉繞過石頭。水源匱乏時，它們搜索更加積極。更神奇的是植物很懂得如何找到磷和氮等營養物質，亦步亦趨就好像那些元素掉了麵包屑一樣。如果感知到富含營養物質的區域，植物會以「爆發性生長」朝目標靠近，到達以後長出密集根毛開採各種養分，結束後再尋找下一個寶庫。植物也可以狠心，根部有時會釋放化學物質阻止競爭對手的種子萌芽。

根部和莖部經由雙向熱線進行通訊，共享水分和營養的存量數據，藉此判斷如何對感官訊號做出回應。曼庫索和巴盧斯卡大膽主張：這種通訊方式包括某種快速的電流訊號，而且根部會利用同樣的訊號決定自己的生長模式。

更具爭議的在後頭。他們聲稱植物不僅能感知環境、行為受到「目的驅動」，還可能有意識與自我，並因此主張人類或許該重新思考自己在世界上的定位為何。「我們應該瞭解到，」他們在文章中說：「任何具備複雜感知系統和器官的生命單位都在『建構』獨一無二的世界觀。即使可能與人類特有的世界觀截然不同，但本質上不存在高低優劣的分別。」

特維瓦斯發出感慨：「不過就十五年前而已，當時我們簡直什麼都不懂。而我一直很訝異，許多科學家的思想居然就建立在這個不懂上面。很多人心裡假設自己不懂的東西就不可能是事實。」換言之特維瓦斯不願陷入「因為身為專家就忘記還有許多未知」這種偏誤，話雖如此在植物意識問題上他仍然持保留態度：「這得不到答案，因為我們沒辦法直接問植物。你可以觀察它的行為，在合理範圍內做推論。植物可能有意識，可能並不代表絕對，我們只能知道這麼多。但無論如何，這已經是認知上的重要轉變。」

不過現況是植物有意識、甚至有智能這類說法或暗示依舊被多數學者拒於門外。「植物根部行為的複雜性和靈活性令人印象很深刻，」舒爾茨說：「大家很難想像缺乏人體這種整合系統要怎麼運作。但其實以環境刺激和簡單反應來解釋所有根部行為，也一樣說得通。」可是他與大部分植物學家一樣，認為植物對環境高度敏感，回應環境的方式也十分特別，而我們才剛開始瞭解事情真相。「要是植物真的很單純，」布拉姆也說：「要是它們沒有那些複雜的表現，我們應該早就能夠徹底掌握。但我身為植物生物學家，直到現在還常常感到困惑。」

*

與細菌和真菌結盟，再透過如根莖葉這些優秀發明，搭配非比尋常的適應力，植物無論有沒有智能最終都會統治大陸，並且為原子開拓出交錯縱橫的道路前進到人類體內。大約五億年前，海洋中出現原始魚類，植物已經開始征服所有不過乾、過鹹、凍結的土地，我們熟悉的動物很快會跟上。但在此之前，可能是海綿的最早期動物發現沒必要自己張羅食物，直接吞噬光合作用生產者（如藍綠菌）即可。經過一段時間，大動物出現了，將小動物當作美味點心果腹，於是海裡的光合作用生產者不知不覺間支撐起整個動物生態系。同樣故事一再重演，植物登陸了，能夠離開海洋的動物再度拿植物當糧食。來自海洋的動物之一是四鰭爬行魚類，牠們的後代演化出肺部，所以能從空氣攝氧，然後慢慢轉變為兩棲類、爬蟲類、鳥類、哺乳類和人類。光合作用生產者當年養育海裡的魚類，現在也依舊養育著陸地上的各種動物。

值得一提的是，植物與真菌、細菌這些一路走來的好夥伴共同打造居住環境，創造出土壤、生態系、越來越大的營養物質庫。儘管植物會死亡，但構成植物的原子並不因此消失，它們進入土壤、海洋、沉積岩、大氣和其他生命體得到循環利用。靈魂的前世今生是否屬實我們不得而知，但人體的原子確實曾在各式各樣大小不一的其他生物體內度過前世。你右手拇指指甲中的一些氮可能曾在空氣中漂浮，然後被一株苜宿的根部吸附，經過細菌轉化成氨，成為製造葉子的蛋白質，葉子被飛蛾吃掉，飛蛾在蘑菇旁邊分解，最後與你三週前吃掉的沙拉一起進入身體。

雖然獅子這種金字塔尖的掠食者對蔬菜不屑一顧，但牠們獵食的生物終究是吃植物長大的。換句話說，構築我們身體的所有材料幾乎都能追溯到植物，是它們生產或收集的成果（水分例外）。

順帶一提，如果你曾經好奇過為什麼動物自己生產糧食，也就是進行光合作用，只要觀察一下大樹應該就能明白。想靠葉綠體的光合作用產生人類所需的全部能量，需要的空間會與樹冠一樣大。僅僅在皮膚覆蓋葉綠體得到的能量連走動都不夠用，更別提要奔跑、追逐或狩獵。以植物或其他動物為食可以快速得到已經濃縮的能量，也因此以採集狩獵為生的祖先才有體力在好幾英里範圍內尋找下一餐。但無論看起來多靈活都別誤會：人類還是得依賴植物。或者換個角度看：即使人類消失了植物依舊能活得很自在，但如果植物先消失的話人類會在幾星期或幾個月內跟著滅亡。

來自大霹靂與恆星的原子經由植物到了人類家門前，或者說嘴巴前。除了水和一些鹽分外，幾乎每個原子都要通過植物才能變成我們的一部分。但這些原子如何在我們體內重組並創造生命？多年來，科學家們對此一無所知。

第四部

從原子到人體

為了生存究竟應該吃什麼？答案令人震驚，過去奉為圭臬的專家指導遭到推翻，還解開許多細胞內部機制的神祕面紗：原來食物是這樣子被轉換成身體。

11 以極小博極大
為了存活需要吃什麼？

想像你一輩子吃進的食物，再想想其實你只是那些食物重組的結果。

——馬克斯．泰格馬克（Max Tegmark）

回想一下晚餐吃了什麼，但先別將披薩、咖哩烤雞、卡酥來砂鍋或港式點心❶看作食物，而是將其視為原子結合成的分子。如今已經知道這些原子來自何處，如何誕生又如何到達餐桌。可是吃下之後，這些分子如何造出活生生的人？如何組織起來，在細胞中畫出主藍圖，製作出能夠賦予生命的神奇分子機器？科學家解開這些謎題前，首先需要回答更基本的問題：植物製造和收集的各種物質之中，為了構築身體而不得不吃的有哪些？

科學家得到答案的故事始於一位「熱情而衝動」的調查者，尤斯圖斯．馮．李比希男爵。

譯註❶：咖哩烤雞為印度料理，又稱瑪沙拉雞。卡酥來砂鍋是法國東南部鄉土菜，以肉類、香腸、白扁豆等長時間熬煮。

在德國科學革命家李比希大膽登場之前，化學家幾乎無法回答我們的細胞或身體如何運作，更不可能解釋清楚人體是由什麼組成，可是這份無知正是十九世紀數百萬人營養不良而受苦死亡的幕後原因。肖像中的李比希目光炯炯意志卓絕，面容與拿破崙．波拿巴頗為神似。他確實也像那位法國大將軍一樣是個野心勃勃才華橫溢的人，而且自己非常清楚這點，所以有勇氣提出激進想法，也不迴避與競爭對手激烈爭辯。一位欣賞他的人觀察心得認為李比希「在被推翻的帝國廢墟上建立起新的王國」。

一八四〇年，他決定是時候該將自己一身豐富知識和智慧應用於當時多數科學家認為永遠無法理解的問題上，也就是試圖理解食物如何轉化為我們的肉體，第一步理所當然是分析構成身體的究竟是些什麼分子。在李比希的年代，這個問題還有十分重要的實務意義，因為也會解答人類到底吃什麼才能活下去。他信心滿滿地投入研究，卻沒想到那麼大的進步始於錯得那樣離譜的理論。

李比希對化學的興趣源於父親的工坊。他父親是達姆施塔特市（Darmstadt）的商人，製作染料、油漆、亮光漆、靴油等等。李比希覺得上學很痛苦，尤其不知道為什麼要強記希臘文和拉丁文。同學被副校長帶壞，用德語「schafskopf」奚落他是「羊腦袋」。校長也不遑多讓，竟說他只會讓「老師煩心、父母痛心」。於是李比希十四歲輟學，父親本想要他去給藥劑師當學徒，但李比希卻更想成為化學家所以沒聽從家裡安排，選擇將時間用在兩項最喜歡的活動：

閱讀化學書籍，以及進入工坊做實驗。兩年後，他進入一所大學，聰明才智很快得到認可，一年後甚至獲得獎學金，前往巴黎投師於著名化學家給呂薩克（Joseph Gay-Lussac）門下。李比希很懷念那段時光，尤其給呂薩克很堅持兩人每次得到新發現就要興高采烈繞著房間跳舞。

年僅二十一歲時，李比希找到工作，前往保留中世紀風情的吉森鎮（Giessen）一所小型大學內任教。從學術圈的角度來看那是所謂「窮鄉僻壤」，校內的解剖學教授居然不相信血液會在體內循環。名為大學，但只有一棟建築，其他化學教師也拒絕與他分享植物園裡的小型實驗室空間。幸好李比希有雄心壯志也勇於主動，他以培訓藥學家和化學家為名義說服黑森—達姆施塔特公國（Duchy of Hesse-Darmstadt）將附近一所廢棄軍營的警衛樓改建成實驗室，但很快又有了更遠大的計畫。李比希發覺當時德國社會將化學視為學術上的附屬品，為此總覺得如鯁在喉。那時候教化學的通常是藥學或醫學教授，這造成一個負面印象是化學被縮限成「蘇打、肥皂或提升鋼鐵品質的製程」，不是知識而是手藝。他看得更高更遠，認為「Alles ist Chemie」，意思是萬物皆化學。李比希在自傳回憶表示：「我頓悟了。」他察覺無論礦物植物還是動物王國都受到相同的化學法則統合連結，照道理化學本該與其他科學齊頭並進，甚至立於頂點。

警衛樓在李比希的改造下慢慢實現了奇跡，搖身一變成為當時世界最尖端的實驗室。從留下的插圖可以看到這所傳奇般的實驗室內設備齊全窗戶寬敞，許多身穿緊身外套、戴著高頂帽的年輕人圍著實驗臺做事。櫥櫃裡擺滿燒瓶、冷凝器和其他器材方便取用，訪客看了非常讚嘆。此外中央暖氣爐配備通風罩將有毒氣體排到室外，在當年也是罕見的裝置。

更重要的是，李比希某個靈感將徹底改變世界各地的大學體制。他發覺如果得到學生幫助，能完成的工作量可以遠超過單打獨鬥，於是開始指派具有挑戰性的研究課題，自己僅從旁監督指導——曾經三更半夜還在實驗室喝咖啡挑燈夜戰的研究生或博士後研究員都很熟悉這個制度。

於是在吉森這個寧靜小鎮上，李比希取得許多進展。他發明一種工具協助化學家更精確測量出有機分子的碳含量，將原本繁雜棘手而且需要一整天的實驗過程變得輕鬆簡單，只需一小時就可以完成。有了這項設備，化學家在識別有機分子構成上很快有了突破。此外，李比希也對新興的有機化學領域（即生物體的化學）做出不少重要貢獻，因此一八三〇到一八五〇年期間有來自世界各地超過七百名學生湧入實驗室，其中許多後來成為該領域的佼佼者。

而他創辦第一份專注於有機化學的學術期刊之後影響力更甚以往。但作為編輯，李比希利用職位優勢來譴責和侮辱不同意自己觀點的人。一位不幸成為目標的人就曾經感慨：「他的文筆就像狂風暴雨，敢於對他觀點提出一丁點異議都會惹禍上身。」李比希罵人口吻尖酸刻薄，譬如他說某位學界同儕「對真正科學研究原則是徹底地無知」才會提出新理論，提起那個理論又補充說：「錯誤的觀點就像個詛咒，將孕育新錯誤的種子帶到這個世界。但它們的後代同樣悲慘……一觸碰到健康空氣就會夭折。」

隨著一本書的出版，李比希的聲望再次提升。這本書因其大膽的想像力備受讚譽，內容解釋了化學如何應用於農業。在歐洲迫切需要解決糧食短缺的時期，他與布森戈算是競爭對手。李比希提出的「最低限度法則」令人耳目一新，他聲稱缺乏任一種關鍵礦物質都會限制植物生長，農民施用肥料時應考慮這點。到了一八四〇年代，已經有人將他譽為當代化學家的龍頭老大。

但李比希卻依然沮喪。儘管有機化學取得許多進步，但對人體自身的化學還是幾乎一無所知。過去兩千年間主導醫學的理論出自古羅馬時代的希臘醫生加倫，他相信疾病是四種基本「體液」（humor）不平衡所導致，分別為血液、黏液、黃膽汁和黑膽汁，於是為了恢復體液平衡而進行放血在過去的歐洲是常見醫療處置，英國第一份醫學期刊也引經據典取名為《刺胳針》（*The Lancet*）。到了李比希的時代、也就是蒸汽機的時代，生理學家終於提出了新的觀點：他們將人體視為機械，譬如心臟顯然就是一個幫浦，而胃是以攪動或揉捏來消化食物的想法要更近代才會被推翻。值此同時，化學卻似乎永遠無法解釋泥土裡種子萌芽或者子宮孕育嬰兒，這些轉換太奇妙超乎人類想像。懸而未決的不只如此，比方說儘管知道原子可以結合成分子、也相信岩石就是這樣形成，但與人體可以相提並論之處也僅僅如此而已。知名化學家貝吉里斯男爵（Jöns Berzelius）觀察後說：「元素在活物和死物身上遵循完全不同的法則。」美國醫師考德威爾（Charles Caldwell）則堅決反對將化學引入醫學課程，他認為：「眾所周知，化學與生命是彼此迥異、完全不同的領域。」那個年代的學者認為必須依託無法明言的「生命能量」才能解釋生物的奧祕，可是李比希不肯接受這種論調，決定以有機化學上無與倫比的知識以及如今可謂無限的自信去尋找答案：人類如何運用吃進肚子的化學物質？食物中有哪些種類的分子，這些分子中又有哪些會轉換為肌肉、贅肉和能量？

李比希起初以倫敦醫生威廉．普洛特（William Prout）幾十年前的研究成果作為基礎，看上去非常有前景。普洛特和李比希一樣，認為透過化學才能揭開人體機制一層層的神祕面紗，因此開始尋找尿液中可用於診斷疾病的化學特徵。他對研究熱情無限，興趣更廣泛擴展到其他動物的分泌物，於是花了大量時間分析蚺蛇和其他動物的糞便與胃袋內容物。普洛特一項重大突破是發現動物與人類的胃都一樣，會產生鹽酸幫助消化（人體每天大約分泌六湯匙胃酸）。普洛特也首次提出食物含有三種核心物質，他稱之為「蜜糖、油脂和白蛋白」，對應我們口中的碳水化合物、脂肪和蛋白質。尋找證據時，普洛特發現三種物質都存在於母乳中。他的想法很簡單：如果人類不需要，上帝就不會將它們摻進母乳。

李比希同意普洛特的觀點，即我們的食物由碳水化合物、脂肪和蛋白質組成。目前為止一切順利，但問題現在才開始：順風順水好一段時間壯了他的膽量，於是李比希面對渾水也毫不遲疑踩進去，起因是學界同儕看似找到明確突破口。就在兩年前，荷蘭化學家穆德（Gerhard

Johan Mulder）積極分析有機物質組成，他認為自己已經確認植物中找到的蛋白質和人類血液中的蛋白質一模一樣。事實上「蛋白質」這名字就是他取的，語源為希臘語「protos」，意思是「最初」。

看過穆德的報告後，李比希推導出更片面的結論。他認為既然蛋白質都相同，而人類食物最終總是追溯到植物，代表我們必須從植物獲取所有蛋白質。「蔬菜在它們體內中生產了所有動物的血液，」他這樣寫道。簡而言之，李比希認為動物無法自己製造蛋白質，這個觀點也確實符合當下知道的所有資訊。然而他一頭熱，所以開始犯錯，第一個錯誤就是隨便接受了未經驗證的實驗結果。

李比希的下一個推論更多漏洞。他知道碳水化合物和脂肪只含有碳、氫和氧，而蛋白質還含有氮與硫。再來他分析了野生動物的身體結構，觀察到牠們都很精實，而且肌肉和器官中沒找到碳水化合物或脂肪，於是得出結論認為動物及人類的身體完全是由蛋白質組成。李比希的主張是雖然人類吃下很多東西，但其中只有蛋白質能用來當做細胞與身體組織的基本材料。

他得知另一項研究結果似乎也支持自己立場。人類尿液內有大量名為尿素的分子，而尿素與蛋白質一樣充滿氮。李比希據此認人類肌肉運作時必須分解蛋白質以產生能量，所以尿素裡面才會出現氮。他的理論架構非常簡潔，脂肪和碳水化合物只扮演輔助角色。在李比希眼裡，人類之所以攝取脂肪及碳水化合物只有一個原因：保持身體溫暖，就像燒煤炭一樣。梭羅在

《湖濱散記》也提過這件事：「根據李比希的說法，人的身體如同火爐，而食物就如同維持肺內燃燒的燃料。」

一八四二年，李比希出版《動物化學：有機化學在生理學和病理學的應用》（*Animal Chemistry: Or Organic Chemistry in Its Application to Physiology and Pathology*）。他在書中提出自己深具開創性的理論，聲稱人類生存所需的營養僅止於蛋白質、碳水化合物、脂肪和少量礦物質，並進一步表示這些成分都來自植物。作為構成肌肉和組織的真正原料，蛋白質是其中的王者。（想必當時李比希的巴伐利亞同胞們聽了非常失望，他們以前相信人的肌肉強壯是靠喝啤酒喝出來的。）最初李比希這套論述大受歡迎，有位蘇格蘭化學家給這本書的推薦序說：「許多知識棄置已久沒有發揮用處，但本書作者以這些事實為根據建立出美妙的理論架構，其智慧之深值得世人最深的崇敬……」還有英國醫生與李比希一席談話後彷彿茅塞頓開，「過去的蒙昧無知之中出現一道曙光，我心中敬佩不已。」儘管也有人對他的結論提出質疑，但學界多數將李比希視為「活生生的科學先驅」並且高度尊重，於是那套理論成了教科書等級的知識，換言之就是太多人受到「世界上最偉大的專家必然正確」這種偏誤影響。

後來為了進一步推動化學研究，李比希致力於將知識應用於營養問題，過程中順便發了大財。他的發明之一是「李比希可溶性嬰兒食品」，世界首創的嬰兒食品科學配方。他還發明一種以肉類煮熟後製成的牛肉高湯醬料，「李比希肉類萃取物公司」註冊商標名稱ＯＸＯ之後向市面銷售。儘管他自己曾經表示高湯只是對身體施以刺激，營養價值非常有限，但這款商品作為調味料至今仍受到許多人喜愛。

李比希靠著產品致富的同時，理論卻開始承受激烈的抨擊。一八六六年，瑞士科學家阿道夫・菲克（Adolf Fick）和約翰內斯・維斯利克納斯（Johannes Wislicenus）發覺想要測試李比希的理論其實非常簡單，只需要物理學的簡單方程式和一次神清氣爽的健行罷了。於是他們挑了一個微涼多霧的早晨，從早上五點開始徒步攀登某地的瑞士山峰，旅程總計八小時。出發前一天兩人就停止進食蛋白質，並在攀登過程之中和之後六小時好好留下尿液樣本並分析氮含量，從數據結果理當能推算出肌肉需要消耗多少蛋白質來產生能量，反覆操作幾次應該就能得出答案。他們當然知道自己的體重、攀登的高度，很容易計算出肌肉做的機械功是多少。那麼身體分解掉的蛋白質份量，是否足夠產生推動他們爬山的熱能？遠遠不夠，距離目標數字竟然差了大概一半。顯而易見，人體必須以別種方式產生能量，而燃料不可能是蛋白質，那麼必然是碳水化合物和脂肪。

甚至李比希以前兩個學生卡爾・馮・弗依特（Carl von Voit）和馬克斯・約瑟夫・佩滕科弗（Max Joseph Pettenkofer）所做的實驗也同樣危害到老師的理論。他們設置密封房間稱為「呼吸室」，備有桌椅與床，大小足夠供一個人在裡面生活好幾天。兩人對實驗樣本的要求不只是在房間裡無所事事，而是請他們轉動沉重的把手連續九個小時，足足七千五百圈。實驗期間，馮・弗依特和佩滕科弗詳細追蹤進出於實驗對象身體的各種物質以求證明李比希的理論。過程中，實驗樣本的飲食不含蛋白質，尿液和糞便接受氮含量測量。同時兩人也分析自房間排出的空氣，藉此統計樣本呼出多少二氧化碳，也就是碳水化合物或脂肪燃燒後的產物。實驗結果令人失望，樣本轉動把手時排出的氮含量保持不變，似乎不像李比希所聲稱的消耗蛋白質來產生能量。反觀二氧化碳產量卻激增，代表樣本身體燃燒了碳水化合物或脂肪產生能量。李比希立場十分尷尬，於是夥同其他弟子提出繁複龐雜的論述試圖挽救顏面，然而事實擺在眼前：李比希錯得非常離譜。

話雖如此，他的功勞也是貨真價實。沒有李比希，科學家或許就不願意探究那些看似不可能得到答案的問題。由於他的貢獻，學界終於開始瞭解人體的組成結構，並且發現我們不僅僅是蛋白質。包括肌肉、組織、骨骼在內，活體細胞中一部分結構也包含了碳水化合物和脂肪。

李比希另一個錯誤是認為人體無法自行製造蛋白質。蛋白質是由二十種氨基酸（每種氨基酸約為二十個原子）折疊組合的長串結構，但其實蛋白質被我們吃進肚子以後都要先分解成氨基酸，等到進入細胞才又像串珠項鏈那樣重組為新的蛋白質。

同時李比希還對人體燃料來源有誤會。通常人體會先燃燒碳水化合物和脂肪取得熱量，只有碰上饑荒之類惡劣情境才會如他所言從肌肉中消耗些許蛋白質。差別在於身體只在別無選擇的絕境時才肯燃燒蛋白質。

理論有錯誤，不代表李比希所有想法都要推翻，他的一個論點屹立不搖甚至可說更熱門：增肌需要高蛋白飲食這個觀念其實就是李比希建立起來的，而且從未退流行。但要注意一旦蛋白質攝取量已經足夠，多吃並不會增加肌肉，剩餘的蛋白質只會轉換為脂肪囤積。可惜的是要增肌唯一方法就是消耗更多能量。

儘管李比希犯了許多錯誤卻也帶來許多革新，因此還是很受學界敬重。他的理論核心之一已經成為共識——人類需要四種類型的分子來構築肉體。

前三種都由李比希正確推斷出來了，稱之為「三大營養素」，由植物製造。植物將二氧化碳和水轉化為糖，又將糖轉化為三大營養素。若撇開水分不計，這三種物質佔人類體重大約九成，分別是蛋白質、脂肪和碳水化合物（糖鏈）。其實人體第四種成分李比希也完成辨識，就是如鈉和鉀之類的幾種礦物質。這四種分子是李比希可溶性嬰兒食品配方的科學基礎，一度號稱「最完美的母乳替代品」。遺憾的是當時沒人懷疑這張清單不完整，也因此若只靠他的配方養大，嬰兒身體並不特別健康。真相是人類還得攝取另外一種分子才能將自己組裝好。

＊

更不幸的是缺乏這最後一種物質會導致四種極其可怕的疾病。一五〇〇到一八〇〇年間的航海時代，壞血病奪走大約兩百萬名水手性命，比死於戰爭的人數還多得多。而亞洲則是腳氣病肆虐，數百萬人因為這種惡疾癱瘓或死亡。說到糙皮病很多人都知道所謂四個D，分別是癡呆、皮炎、腹瀉、死亡（dementia, dermatitis, diarrhea, and death），歐洲和美洲的貧窮人口為此所苦，美國南方許多以培根、玉米麵包、玉米糖漿為主食的族群尤其嚴重。罹患佝僂病的孩子會骨骼變形，而且不分貧富。我在在阿肯色州長大，經歷過大蕭條年代，岳母的姐妹就患有佝僂病。科學家一天沒掌握這些怪病的真正成因，就一天無法免除世人的煎熬和恐懼。

其實一部分線索非常明顯，李比希出生的半個世紀之前已經有人找到大方向。一七四七年，配備五十門大砲的三桅戰艦索爾茲伯里號巡邏到法國近海的比斯開灣，當時三十一歲的英國海軍外科醫生詹姆斯·林德（James Lind）上來甲板呼吸新鮮空氣和轉換情緒。不只因為船艙裡面很悶，也因為回去的話就要面對百思不得其解的難題。

離開港口僅僅八個星期，船上三百名水手已有四十人患上壞血病。前往醫護室的人牙齦腐爛，皮膚冒出紅、藍或黑色且看似瘀青的斑點。他們表示十分倦怠，連走路的力氣都沒有。林德很清楚：如果病況發展太嚴重，就不得不切除病人腫脹異常的牙齦，否則他們無法吞嚥食物。

壞血病在英國海軍並不罕見，尤其以長途航行而言幾乎是常態。林德讀過最嚴重的一次事件紀錄，畢竟不過是七年前的事情而已。海軍派遣安森爵士（Sir George Anson）指揮八艘船構成的中隊前往南美洲攻擊西班牙大帆船，三年半後返航時爵士帶回數量難以估計的財寶，需要三十二輛馬車才能運送到倫敦塔。然而出航時的一千九百名水手中卻只有約四百人跟著回來，其餘多數都因壞血病而死。

不是英國海軍忽視問題，而是沒人真正確定怎麼治療才有效。

但其實至少有一些人曾經察覺到關鍵。兩百年前許多船長會提醒：長途航行中，如果缺乏新鮮水果和蔬菜，水手往往就會罹患壞血病。作家史蒂芬・鮑恩（Stephen Bown）整理文獻後發現十七世紀的船長會盡快尋找下個港口避免疾病爆發，而且大眾知道檸檬汁可以預防或治療壞血病。一六一七年的教科書《外科醫生的幫手》（*The Surgeon's Mate*）中，作者約翰・伍德爾（John Woodall）直接建議每天飲用檸檬汁，荷蘭東印度公司甚至在好望角和毛模里西斯開拓果園，為的就是給船員提供檸檬。

遺憾的是隨著時間經過，檸檬汁對身體有益這一點逐漸自大眾認知消失。原因很多，包括最簡單的得意忘形：壞血病發作率再次惡化時，很多人就開始對柑橘類水果產生抗拒情緒。那個年代檸檬汁不便宜，一些船東懷疑商人虛構了檸檬的藥用功效只是為了抬高價格，同時很多醫生也推銷各式各樣號稱能夠治癒壞血病的偏方。正如作者大衛・哈維（David Harvie）發現甚至也有「反水果人士」出現，他們聲稱從某些遠航紀錄來看，檸檬對水手有害無益。

林德原本很少看到壞血病實際案例，直到前一年夏天他參加了為期十週的航程，船上八十名船員患病。他開始尋找病因，首先留意到航行中天氣陰寒多雨，船員很難保持乾燥，船艙空氣也變得沉悶。林德想確認惡劣的空氣品質會不會就是罪魁禍首，但同時考慮到飲食不當這個可能性。最初看來，飲食的機率很低。「儘管船長自掏腰包提供羊肉湯烹調的家禽家畜，」他寫道：「船員卻仍然受壞血病所苦。」後來在安森爵士的船上，林德又注意到儘管自己判斷食物充足飲水乾淨，壞血病仍然爆發。

安森爵士的船隊折損那麼多人，但英國海軍高層的反應卻不當做一回事，而且對病因的分析有很大分歧。人數過多？鹽分過多？空氣惡劣？還有人認為只有懶散和懶惰的水手才會患病。此外，即使願意承認不知何故檸檬有助預防壞血病，長途船旅中載運一箱箱檸檬所費不貲又不切實際，因為檸檬和檸檬汁都會腐敗變質。或許更重要的是壞血病通常跳過軍官和高階船員，所以與其絞盡腦汁支出經費來預防疾病，以無知新人汰換掉傷亡者效率更高（即使新人可能是被拐或被綁上船的）。

剛晉升為船醫的林德對壞血病肆虐感到震驚。他科學思維健全，向船長申請許可後進行一項實驗，有些人認為這就是醫學史上第一次臨床試驗。林德將十二名患有壞血病的水手分成六對安置於船艙吊床，每對人分配到不同療法，分別為蘋果酒、硫酸、醋、海水、柳橙、檸檬。第六組其實很倒霉，因為林德聽從同事建議用了奇怪的配方，以蒜泥、芥末籽、乾燥蘿蔔根、名為祕魯香脂的樹脂、沒藥膠做出味道噁心的調和物，偶爾再摻些羅望子、酒石膏泡大麥水來淨化身體系統。

一週過後，水果用完了，不得不結束試驗。顯而易見只有兩種療法生效：蘋果酒似乎有些幫助，兩種柑橘類則很大程度治好了疾病，一名水手重返崗位，另一人在林德安排下開始照顧其他人。

看到這兒可能以為林德會跳起來歡呼自己找到答案了，畢竟實驗已經證明柑橘類水果對壞血病確實有療效。可惜事情沒這麼簡單，林德像是陷入了知識的流沙之中，因為當年的醫學理論還十分混亂。

他沉澱一段時間來理解自己的研究，先從海軍退役，接著去愛丁堡取得醫學學位，開了一家診所。安頓好以後他讀了許多其他醫師的壞血病例報告，終於提出扭轉局面的解釋。

一七五三，距離那次具有里程碑意義的實驗已經六年，林德這才發表一本長達四百五十六頁的鉅著。儘管實驗結果簡單明瞭，但他卻遲遲沒辦法做出一針見血的結論。這就是故事令人揪心的轉折，旁觀者忍不住想大叫：「等等！你怎麼視而不見呢？」但是林德先鉅細靡遺交代了其他五十四篇關於壞血病的醫學報告，然後只在書的末尾三分之一才提及自己的實驗，並且僅僅用五個段落就說完。其實他很有信心自己已經證明了柑橘類能治療壞血病，癥結在於無法解釋疾病為何形成。那時候人類對疾病的概念還非常混亂。

當時西醫還採用加倫那套古羅馬時代的論述，認為疾病是由體液失衡所引起。因此林德得出結論，船旅中營養不良、空氣潮濕寒冷，兩個因素相加阻礙了排汗，導致腐臭體液滯留體內。他提出解釋：柑橘類水果可以打開皮膚毛孔，但在後來版本中又不得不承認其他藥物能有同樣效果。「我的意思並不是，」他說：「壞血病只能靠檸檬汁和葡萄酒來治療。許多疾病都一樣，可以通過完全不同甚至相反性質的藥物治癒，其中自然也有與檸檬無關的東西。」作者弗朗西斯・佛蘭肯保（Frances Frankenburg）下了個註腳：「論及對自己研究成果有所質疑的學者，非詹姆斯・林德莫屬。」

往正面看，林德確實建議船員以檸檬汁預防疾病。但他提出這個合理建議後，卻犯了有別於之前細膩風格的錯誤：為了防止果汁變質，林德建議將其加熱後製成糖漿，卻沒料到加熱的舉動會破壞果汁療效。更令人困惑的則是當時許多傑出醫生倡導其他完全無效的治療方法。一位海軍外科醫生在文章裡口氣很酸：「林德醫師認為缺乏新鮮蔬果是壞血病的重要成因，那是否也可以用同樣理由要船上準備新鮮肉類、葡萄酒、潘趣酒、雲杉啤酒或其他任何能夠防止這種疾病的飲食。」批評林德的人前仆後繼，有的提議用稻米、有的說四分之三的水混四分之一白蘭地有效。但壞血病繼續肆虐，毫無收斂跡象。

一七五六，也就是林德發表論文後三年，英法之間爆發七年戰爭。十八萬四千九百九十九名自願及非自願入伍皇家海軍的水手之中只有一千五百一十二人戰死，其餘十三萬三千七百零八人都死於疾病且主要是壞血病。隨後不久的美國革命期間壞血病持續困擾英國海軍，因此有人認為如果當年海軍提供檸檬給船員，英國或許會在殖民地的戰鬥取得勝利，或至少抵擋住法國海軍並得到談判優勢。

直到一七九五，林德去世一年後，英國皇家海軍才開始向船員發放檸檬汁。有一段時間，壞血病實際上已經不再是問題，只可惜他們向前邁一步又向後退兩步，八十年後因為價格考量改採英屬西印度群島出產的萊姆（lime），英國海軍成員還因此被有了「limey」這個諢名。遺憾的是萊姆預防壞血病效果低得多，於是大家又開始懷疑柑橘類果汁療法的價值。即使到了二十世紀初，醫生們一致認為新鮮水果和蔬菜可以治療壞血病，卻仍然無法就該疾病的原因達成共識。正因如此，一九一二年英國探險家羅伯特．史考特（Robert Scott）精心策劃的南極考察遠征還是飽受壞血病困擾。他堅信罪魁禍首是細菌性食物中毒，可能加速了自己的死亡。經過數百年，壞血病的原因仍然是謎。

*

壞血病真正本質的關鍵線索出現在荷蘭征服殖民地的戰爭之中。十九世紀末，荷蘭將蘇門答臘東北部的穆斯林蘇丹國納入荷屬東印度內，也就是現在的印尼。他們入侵挑起激烈游擊戰，同時卻又有可怕的腳氣病跟著大開殺戒。一八八五年，百分之七的荷蘭部隊、比例更高的當地人罹患腳氣病，而且荷屬東印度其他地方的許多醫院內也有病人死於這種疾病。

政府任命著名病理學家康涅利斯・佩克爾哈林（Cornelis Pekelharing）找出腳氣病成因，而他又招募另一位神經學家康涅利斯・溫克勒（Cornelis Winkler）協助。當時兩位醫生有充分理由相信很快能取得成果，因為路易・巴斯德（Louis Pasteur）證明細菌這種幾乎看不見的敵人會散佈疾病、因此獲譽為法國民族英雄不過就十年多之前的事情而已。巴斯德的研究顯示細菌能傳播炭疽病，這種致命疾病一而再再而三造成歐洲牲畜大量死亡。幾年後，德國醫生羅伯・柯霍（Robert Koch）又找到造成肺結核和霍亂的病原。科學界進入新的競賽，目標是為每一種疾病找出對應的細菌。

一八八六年，佩克爾哈林和溫克勒前往柏林拜訪柯霍尋求建議。據說一行人前往風格優雅的鮑爾咖啡館（Café Bauer），喝咖啡時想順便看看報紙，店家回答報紙被一位鬍鬚濃密的年輕人借走，請他們自己過去要。三人靠近那張桌子，驚喜發現對方竟也是荷蘭來的醫師，名叫克里斯蒂安・艾克曼（Christiaan Eijkman）。這位憂鬱的二十九歲青年曾在荷屬東印度診治病人，見識過腳氣病的厲害，同樣積極想要找出病因，但不幸染了瘧疾，失去妻子後回國休養。儘管如此，他並不害怕重返熱帶，於是前往柯霍的實驗室瞭解細菌如何致病，也很樂意擔任佩克爾哈林和溫克勒的助手。一八八七年二月，三位醫生來到了戰爭前線，也就是蘇門答臘島北端的亞齊省，腳氣病正在當地爆發。徵求到一間醫院提供實驗室後他們開始調查，很快確定了腳氣病會影響神經系統並引起各種令人訝異的症狀，包括腿部腫脹、步行困難、癱瘓、心臟病以及最恐怖的感覺缺失。「我發現自己的腿和腳腫起來了卻又完全麻木，從嘴巴周圍一直幾乎到眼睛都沒有感覺，」一位病人如此回憶。軍人發病速度讓艾克曼大感不可思議，早上打靶打中靶心的士兵可能當天晚上就斷氣。

腳氣病另一個奇怪之處是很少出現在當地原住民村落中，卻能夠在軍隊、醫院和監獄肆虐。將囚犯監禁幾個月等待審判幾乎等同判死刑。

新實驗室中，佩克爾哈林、溫克勒和艾克曼立即著手尋找導致腳氣病的細菌，但過程比預期困難得多。起初他們未能在患病士兵血液內發現細菌，後來雖然確實檢測到細菌，卻發現那種細菌同樣存在於健康士兵血液內。他們據此得出的結論是細菌能夠一瞬間在軍營內傳開，然而將腳氣病患者體內培養出的細菌注射到狗、兔子和猴子身上時動物似乎不受影響，除非反覆進行注射。這種結果十分古怪。

即便如此，過了八個月佩克爾哈林和溫克勒認定任務基本上已經完成，做出的結論是致病細菌大概透過呼吸進入人體內，而且這種疾病只會在熱帶地區盛行，因為潮濕氣候有助於細菌繁殖。此外，這種細菌的傳播速度快得驚人，因此建議徹底消毒病人出入過的建築物，但他們也不得不承認若戶外土壤同樣受到污染，不如請居民另覓居所更容易防治傳染病。佩克爾哈林和溫克勒心滿意足返回荷蘭，留下已經三十歲的艾克曼來完成最後工作，也就是確認病原菌的真實身份。

於是一八八七年，艾克曼單獨在荷屬東印度首都巴達維亞（現稱雅加達）一所滿是腳氣病病患的軍醫院內繼續研究。實驗室內部有兩個相當大的房間，外頭是一條裝了天棚的走廊，他在那裡放了一張長椅和冰箱招待訪客。巴達維亞本身變化迅速，金黃色煤氣燈照亮不久前還昏黑的街道，傳統馬車漸漸被時速高達十英里的蒸汽動力軌道車取代。甚至飲食也起了變化，新引進的蒸汽磨坊生產出晶瑩剔透的白米，賣相大勝手工磨製不夠精緻的糙米。值此同時，依舊許多人死於腳氣病。

艾克曼開始尋找病原，但那些細菌還是不肯配合。他再次從腳氣病患者體內抽取細菌，培養過後注射到兔子和猴子體內，可是受試動物同樣沒有生病。為了進行長期研究，他將實驗樣本改成雞，或許因為大量養殖時成本更低廉。想不到這個決定成了意外轉機：艾克曼將細菌注射到雞體內時牠們生病了，步伐不穩甚至無法行走，症狀與腳氣病非常相似。不過看似進展順利之際狀況忽然又混亂起來，收容在不同地點的對照組動物竟然出現相同的症狀，推敲起來這種疾病的傳播速度快得離譜。可是更加令人困惑在於所有雞隻突然間又奇蹟康復，原因不得而知。任何人做實驗遇上這種事情都會氣得發瘋。

就在這時，艾克曼得知一個奇怪巧合。助手提到雞飼料改了內容，牠們生病當時吃的是能找到的最便宜食物：剩飯——醫院廚房將煮熟的米飯殘渣捐給實驗室。但後來廚師換人，艾克曼回憶時說：「因為是軍糧，繼任者拒絕用來餵食平民雞。」於是助手只好以未煮熟的糙米當飼料，不久之後雞群病情居然好轉了。

路易．巴斯德有句名言：「機會只青睞準備好的頭腦。」艾克曼雖然承受失望挫折，卻已經做好準備。他察覺到白米是個新發明，當地二十年前才改採蒸汽動力磨坊，這種機器為稻米去殼更加徹底，磨好的米可以儲存更長時間，而且閃亮的白色米粒相較保留一層薄糠的糙米更受民眾青睞。

艾克曼挑選一些雞，餵牠們吃煮熟的白米。他驚訝發現這群雞在三到八星期內就出現類似腳氣病的症狀。看來研究終於找到方向。

不過艾克曼自己卻也在此時病倒，很可能是得了瘧疾。儘管如此，他仍然堅持進行實驗，想找出白米中使雞生病的神祕成分。是特定品種的白米有毒？還是其實白米比糙米更容易變質？雞是否需要只存在於米糠的蛋白質或鹽來維持健康？這些理論都沒有得到證實。

經過五年實驗，艾克曼敏銳的頭腦只保留一個合乎邏輯的可能結論，那就是稻米白色部分含有毒素，而解毒劑就在其周圍的褐色糠層中。他還提出另一種假設（因為他那個時代許多科學家相信人類腸道細菌也會產生毒素），就是胃部細菌消化白米時會釋放毒素，而米粒外層的解毒成分可以將其中和。

所幸關鍵時刻艾克曼得到好友的支持協助。荷屬東印度監獄體系醫檢官阿道夫．沃德曼

（Adolphe Vorderman）十分贊同他的假設，於是分析了一百零一個監獄內近二十五萬名囚犯的腳氣病發生率，發現提供糙米的監獄內發病率不到萬分之一，反觀供應白米的監獄中發病率達到三十九分之一，尤其長期關押的囚犯發病率更來到四分之一的程度。基於這些強而有力的證據，沃德曼認同磨碎稻米時去除的糠層含有解毒成分能中和白米毒素。

一八九六年，艾克曼病情太嚴重，他不得不再次返回歐洲休息。回到家鄉，他反而面臨嚴厲批評。有位英國醫生曾指責將腳氣病連結到吃米飯「就像吃魚會得痲風病、咀嚼老虎肉會產生勇氣一樣」。

但腳氣病與食物有關的想法在亞洲盛行起來。馬來西亞一家「瘋人院」爆發嚴重流行病之後一位英國醫生對病人進行實驗，他驚訝發現糙米真的可以預防甚至治癒腳氣病，結果同樣遭到馬來西亞醫學研究所所長強烈質疑。即便如此，證據越來越多。日本醫生高木兼寬（Takaki Kanehiro）誤以為腳氣病是蛋白質缺乏引起，然而他推薦給日本海軍的飲食調整卻幾乎消除疫情。到了一九一〇年代，許多亞洲醫生都相信食用白米飯會罹患腳氣病，只是無法解釋其中原因。

同年代多數歐洲科學家仍然堅信細菌才是主因。當時情況彷彿將兩幅影像合而為一的視錯覺，東西方各看到其中一幅。直到有人進行完全不同類型的實驗，大家才突然能夠以全新視角看清楚這幅畫。

那個實驗由劍橋大學弗雷德里克．哥蘭．霍普金斯（Frederick Gowland Hopkins）完成。他的職業生涯始於著名中毒案件，後來有了英國生物化學之父的美名。霍普金斯最初並非想要研究疾病成因，而是試圖從零開始調配人造食物，並在過程中完善我們對營養需求的認識。六十年前李比希已經確定必要營養素是蛋白質、碳水化合物、脂肪和礦物質，霍普金斯以不同比例餵給幼鼠，卻訝異發現牠們生長狀況很糟糕——除非多給老鼠一小滴奶。

霍普金斯很困惑。李比希錯了嗎？動物是否需要攝取李比希未能識別的其他微量物質？感覺難以置信。「科學家針對營養進行過大量仔細的研究，已有超過半個世紀，」他寫道：「怎麼可能還有被忽略的基本原理？」但過了一段時間，霍普金斯又轉念心想：「為什麼不可能？」於是將自己在牛奶中發現的神祕物質稱為「輔助因子」，並於一九一二年大膽提出壞血病和佝僂病成因或許並非細菌，而是身體缺乏微量輔助因子所導致。同時又有一位名叫卡西米爾．芬克（Casimir Funk）的羞怯波蘭科學家在倫敦李斯特研究所積極追尋同樣目標，所長告知他巴達維亞的艾克曼舊實驗室研究人員正加緊腳步確定米糠中某種能治療腳氣病的物質，芬克想要搶先一步。他以白米餵養鴿子，果不其然鴿子也出現類似腳氣病症狀：頸部向上僵直、翅膀腿部虛弱，而且行走困難。接下來，他試圖從糙米分離出能治癒疾病的有效部分。他不僅獨自工作還「全力以赴」，常常忙到三更半夜，只為能從米糠萃取出藥物。經歷許多步驟，包括混合酒精、過濾和蒸發，壓榨殘渣並添加其他化學藥物等等，芬克將成果餵給罹患腳氣病的鴿子，預計在牠們康復之後繼續嘗試進行更進一步純化。最後他從兩千磅米糠中提取出僅僅一勺活性物質，但極小劑量就幫助鴿子在三到十個小時內回復站立和行走。事到如今學界同儕仍要質疑這種「治療」是否真正有效，因為持續七到十天之後病情會再度發作。

一九一二年一篇論文是研究里程碑。芬克提出新理論，也就是飲食中缺乏極微量未知物質會導致壞血病、佝僂病，甚至腳氣病、糙皮病這兩種可怕疾病。芬克很聰明，採用比「輔助因子」更吸引人的名稱，將未知物質稱作「維生素」，語源是拉丁語vita（意為「生命」）和amine（一種含氮化合物，他誤以為維生素是由其構成）。維生素（vitamin）這個名字深入人心，只是丟失其中的字母e。至此人類終於明白如果想要避免可怕疾病，除了李比希的蛋白質、脂肪、碳水化合物和礦物質之外還需要其他東西。

回顧歷史我們不禁想問：天吶，為什麼會花這麼長時間才發覺？證據不是早就存在了嗎？幾百年前許多船長就懂得檸檬可以治癒壞血病，只可惜這個知識遭到誤解、忽視和遺忘，之後腳氣病和白米之間的聯繫也很強烈。霍普金斯和芬克發表論文的十年前，在巴達維亞接手艾克曼研究進度的格里恩斯（Gerrit Grijns）與艾克曼的老上司佩克爾哈林根據進一步實驗都得出結論，認為腳氣病是身體缺乏未知物質所致，然而論文即使發表在荷蘭期刊卻石沉大海未掀起任何波瀾，大多數學界同儕拒絕相信他們的結論，反而懷疑實驗者無法排除高度傳染性、肉眼不可見細菌的存在。直到霍普金斯發現合成食品有缺陷，由於是完全不同類型的實驗，科學家社群終於願意相信是自己一直以來漏掉了重要的環節。

為什麼感覺他們是故意視而不見？首先不得不說專家也是人、也有崇敬的老師與深信不疑的信念，對他們而言跳脫框架的難度並不下於一般人。另外，很少有人願意輕易承認自己犯錯。再來另一個障礙是思考陷阱：「只尋找也只看見與自己已知理論相符的證據」。這種成見通常稱為確認偏誤（confirmation bias），意思是人類傾向只尋求和接受符合自身立場的資訊。確認偏誤與生俱來而且對生活十分重要，可以幫助我們快速理解世界，不必花太多時間辯論前方路面上的褐色物體是一條蛇還是一根樹枝。但這種偏誤自然也有缺點，否則林德、艾克曼和許多其他人就不會將時間花費在解釋體液不平衡、細菌或毒素，因為那些證據才能符合當年社會對疾病的理解。他們不願跨越思想鴻溝去接受截然的概念，直到壓倒性的證據迫使他們尋找新解答。

從小大人就教小孩避免食用變質的食物飲料。維多利亞時代，英國人喝啤酒通常比喝水更安全。每個人都知道吃錯東西會生病，但維生素這種古怪概念似乎顛覆了過去的常識。正如生物化學家阿爾伯特・聖捷爾吉（Albert Szent-Györgyi）所言：「維生素是一種不吃會生病的物質。」因此即使霍普金斯和芬克發現了維生素，之後許多年之間這三個字在很多科學家心裡依舊「只是個名字」，畢竟沒有人能確定那些假設的物質是什麼化學組成，也不知道在人體內部如何運作。

不過也有一些人察覺到轉捩點就在眼前。一九一三年，威斯康辛大學的埃爾默・麥科勒姆（Elmer McCollum）及其年輕志工瑪格麗特・戴維斯（Marguerite Davis）也為老鼠調製合成飲食。他們發現幼鼠順利生長的前提是食物中含有微量的兩種物質：分別是從脂肪分離出來的「因子」，以及從小麥胚芽發現的水溶性物質，後來就稱為維生素A和B。但就算命名為X和Y也沒什麼差別，因為當時學界對它們幾乎一無所知，於是演變為一場科學上的淘金熱。經過大量研究，生物化學家們發現稱為B_1的維生素就艾克曼治癒腳氣病的糙米神祕因子。維生素C後來被稱為抗壞血酸（順帶一提，維生素C完全由我們最喜歡的三個元素碳氫氧構成），缺乏維生素C會引起林德沒能解決的壞血病。維生素B_3可以治好美國南部很盛行的糙皮病，維生素D則解釋了為什麼嬰兒住在都會區沒有陽光的陰暗公寓會罹患佝僂病。

儘管維生素舉足輕重，研究人員卻發現它們體積十分小，分子結構約為十二到一百八十個原子而已。

想當然耳，維生素熱潮很快席捲全球，許多人聲稱它們是能治百病的仙丹妙藥。一九三一年《紐約時報》頭條標題興奮宣佈「科學家發現維生素或許能預防腦部軟化」。當時維生素彷彿無所不能：增加活力、提振精神、促進性慾、預防癌症。儘管許多說法太過樂觀誇大，但食品添加維生素確實大大減少了某些疾病的比例，例如人造奶油添加維生素A消除夜盲症、牛奶和人造奶油添加維生素D有助降低佝僂病。

一九四一年，學界再次推動食品添加維生素。珍珠港事件的六個月之前，羅斯福總統在華盛頓特區召開國防營養會議，九百名醫師和專家齊聚一堂探討全國食品供應，幾位知名講者帶頭示警：美國可能即將派出維生素缺乏的士兵去對抗營養充足的德國部隊。得到建議之後，美國食品藥物管理局迅速請磨坊和麵包師傅改造糕點，將加工過程失去的營養素補回來，於是相關業者主動在麵粉中添加維生素B_1（硫胺）、B_2（核黃素）、B_3（菸鹼酸）。「大家都是軍隊的一份子！」一九四二年《家務好幫手》（*Good Housekeeping*）專欄這樣告訴讀者：「我們有義務採用營養強化過的麵包和麵粉為家人提供養分。」像神奇麵包（Wonder Bread）這類以維生素為賣點的食品獲得超級食物的美名，對很多人而言當時就靠這些健康食物才將許許多多疾病塵封進遙遠記憶。[1]

目前學界共識是如果想要避免腫脹、變色、癱瘓及其他一系列痛苦難受的症狀，人類總共需要十三種維生素。身體期望我們得到充足的維生素A、C、D、E、K和八種B群維生素。（附帶一提，其餘從字母F到J、還有部分B群維生素都是非必要，雖然曾有學者試圖判明它們的作用但最終並未得到證實。）

1　時至今日仍有高比例美國人至少患有一種維生素缺乏症，發展中國家情況自然更嚴重。因此科學界也試圖以基因工程強化農產，例如黃金米能夠預防維生素A缺乏。

這些維生素有什麼共同之處？BBC主持人梅爾文・布萊格（Melvyn Bragg）曾經戲謔地說：「維生素只是我們無法製造的分子的另一個名字。」這句話基本沒錯，不過得稍微修正，因為事實上人體能夠製造其中三種，分別為維生素B_3、D和K，麻煩在於製造量不一定足夠。我們的生理機制大量運用碳水化合物、脂肪和蛋白質作為細胞和能量的原料，促進化學反應的維生素在過程中就如同小巧但關鍵的工具，類似車輛的潤滑油。少了潤滑油，汽車看似完好無損，但一段時間過後就會無法行駛。人體需要的維生素並不多，例如每天只需要兩百五十萬分之一克維生素B_{12}，約等於一粒鹽的三十分之一重量。

瞭解維生素的功用以後衍生出顯而易見的問題：既然這些微量物質如此重要、短缺的後果如此嚴重，為什麼人類身體沒有演化出製造它們的能力？一個簡單的解釋是我們懶惰，之所以不這樣做是因為沒有需求。以維生素C為例，靈長類祖先其實能夠自己製造，包括貓狗在內大多數脊椎動物也保有這種基因，所以我們不必餵青花菜給寵物吃。然而大約六千萬年前，基因突變以後人類祖先的基因失去這個功能。基因還在身上，只是不起作用。「因為每天都得進食，」生物化學家克里斯・沃許（Chris Walsh）對此提出解釋：「祖宗們賭的是我們總是能在食物中攝取足夠維生素。」祖先和我們都很幸運，植物確實會製造大量維生素C。

雖然所需甚微，但千萬別低估它們的地位。維生素協助許多細胞中最基本功能。例如維生素A、C、K和B群都是輔酶，這些小人國分子幫助巨人國的兄弟，也就是酶，來加速化學反應發生。酶是長條、摺疊的氨基酸串，可以讓原本百萬年或十億年內只該發生一次的反應在一秒內反覆進行。它們能夠捕捉分子並精確定位，誤差值僅僅幾十億分之一英寸。但有些酶需要具有不同化學標誌的微小助手參與才能好好運作，維生素就在這種情境中成了輔酶。好比建築工人除了需要起重機和推土機，也會需要電鑽才能組合出建築物，人體細胞需要維生素執行許多基本作業。

理所當然，人類並非唯一懂得運用維生素的生物。所有有機體，無論大腸桿菌、蘑菇還是鴨嘴獸都需要維生素。維生素太過關鍵，所以生物化學家哈洛・懷特（Harold White）懷疑它們演化自最早期的細胞。再回想一下，有些學者認為生命之初是RNA，而且先於DNA和蛋白質出現。RNA會複製，而且能夠加速化學反應，但RNA或許需要輔酶協助。俗話說得好，「沒壞就別亂修」，說不定生命從那時起註定擺脫不了維生素。

事到如今維生素已經參與太多生理機能以至於很難追蹤。維生素A幫助眼睛製造桿狀細胞以偵測微弱光線，缺乏維生素A的話摸黑走路會撞牆。此外，我們還需要維生素A來製造皮膚、骨骼、牙齒、指甲、頭髮和免疫系統的細胞。如果沒有維生素C，我們無法行走，身體需要它來製造膠原蛋白，利用這種彈性物質為皮膚、骨骼、肌腱和肌肉增加彈性。人體內至少三成蛋白質是膠原蛋白，若人體缺乏維生素C，牙齦和腿就會像英國海軍的「limey」小兵那樣腫脹。再來，維生素D最重要功能是能幫助細胞吸收鈣，也就是說人少了維生素D就沒有骨骼。但同時肌肉和神經也需要鈣，所以缺乏維生素D的時候身體會拆東牆補西牆，從骨骼抽出鈣去維持肌肉和神經運作。若發生在年輕人身上，腿骨會變為弓形，醫生透過這個症狀能立即診斷出佝僂病。[2]有些維生素如A、D、E還能當作微型掃帚，以抗氧化劑身分清除名為自由基的危險帶電分子，以免它們堆積之後妨礙細胞機器正常運轉。

一百多年前人類生產維生素需要依靠植物和蘑菇、酵母在內的少量真菌（有個例外是維生素B_{12}只能靠細菌製造），但時至今日多數維生素都是工廠製造，以藥丸形式提供或添加到麵條、柳橙汁和早餐穀片內。正如凱瑟琳．普萊斯（Catherine Price）在《維他命狂熱》（*Vitamania*）一書所指出，我們吞下的某些合成維生素可能由尼龍、丙酮、甲醛和煤焦油製成。儘管聽起來不美味，但合成維生素效果很好，和植物製造的維生素具有相同（或幾乎相同）的化學結構。儘管如此，許多生物化學家認為人類最好還是從原型食物（whole foods）❷中攝取維生素，因為他們坦承在營養方面還有很多不瞭解之處。比方說我們能從植物找到其他許多化合物，其中包括稱為類黃酮的強效抗氧化劑，然而研究人員仍在努力理解它們對人體是否具有營養價值。維生素或許能與原型食物中其他營養素產生我們尚未掌握到的交互作用，所

2　好消息是人類皮膚可以自行製造維生素D。過程需要陽光，但每星期中午曬幾次，一次二十到三十分鐘應該就足夠。如果穿得少，需要的時間就更短。

譯註❷：未經加工，看得出原本形態樣貌的食物。

以吃青花菜的好處或許比現在知道的還要多。

說到這兒，每天服用維生素價格不算高，或許有人想知道這麼做是否真的就能延年益壽。然而背後牽涉很多因素。

譬如對孕婦和長者而言這或許是個明智選擇。隨著年齡增長，人體吸收維生素D和B_{12}的能力會下降。此外部分國家盛產稻米、小麥和玉米，已經取代扁豆、豌豆和其他豆類這樣營養密度較高的食物，結果維生素缺乏導致如現代腳氣病等問題。即使美國也未能倖免，缺乏一種或多種維生素的人口比例出乎意料地高。然而如果飲食均衡且健康，其實植物和細菌提供的維生素已經超過所需，維生素攝取足夠之後從健康食品再多補充也沒有任何益處，甚至可能對身體（和錢包）有害。篇幅高達六百一十二頁的《維生素》（*The Vitamins*）一書共同作者小傑拉德・康布斯（Gerald Combs Jr.）就說過：「美國人的尿是世界上最昂貴的尿。」我的公公是個懷疑論者，他有相同感受，總說：「維生素是倒行逆施的煉金術，能將黃金變成尿。」

*

李比希或許漏掉了維生素，但人體成分清單別的部分並沒有說錯。記得他提到除了蛋白質、脂肪和碳水化合物之外還有第四種物質嗎？李比希說得很對，只可惜他自己也沒有完全意識到第四種物質的重要性。事實上，如果缺少這種物質，人大概也算不得是活著了。按照李比希說法，人類想生存還需要一些礦物質，而且清單中正確囊括了鐵、磷，以及鹽分中很寶貴的鈉和氯。

人類對鹽的渴求非常之大，到了不加鹽，食物就不夠美味的地步。鹽有很多種作用，例如維持血壓、傳遞神經脈衝、收縮肌肉等等。它是如此寶貴，曾經作為羅馬士兵工資的一部分，所以歐美才有一句俗話說「你對得起你領的鹽嗎？」。許多戰爭爆發是因為爭奪鹽，連美國內戰期間的劫掠也不例外。當時北方將領襲擊維吉尼亞州鹽廠，想奪走南方人的鹽來削弱他們戰鬥力。

一九三〇年代起，為實驗室動物調製人造食品的科學家逐漸發現身體還需要微量的其他礦物質。

我們需要鎂、錳、銅、鋅，以及微量的其他礦物質如釩、硒和鉻。沒錯，就是閃閃發亮的金屬鉻。

礦物質之於人體重要性難以估量，說不清哪一種最關鍵。鈣和磷是體內最豐富的礦物質，用於強化骨骼。鈣在人體乾燥質量（dry mass）中佔了約百分之一，磷則約為其一半。我們思考或行走時都需要鈉和鉀，因為它們能在膜內外製造電荷差異，後面會詳述這個巧妙設計如何讓電流脈衝往來於神經與肌肉之間。如果舉辦一場「最關鍵礦物質」選拔大賽，鐵參加的話大可以「沒有鐵就沒有能量」當作宣傳口號：肺部血紅素依靠鐵生鏽來捕捉氧氣，然後經由血液運送到身體每個細胞。但同時我們也需要碘來製造甲狀腺激素才能調節新陳代謝，如果碘不足就會甲狀腺腫大導致眼睛突出。除了上述幾種，身體還渴望鎳、鋅、錳、鈷。瞭解硒的人不太多，可是缺乏硒會導致脫髮、疲勞、腦霧、體重增加、心臟疾病、甲狀腺腫大、免疫系統虛弱，於是引發各種身心問題。

再來還有砷。雖然它有毒，但人體似乎需要微量的砷。千萬別過量攝取，我們還不夠清楚砷在人體的作用機制，然而大劑量對身體有害則是肯定的。

人體內還有其他微量礦物質，儘管我們並不需要卻還是進來了，包括銪、鉬、鍶、鈮、金和銀等等。礦物營養專家詹姆斯．柯林斯（James Collins）說：「任何存在於土壤、存在於泥沙的東西最終都會進入人體。」這解釋了為什麼儘管人體含有大約六十種元素，其中卻有一半只是路過，目前認為僅僅二十五種左右能為身體所用。

但想想看：如果我們被迫時間一到就得四處奔波去收集這些礦物質，生活怎麼過得下去？更何況鉬或釩這種東西究竟去哪兒找得到？絕對會被逼瘋。所幸許多常見食物如番茄和豌豆就有鉬，而胡椒、蒔蘿和穀類都含釩。該感謝勤奮的植物、細菌和真菌，是它們想出辦法從岩石汲取元素，如同貼心周到的礦物質外送服務將東西好好交到我們手中。

諷刺的是一部分折磨人類的礦物質與維生素缺乏症狀如貧血、壞血病、腳氣病和糙皮病主要發生於現代，反倒在以狩獵採集為主的祖先中並不常見。農業革命之前，人類祖先的飲食是各種植物、水果、堅果和肉類的混合，僅約一萬兩千年前文明社會開始大量栽培小麥、玉米和稻米時才無意中承擔了嚴重營養不良的風險。直到過去一百年間，得益於李比希、林德、艾克曼和許多其他人的強烈好奇心，我們終於學會如何避免這些可怕疾病。

＊

構建身體所需的成分清單現在已經完整。我們以五種類型的分子組裝細胞，分別為蛋白質、脂肪、碳水化合物、維生素和礦物質。[3]幾乎所有成分都來自植物（少數來自細菌和真菌）。

然而這份清單也導致科學界最令人困惑的大謎題：我們如何從這樣多零散分離的營養物質中化作有生命、會呼吸的人？它們如何在細胞內創造生命？為了解謎，該研究的第一個問題則是：身體懂得怎樣將每餐攝入的無數原子組裝成人類，這個知識被藏在什麼地方？換言之，人體是不是有一張組裝說明書？以前科學家連如何切入這問題都想不出辦法，轉機出現在有人研究了……膿。

3　脂肪包括我們無法自行合成的另一種分子：必需脂肪酸 omega-3 和 omega-6。兩者在人體中扮演許多角色，其中最關鍵的是維護大腦正常運作。

12 近在眼前
找到我們的藍圖

探索性研究其實就像霧裡看花，連方向也搞不清楚，只能自己摸索。後見之明的人才會覺得明明一目瞭然。

——弗朗西斯．克里克（Francis Crick）

一八六八年秋天，年輕的瑞士醫生弗里德里希．米歇爾（Friedrich Miescher）穿過一座宏偉石拱門，進入坐落於德國中世紀城市圖賓根（Tübingen）高處的壯觀城堡。他當年才二十四歲，從醫學院畢業不久，性格靦腆內向，那天要去的城堡廚房就是自己未來的實驗室。由於父親和叔叔都是傑出醫生，米歇爾原本也打算懸壺濟世，然而一次斑疹傷寒感染損害了聽力，難以使用聽診器的他便決定從事研究工作，來到圖賓根加入生物化學先驅費利克斯．霍普—賽勒（Felix Hoppe-Seyler）的團隊。

短短六個月內，米歇爾針對一個問題找到了重要線索，然而問題本身就讓人聽了頭昏腦脹：原子自宇宙進入地球時來得倉促匆忙，它們如何指揮細胞內部極其複雜的活動？說得跟白一些，分子組裝說明書在哪裡、藍圖在哪裡，沒有這些東西細胞怎麼會知道如何構建和維護肉體？達爾文發表《物種起源》之後僅僅三十多年，甚至在詹姆斯．華生（James Watson）和弗朗西斯．克里克❸出生前，米歇爾已經意外地逼近了謎題的解答。

他去圖賓根做研究的年代科學界對人體知之甚少。霍普－賽勒的目標是辨識不同種類細胞中的化學物質，希望分析蛋白質就能理解細胞運作。米歇爾專注於白血球，他們認為白血球是所有細胞中特別單純的一種。

取得白血球對這位年輕研究者沒有難度，因為那是沒有消毒劑、細菌致病理論也尚未興起之前的年代，學界普遍認為白血球清除身體中有毒「體液」之後死亡就化膿。當時的醫生看到傷口大量分泌膿液會感到欣慰，紗布的主要作用就是吸膿。附近正好有一所照顧士兵的醫院，於是米歇爾輕鬆取得大量被膿污染、散發惡臭的紗布。

他在寬敞實驗室拱形天花板下從紗布剝離出「渾濁、厚重、黏稠的塊狀物」，然後靠鹽溶液破壞細胞，接著著手進行棘手任務，也就是嘗試辨認其中的化學物質。正如米歇爾所料，細胞中有蛋白質和脂肪。但他不僅發現另一種分子，而且這種分子居然含有磷。蛋白質、脂肪和

譯註❸：兩人共同發現了DNA雙螺旋結構。

碳水化合物都不含磷，他不由得懷疑自己是否發現人體細胞中全新類型的分子，所以踏上追尋的旅程。

他推測自己在一部分測試中分離出細胞核，而細胞核就是新分子源頭。如果想證明這點，米歇爾必須從細胞中乾淨地剝離細胞核，當時科學界尚未有人成功。一如以往，米歇爾秉著專屬他的那股熱情栽進研究之中。（幾年之後，明明是自己的大喜之日，卻還需要一位朋友過去將米歇爾拽出實驗室，因為他連婚期都忘了。）米歇爾開發了新的實驗手法，先去屠宰場回收豬胃裡一層有臭味的內膜，從中抽取消化用的蛋白酶，搭配酒精和鹽酸就能將細胞核獨立出來。

經過好幾個月努力，米歇爾在細胞核內找到一種含磷的白色物質，確信這是一項開創性發現。他相信自己發現的新型分子在細胞中扮演獨特角色，重要性或許媲美蛋白質。

起初霍普—賽勒不敢輕易相信旗下的年輕研究員能做出這麼大成果，拒絕將論文刊登在自己擔任編輯的生化期刊，除非他也能夠再現研究結果。但一年之後，米歇爾迫切需要這篇論文來獲得講師職位，擔心再不發表的話會有其他人搶先。兩年後，〈論膿細胞的化學組成〉（"On the Chemical Composition of Pus Cells"）得以問世，而且霍普—賽勒特地加上備註解釋這份研究因「無法預料的情況」才拖延至今。

米歇爾將新分子稱為「核素」（nuclein），現在我們知道它就是ＤＮＡ。

既然米歇爾對細胞核很有興趣，他也研究遺傳學並不令人訝異。儘管當時的科學家對於遺傳機制只有模糊概念，但也留意到細胞核和遺傳似乎有關。數百年前，英國自然哲學家羅伯特．虎克（Robert Hooke）透過顯微鏡觀察，驚訝地發現一塊軟木居然還能分成許多小區塊，讓人聯想到修道院內的隔間，所以將其稱為細胞❹。到了一八五〇年代，顯微鏡更加進步，於是科學家看到所有生物都由細胞組成。儘管如此，多數科學家依舊相信新生命只能從塵土、死肉或有機物中自然形成。不過隨後又進化了的顯微鏡揭示出細胞分裂，顯然每個細胞都來自另一個細胞。此外，學者還發現一個細胞分裂時，它的細胞核也跟著分裂。更慶幸的是海膽受精卵大而透明，可以觀察到胚胎是由兩個細胞核融合而成，一個來自精子，另一個來自卵子。

米歇爾推測細胞核中的不明分子或許就是遺傳的載具，只可惜當時化學技術還太粗糙所以無法回答。他站在生物學史上最偉大預測的邊緣，於一八七四年提出：「如果我們……假設受精的明確原因來自……某種特定物質，那麼最值得關注的對象就是核素。」後來到了一八九二年，米歇爾在給叔叔寫的信上留下真知灼見，他說既然語言只有二十四到三十個字母卻能夠表達無限的詞語和思想，那麼種類約莫相同的分子或許也能夠告知細胞如何繁殖。這個猜想幾乎就是答案了：DNA是二十種不同氨基酸的排列組合，人體大多數細胞活動都在這個編碼的

譯註❹：細胞的英文cell原意為小房間或小格子。

控制之中。

可惜發現核素之後的二十多年，米歇爾對蛋白質更感興趣。當時學界認為蛋白質巨大且複雜，而他當時也無法在核酸上面找到遞送遺傳所需的複雜性。在那當下輕視DNA或許合理但不公平，米歇爾轉換了目標，也與科學界最偉大預測之一擦身而過。後來他工作過度勞累，免疫系統減弱之下罹患結核病，五十六歲離開人間，之前的貢獻幾乎都被世人遺忘。

*

然而到了世紀交替的時刻，許多生物化學家不同意米歇爾對核酸潛力的質疑，認為遺傳關鍵是核酸而非蛋白質。不過這個想法才萌芽就被一個人的研究徹底擊潰，他是菲巴斯·利文（Phoebus Levene），紐約洛克菲勒醫學研究所化學部門的傑出主任。核素方面，利文是毫無疑問的權威，其實也就是他將其重新命名為DNA——去氧核糖核酸（如果好奇的話，命名理由是分子中的糖為核糖，但DNA的核糖缺少一個氧原子，與RNA中的核糖有所不同）。他還發現DNA特點在於包含四種小型鹼基：腺嘌呤、鳥嘌呤、胞嘧啶和胸腺嘧啶，當時能做到的最精密測量顯示DNA內每種鹼基比例相同。利文據此認為DNA極有可能是簡單分子，四個鹼基按照固定順序重複排列。

原本是個合理推測，但研究過程中卻被人拱上神壇不容置疑。於是過不了多久，科學家共識是DNA非常無趣。他們被「看起來最有可能就一定是真的」這種偏誤帶歪了思考方向。一旦所有人都覺得DNA很單純，就逐漸淡忘這種假設的根基其實談不上牢固。

到了這個階段，生物學家總算在遺傳研究有了進展。十九世紀奧地利修士孟德爾證明了生物特徵可以追蹤，例如植物的高度或種子形狀會一代傳一代。科學家還不知道細胞中傳遞特徵的東西是什麼，但先命名為基因，語源是希臘詞*genos*，意為「誕生」或「家族」。接著在一九二〇年代末期，生物學家以X光照射果蠅，並追蹤從上一代到下一代出現何種突變。他們發現有些特徵綁在一起傳遞，而且與細胞核內線狀結構——染色體——的物理變化有關。因此遺傳學家察覺基因必須存在於染色體，還觀察到染色體由兩種物質組成：DNA和蛋白質。

但基因究竟**是**什麼？單獨的分子？還是許多分子，或許以鬆散的方式結合？儘管沒人知道，遺傳學家一致認為基因很可能由細胞中最顯眼的分子組成，那就是蛋白質。不同於DNA的單純，蛋白質由多達二十種不同類型氨基酸串成鏈狀，形狀大小都變化多端。顯然蛋白質比較聰明，也唯有它們具備遞送遺傳訊息所需的複雜度。

成為共識的見解就像一堵高牆，然而牆上浮現幾乎看不見的裂縫。縫隙不是由遺傳學家親手敲出，而是出自奧斯伍爾德．埃弗里（Oswald Avery）之手。他從事醫學研究，主題是細菌。埃弗里也在洛克菲勒研究所工作，與利文是同事也是朋友。即使熟人也覺得他性格有點怪，但大家都很尊敬他，尊敬到會稱他為Fess，意思是教授（Professor）。他最初從醫，但常因為自己無法幫助病人而情緒低落。比方說肺炎引起發冷、發燒、幻覺，每年造成五萬名美國人死亡，埃弗里的母親也沒能倖免。他轉向研究路線，雖然念大學時善於公開演講很出風頭，但進入洛克菲勒研究所以後就像科學界的修士一樣低調。埃弗里身材瘦小，頂著偏大的禿頭，眼珠子還特別突出（甲狀腺功能亢進導致），性格變得極度內向保守，與另一位單身科學家住在研究所附近，不喜歡生活裡有任何干擾，連回信都嫌麻煩，整顆心放在研究上。他和米歇爾一樣喜歡調查化學物質，但不欣賞毫無頭緒就隨便進行實驗的研究人員，寧可呆坐著好幾天思索如何使實驗更優雅更具意義，準備好了才肯拿起試管。一靠近實驗臺，埃弗里的五感變得敏銳，而且目光「聚焦在自己內心，彷彿無視外界存在」。

但是埃弗里比其他人更留意一個可怕發現。一九二八年，倫敦衛生部醫務官弗雷德里克．格里菲斯（Frederick Griffith）分析肺炎患者咳出的黏液，驚訝發現患者體內常常不只一種肺炎細菌，而是兩種。其中一種具有粗糙外層，注射到老鼠體內時無害。另一種表面光滑，但卻致命。格里菲斯推論同一個人感染兩種不同菌株的可能性很低，不過實驗之後得到更加奇怪的結果。如果加熱殺死致命細菌然後注入老鼠體內，老鼠能夠保持健康。但如果同時注射致命細菌和無害活細菌，老鼠就會死亡，而且最後身上只有活的致命細菌。就好像菌株能夠在兩種形態之間轉換。

起初埃弗里認為格里菲斯得到的奇怪結果是實驗污染，不肯讓實驗室同僚浪費時間重現實驗。可是埃弗里度假期間，實驗室一名研究員還是決定重複測試，因為他們工作地點在洛克菲勒醫學研究所六樓，走下樓就能到醫院病房取得肺炎患者剛咳出的黏液。埃弗里返回工作崗位後驚訝得知格里菲斯判斷正確：即使致命細菌經過加熱、磨碎，只要與無害活菌株放在同一個試管，結果就是細菌從良性變惡性，連後代也能奪人性命。埃弗里自己將細菌比喻為「化身博士」❺，會因為某個因素變成壞蛋。

那時候沒什麼人會對微小細菌中一個古怪異常感興趣，但埃弗里腦袋卻為此轉個沒完沒了。他將神祕物質稱為「轉化原理」，但究竟是什麼呢？如何將良性細菌變成致命細菌？是致命細菌死亡以後釋出某種物質附著在無害細菌上，酶受到刺激就會製造新的物質來進行改造嗎？而且他也好奇過程中是否有科學界尚未查明的現象，譬如細菌死亡以後基因外流，被活細菌吸收融合於自身？當時似乎只有他意識到格里菲斯觀察到的怪異現象很重要，能幫助人類瞭解某些分子如何指揮細胞整體的活動。

埃弗里下定決心找出答案，但遭遇了不少阻礙。一九三〇年代初，他的甲狀腺功能亢進惡

譯註❺：《化身博士》（*Strange Case of Dr Jekyll and Mr Hyde*）是十九世紀小說，主題為紳士醫生開發藥物壓抑邪惡人格，但有時仍會變身作亂。

化，引發手顫、抑鬱、虛弱，直到手術後體重才恢復到過去一百磅（約四十五公斤）出頭的水準。與此同時，研究團隊也持續面對「頭痛和心碎」，遲遲做不出可靠的結果，分離出的轉化物質有時候能改造別的細菌，但有時候又毫無作用。他回憶當年時說：「我們好幾次想把整個研究案丟掉就算了。」連口頭禪也變成「失望是家常便飯」。

一九四〇，埃弗里已經六十二歲，距離強制退休只剩下三年，他終於能將所有時間精力集中在「轉化原理」上，所幸也取得幾項重大突破。學界同儕柯林・麥克羅德（Colin MacLeod）開發出了一種可靠方法可以大量分離細菌以進行實驗。他在大瓶子培養肺炎細菌，接著藉由工業用大型乳品分離器的離心力將其取出。為了防止致命的肺炎細菌流入空氣，他會先裝入不銹鋼箱密封，並設計利用蒸汽對內部消毒的裝置，最後要靠輪胎扳手才能鬆開沉重的螺栓。（箱子打開時埃弗里總是會迴避。）

取得大量轉化物質之後，另一位通才麥克林恩・麥卡蒂（Maclyn McCarty）開始進行一系列化學測試來辨識。他發現即使去除所有脂肪和糖，這種物質仍能將無害細菌變成致命細菌。於是化學上只剩下兩個嫌疑犯，首先是蛋白質，再來就令埃弗里震驚了，因為是DNA。

一九四二年，他們抽取出一種白色絲狀物質，可以將原本無害的肺炎菌變成殺人凶手。這種物質就結構而言百分之零點零一是蛋白質，另外的百分之九十九點九九他們都開始懷疑就是DNA。隨著研究繼續進行，他們嘗試以兔骨、豬腎、狗腸以及兔、狗和人血抽取到的酶來與不明物質交互作用，結果只有已知會摧毀ＤＮＡ的酶才能阻止這種物質發揮效力。能想到的所有測試手法都顯示除了ＤＮＡ沒有別的答案。

但埃弗里不敢掉以輕心，因為曾經有過心理陰影。二十年前他曾宣稱可以從肺炎菌株的表面蛋白質判斷是否致命，經過六年卻自己發現當初弄錯了：可用於識別的分子其實是糖。埃弗里公開撤回論文，也為此遭受懷疑和嘲笑，即使過了許多年心中仍然有壓力，不敢再犯錯。不過與普林斯頓大學幾位著名化學家討論過後，他實在想不出還能做什麼實驗。回程途中，麥克羅德問他：「教授你還想要什麼？我們怎麼可能生得出更多證據？」結果埃弗里又在洛克菲勒研究所找了更多化學家諮詢。

最後他總算在一九四四年同意發表近十四年的研究成果，還興高采烈寫信給弟弟表示自己有個重大發現，是「遺傳學家長久以來的夢想」。論文篇幅很長，而且埃弗里直到末尾才投下震撼彈：儘管長達幾十年的觀念認為基因應該是蛋白質組成，但他發現的轉化物質不但很可能就是基因，而且成分是ＤＮＡ。但在這段話後面他立刻加上警語表示無法徹底排除樣本污染問題——如果最後證明是污染就當他什麼都沒說。

論文標題很平淡，叫做《肺炎鏈球菌類型轉換誘發物質的化學性質研究：自第三型肺炎鏈球菌分離的去氧核糖核酸》，但這個論文卻像氣球灌了鉛一樣飛不起來。其中一個原因在於最激烈的批評者、當時全球蛋白質研究的權威阿爾弗雷德·米爾斯基（Alfred Mirsky）也在洛克菲勒研究所工作，還比埃弗里高了兩個樓層。米爾斯基無視埃弗里做了那麼多測試，直接聲稱沒人能將DNA純化到超過百分之九十九，換言之即使埃弗里的樣本僅有千分之一受到蛋白質污染，結果仍然會有數百萬個蛋白質可以引起轉化。一如既往，「世界上最偉大的專家必然正確」這種偏見左右了科學家思維。說實在話，正常情況下這是合理的假設。何況埃弗里原本研究的是細菌，當時學界對細菌瞭解相對少，誰知道細菌和人類的遺傳機制是否相同？對大多數遺傳學家而言，基因由蛋白質還是DNA組成似乎不太重要，反正他們兩者都不懂。一位科學家回憶那個時期說大家覺得DNA就是「某種該死的大分子」。因此在多數學者眼中，控制細胞活動的分子特性依舊被重重迷霧籠罩。

*

話雖如此，埃弗里已經播下了革命種子。總會有少數科學家認真看待他的研究，其中一位是哥倫比亞大學的生物化學家埃爾文．查加夫（Erwin Chargaff）。「我在黑暗中看見輪廓，那是生物學語法的起點。」他回憶時這麼說。查加夫立即著手研究DNA，並且決定採用才開發完成一年的新技術「紙色譜法」對利文的假設進行測試，看看是否所有DNA的鹼基比例都相同。結果牛的DNA裡鹼基A：G：C：T的比例大約是三十：二十：二十：三十，換作結核菌則接近三十五：十五：十五：三十五，而人類會更加不同。就查加夫的立場，這證明鹼基並不如預期只是固定且重複的排列，也就是說DNA的鹼基順序或許並不「愚蠢」。所以眾多科學家不僅掉進認知陷阱，而且還連續栽兩次，一次是「看起來最有可能就一定是真的」，另一次是「世界上最偉大的專家必然正確」。利文的年代沒有技術足以精確測量鹼基對，而且他自己早就意識到這點，但後來學界卻將他的猜想當作真理，認定鹼基會以相同比例出現、只會重複單純且固定的序列。

查加夫還發現一個奇怪現象：鹼基比例呈現奇怪的模式，A與T、G與C的比例每次都相同。當時他不知道如何解讀，日後大概很懊惱自己錯過了重點。

埃弗里發表論文那年，物理學家埃爾溫．薛丁格（Erwin Schrödinger）也出了一本薄薄的《生命是什麼？》（*What Is Life?*），這本書同樣引導了一些科學家開始研究DNA。「薛丁格的貓」十分出名，這個思想實驗凸顯次原子粒子的行為多詭異。協助發展量子理論後，他開始尋找下一個要解決的重大難題，於是發覺基因依舊是生物學領域內可謂神祕的概念。科學家說基因決定了例如瞳色身高等等遺傳特徵，但卻無法解釋與特徵對應的基因具有什麼特性。基因是分子嗎？如果是許多分子同時運作，規則是什麼？薛丁格推測基因是嵌入在某種生物分子（他推測是一種「非週期性晶體」）內的「編碼腳本」，並主張探究基因是當時最迫切的科學議題。

薛丁格簡短有力的著作啟發了許多年輕科學家，他們轉換跑道開始調查基因的物理特性。其中一位是本來主修動物學的詹姆斯・華生，另外兩位是英國物理學家弗朗西斯・克里克和莫里斯・威爾金斯（Maurice Wilkins）。他們自己還沒察覺，但已經加入了諾貝爾獎競賽中。

莫里斯・威爾金斯在一九四四年讀到薛丁格的書。這位物理學家身材高大、性格內向，曾經在柏克萊大學勞倫斯利佛摩實驗室的英國團隊參與軍事研究，專案主題為用於原子彈的鈾分離，但後來震驚於核武嚴重威脅到人類存續便決定轉攻生命科學。回到英國以後，他加入倫敦國王學院新成立的生物物理實驗室。威爾金斯和多數人一樣，始終認為遞送遺傳資訊的分子應該是蛋白質。然而他得知埃弗里的研究，DNA突然成了可能選項，於是開發出新型光學顯微鏡，希望能探查到DNA結構的線索。可惜顯微鏡解析度終究有限，為求更進一步的觀察，威爾金斯投靠X射線晶體學。少了這項技術的話DNA結構至今仍會是無解之謎。

威爾金斯開始研究的幾十年前英國物理學家就開創出這項卓越技術。只要將晶體分子放在底片前面並以X光照射，射線繞過或穿過分子時會繞射扭曲然後留下影像。他們將複雜數學運用在圖像處理，因此能夠重現晶體結構。其實就像從牆壁陰影來推敲物體形狀，只不過目標比肉眼能看到的任何東西小了百萬倍。

而且威爾金斯運氣很好，一九五〇年五月參加某個會議時，一位瑞士科學家慷慨提供了異常純淨的DNA樣本。回到倫敦，威爾金斯與研究生雷蒙・葛斯林（Raymond Gosling）嘗試對樣本做X光晶體成像。經過多次實驗，他們激動發現拍攝出來的照片比以往都要清晰，兩個人興奮得倒了雪利酒乾杯慶祝。事隔多年，葛斯林想起那天仍是回味無窮。

儘管有了進展，威爾金斯意識到自己在這項技術只是初出茅廬。後來他聽說部門主任約翰・藍道爾（John Randall）聘請了經驗豐富的X射線晶體學家羅莎琳・富蘭克林（Rosalind Franklin），於是提議請她加入DNA研究。遺憾的是兩人之間風波不斷。

那年富蘭克林三十歲，原本在巴黎的化學研究已經成績斐然，在煤的結構上有重要發現。藍道爾最初向她表示研究目標是蛋白質，但她抵達之前又收到藍道爾去信說要改為研究DNA，並承諾研究團隊只有她和雷蒙・葛斯林兩個人。一開始藍道爾似乎有意要威爾金斯放棄X射線研究卻又沒有真的做出指示，此外也並未將自己給富蘭克林寫了信的事情告知威爾金斯，隱瞞的理由只有他本人知道。同一時期，威爾金斯得出結論，明白不可能透過顯微鏡得到DNA結構的更多線索，必須在X射線晶體學上加倍努力才能推動研究進度。倘若兩人早早合作，或許後來就能攜手去瑞典❻，詎料卻演變成科學史上最廣為人知的一段夙怨。

他們之間從一開始就充滿誤解。富蘭克林抵達時，身為實驗室副主任的威爾金斯正好外出度假，回到工作崗位以後積極想和新進人員建立關係。眼前所見的女性科學家經驗豐富，留著

譯註❻：指諾貝爾獎頒獎典禮。

黑色短髮，黑色瞳孔戒備中透露自信。事前藍道爾交代葛斯林聽她的，富蘭克林會接管X射線晶體學設備和威爾金斯寶貴的純淨DNA樣本。然而威爾金斯這邊卻仍以為她是以助手身分加入自己的研究，或至少兩人地位對等，自己可以從理論角度詮釋她取得的圖像。

富蘭克林不感興趣。一方面跟事前說的不同，另一方面她並不想成為別人的助手。再者威爾金斯也沒有給她留下好印象，開始工作以後她發現自己才是掌握了清晰成像訣竅的那方，很快就在地下實驗室拍出更好的照片。威爾金斯總是不請自來，試圖對自己拍攝的圖像做出解釋。富蘭克林感到一頭霧水甚至被冒犯：這人為什麼一直想要侵占她的地盤？

兩人不和的另一個原因是典型的性格矛盾。富蘭克林一向很有自信，期望自己各方面表現出色、成為領導者，對專長領域充滿熱情，還喜歡和別人直接辯出個高下。反觀威爾金斯則是溫和害羞，習慣避免衝突，講話經常別過臉，甚至普通對話也如此。意見分歧時，他可能陷入沉默。後來與富蘭克林合作過的阿龍·克盧格（Aaron Klug）說：「她非常敏銳，做事迅速果斷。正因如此她註定和威爾金斯處不好。威爾金斯是個聰明人，腦袋靈活但步調緩慢，而她則求快求準。」其實兩人可能都不算好相處，但磨合失敗最終導致雙方都付出沉重代價。

同一時期的幾個月之後，別的團隊對同樣主題起了興趣。其實是威爾金斯自己無意間造成的，他重燃一個美國人對DNA結構的認清：留平頭、眼睛大而突出，氣質還很青澀的詹姆斯·華生當時是博士後研究員，去丹麥發展遇上瓶頸，卻依舊懷有在科學界做一番大事的夢想。他在美國求學時碰上的教授群比較特別，是少數願意將埃弗里的發現當回事的人，所以對學生說基因由ＤＮＡ而非蛋白質組成。最初華生單純沿襲昔日師長的立場，一心認為ＤＮＡ結構是生物學最重要的課題，而他想成為找到答案的人，只是還不知道如何切入。

前往義大利參加研討會時，華生聽到威爾金斯的發表。威爾金斯展示自己和葛斯林為ＤＮＡ拍到的清晰Ｘ光片，他看了非常震驚。圖像中線條和點的分佈模式強烈指向ＤＮＡ的結構整齊有序，透過Ｘ射線晶體學就能一窺究竟。

華生立刻起了跳槽的念頭，若能進入國王學院和威爾金斯一起研究再好不過。然而那條路走不通，於是他尋求次好的選擇：去劍橋大學擔任博士後研究員，距離倫敦不過一小時半的火車車程。那裡的研究團隊將Ｘ射線晶體學運用於探索蛋白質結構，華生的計劃就是先學好技術，等到時機成熟再自己調查ＤＮＡ結構。

機會來得比預期快。

進入劍橋才第一天，華生就遇見一位身材瘦削、打扮入時的物理學家。對方笑聲洪亮，講話滔滔不絕，好奇心強烈得難以滿足。他是華生之後的同事弗朗西斯．克里克，曾在戰爭期間參與設計海軍水雷。克里克是威爾金斯的朋友，後來同樣決定轉向研究生命，而不是製造武器。然而他並沒有加入威爾金斯的倫敦實驗室，來到了劍橋研究蛋白質複雜結構，因為他相信蛋白質在物質分子轉變為生命的過程中扮演最重要角色。兩人相遇之後立即意識到彼此思維重合，而且是絕妙的搭檔。華生青澀但早熟，當時才二十二歲卻已經是博士後研究員，克里克則已婚、三十五歲了還在攻讀博士學位。但其實克里克思考速度快得誇張，許多同事都不敢讓他聽到研究主題，怕克里克會搶先一步做出來。華生不只有雄心壯志而且非常自負，即使參加講座也會刻意假裝讀報紙，提到他覺得有趣、值得自己注意的話題才轉頭。克里克後來寫下：「我們兩個都有那種年少輕狂的性格，聽別人說話顛三倒四就會不耐煩。」

華生和克里克很快達成共識，傾向轉為調查DNA而非蛋白質的結構。首先這個研究難度可能較低，畢竟蛋白質體積大又極其複雜，比方說克里克的導師馬克斯・佩魯茨（Max Perutz）致力研究血紅蛋白結構已經長達十五年（之後他還要繼續做九年）。如果基因是蛋白質，調查透澈需要多長時間只有天知道。DNA看起來簡單得多，所以兩人決定一試。而且這個研究連實驗都不必做，反正他們也缺乏相關技能算是正好。

這個研究可以使用其他科學家的數據，而且他們得到萊納斯・鮑林（Linus Pauling）（人稱「化學之獅」）傳授一條捷徑。鮑林是當時地位最高的化學家，一九二〇年代晚期在加州理工學院利用量子力學發現了新的原子鍵結規則，可謂憑藉一己之力將化學轉變成一門更精確的科學。他也篤信蛋白質就是最重要的分子，於是參與了調查結構的科學競賽，並且以壓倒性優勢超越華生和克里克的劍橋實驗室。儘管兩人所屬部門主任勞倫斯・布拉格（Lawrence Bragg）與其父親幾個月前剛剛開創出X射線晶體學，鮑林卻很快就達成重要突破：他發現許多蛋白質的結構是一種三維螺旋，便稱為螺旋體。[4]之所以能判斷這點是因為鮑林開發出新技術，不僅僅分析X射線圖像，還進一步對圖像做量測，按照數據製作出蛋白質亞基的比例模型，可以當成組合玩具那樣子操作。由於他對原子鍵結的理解十分深刻，因此能夠推斷出合乎邏輯的結構。

劍橋研究小組想採用相同的解決方案時遭遇困難，X光片中出現模糊小點，似乎可以排除螺旋體可能性。同一時期鮑林果斷作出決定：由於這些斑點與自己發現的結構無法匹配，不如直接忽略就算了。結果證明他是對的，那種斑點是攝影過程的副作用，然而對克里克和整個劍橋實驗室來說卻是一次巨大挫敗。

克里克和華生的立場顯而易見。他們必須設法超越鮑林，但又得利用對方的建模技術去調查DNA結構——再不做，人家就會自己動手了。一位物理學家、一位生物學家，兩人迅速投入工作，雖然對化學知之甚少卻仍勇往直前。

他們的行為刺激到了威爾金斯。威爾金斯想在國王學院建立自己的模型，但沒有富蘭克林合作無法成事，偏偏她認為這種研究方法太多臆測，沒有實質意義。就富蘭克林的想法，完全

4　順帶一提，鮑林並非沒人幫忙。解決支持模型大部分數學問題的人是黑人化學家赫爾曼・布蘭森（Herman Branson），儘管鮑林確實將他列為該論文的第三作者，但不知何故似乎對布蘭森的貢獻只肯輕描淡寫。

依靠X光片數據雖然比較慢，卻能得到更確切的答案。

華生和克里克著手檢視別人發表的數據，但很快意識到自己需要更多測量樣本，能夠取得的來源只有一個——富蘭克林的實驗室。巧的是國王學院即將舉辦部門別學術研討會，富蘭克林會在那個場合提出初步研究結果，威爾金斯還很親切地邀請兩人參加。於是抵達劍橋才六星期，華生真的搭了火車去倫敦，悄悄溜進演講廳，後來形容自己就像「間諜」一樣。

匆匆趕回的華生將研討會的所見所聞都告訴克里克，並要求實驗室工坊盡快製作分子結構模型。模型元件是木材和金屬製成的球體或桿體，形狀和體積比例對應DNA的基本單位。之後兩人坐在四面磚牆的辦公室內，眼睛直直盯著桌上的模型，試圖透過想像力無中生有：作為控制細胞活動的分子，基因究竟該是什麼模樣？

他們知道DNA只由五種元素組成，分別是不同磷酸基（含磷和氧）組成的骨幹，以及稱為去氧核糖的糖分（含碳、氧、氫）。但理解DNA關鍵在於它的骨架支撐四種小鹼基：腺嘌呤、鳥嘌呤、胞嘧啶、胸腺嘧啶（成分為氮、碳、氫和氧，原子數量在十三到十六之間）。假設他們猜對了，也就是DNA攜帶基因，那麼鹼基的排列順序或許就是龐大遺傳資料的編碼。

兩人原本擔心DNA結構會像蛋白質一樣剪不斷理還亂，但如果基因其實是由DNA和蛋白質組合而成就更可怕了。反之如果運氣好，基因只由DNA組成，它的結構相對簡單。

他們根據這個出發點進行猜測，認為最有可能的形狀是螺旋體，而且這個猜想似乎也符合X射線成像結果和威爾金斯的臆測。兩人趕快買來一本鮑林寫的教科書《化學鍵的性質》就又埋首研究。

分子結構模型不到兩星期就製作完畢，他們猜想根據富蘭克林拍攝的圖像推測骨幹有三條，便組合出中央連結穩定的三個螺旋體，然後將鹼基懸掛在側邊，看上去像聖誕樹裝飾品一樣有點尷尬。克里克很緊張，請威爾金斯過去給點意見。

翌日早晨，威爾金斯和帶著富蘭克林、葛斯林和另外兩位國王學院同事搭乘上午十點的火車從倫敦出發。去程時一行人心情沮喪，擔心研究已經被搶走。不過富蘭克林看到模型時笑出來，因為錯得很離譜，根本做反了。其實她在研討會就解釋過：根據自己的計算，鹼基得安插在兩條螺旋之間而非之外，華生當下沒聽明白。

華生和克里克覺得丟臉就算了，更糟糕的在後面：兩人的上司布拉格接到藍道爾的電話。身為威爾金斯和富蘭克林的主任，藍道爾相當不滿，認為華生和克里克的作為太過奸詐，畢竟英國當時也才幾間生物物理學實驗室，彼此模仿實在不妥。既然威爾金斯和富蘭克林更早開始相關研究，於情於理這個主題都該專屬他們二人。布拉格又羞又惱，直接命令華生和克里克從DNA抽手，該做什麼做什麼。

為了表達歉意，華生和克里克將模型裝置寄給威爾金斯和富蘭克林，請他們也試著組裝出分子結構。富蘭克林仍然不明白這麼做意義何在。根據葛斯林的回憶，她的想法是「做原子模型做到『天荒地老』也無法判斷是否更接近真相」。富蘭克林始終認為唯一合乎邏輯的做法是讓正確結構主動從數據浮現。

國王學院這頭，富蘭克林和葛斯林與高采烈繼續原本的工作。幾個月前她得到新發現，原來DNA一條鏈可以呈現兩種形態。環境較乾燥時其直徑會變寬，她稱為A型。環境若是濕潤，比如在人體細胞內，DNA則會變得比較細，她稱為B型。

這是很重要的突破。

但富蘭克林隨即做出拖慢進度的選擇。因為A型圖像更複雜，因此包含更多數據，她就認為能從中取得更明確的結果，決定先從A型開始研究。富蘭克林透過複雜費時的數學計算來詮釋X射線圖像內容，隨著分析數據越來越多，她也越來越確信A型並非螺旋體結構。

同時期的威爾金斯愈發沮喪挫折。從他的角度來看，是自己在國王學院發起DNA研究，也是自己提議邀請富蘭克林提供技術協助，沒想到演變成她接管整個研究案還排擠掉自己。兩人關係勢如水火，藍道爾不得不介入斡旋，結論是富蘭克林繼續分析A型（使用威爾金斯給她的純淨DNA樣本），威爾金斯則去研究B型（使用他在別處找到的樣本）。這階段兩個人幾乎不再互動了。威爾金斯購買一臺更新更大的攝影機來觀察DNA的B型，卻發現從瑞士生物化學家收到的純淨DNA樣本再難取得。他偶爾會與華生和克里克碰面，除了透露富蘭克林的最近進度也繼續背地裡發牢騷，三個人私下會以輕蔑口吻將富蘭克林稱作「小羅」❼。

可是富蘭克林也變得越來越不開心。她覺得巴黎的同事都很有教養還能刺激思考，日子過得如魚得水。來到英國以後她非常不滿，女性甚至不能與男性一同在資深交誼廳共用午餐，加上國王學院部分教職員是略顯粗鄙的退役軍人，開口閉口就要嘲諷人，營造的氛圍令她非常難忍受。以前在巴黎大家公認她是傑出科學家，但在倫敦她只是無名小卒。最大癥結在於威爾金斯反覆要求兩人合作，富蘭克林大為光火。回顧研究歷程，其實她的確該與別人合作，只不過那個人不可能是威爾金斯。「必須很遺憾地說，莫里斯（威爾金斯）的言行就是所謂的男性沙文主義。」富蘭克林的密友唐納德．卡斯帕爾（Don Caspar）告訴我：「我想他給羅莎琳的感受，就好像女人去當他助手是天經地義一樣。」儘管富蘭克林很有自信，不認為自己需要威爾金斯協助，但在英國的處境已經難過到想另尋出路。

同一時間劍橋大學的華生和克里克也有怨懟。據他們所知，一年下來富蘭克林根本沒什麼進展。到了一九五三年一月，鮑林即將發表論文，華生和克里克提前看到副本時非常錯愕。

鮑林的主題就是DNA結構。起初華生和克里克感到幻滅，然而隨後令兩人又驚訝又寬慰，原因在於鮑林的研究太草率，竟然在中央放了三個螺旋體，與他們自己失敗的模型如出一

譯註❼：Rosy，源於富蘭克林本名羅莎琳（Rosalind）。

轍。此外鮑林想像某些分子結合時也犯下不尋常的基本錯誤，明眼人一看就知道這個DNA分子會立即解體。話雖如此，華生相信鮑林很快就會發現錯誤並找出正確結構，一舉成名的機會馬上就會與自己擦肩而過。相較於鮑林、克里克、威爾金斯或富蘭克林，華生更篤定DNA結構是科學界的一大步，也希望研究結果能幫助人類瞭解基因的運作機制。「我是世界上唯一一個正確判斷局勢的人。」他回憶這件事情的時候態度還是那麼謙虛。讀完鮑林的論文，幾天過後他特地搭火車從劍橋到倫敦，提醒威爾金斯和富蘭克林立即著手建立模型，別鮑林修正錯誤就來不及了。

儘管華生行事本來就不是英國人風格，但那天他一聲不吭直接走進富蘭克林的辦公室，事後回憶起來自己也覺得不妥。他給富蘭克林看了論文初稿，同時解釋鮑林提出的三股螺旋骨架顯然有問題。被華生闖進房間時富蘭克林已經很不高興了，更何況他手上居然有一份明明很重要自己卻沒讀過的論文。

兩人隨即起了衝突。由於華生後來寫了一本直言不諱的《雙螺旋》，書中描述了當天經過，因此這個事件不僅有名還會流傳千古（他聲稱對於書寫視角出自不成熟的二十三歲年輕人這點有自覺）。然而兩人矛盾並非只是不請自來如此簡單，重點在於富蘭克林依舊不相信DNA的A形態是螺旋體。華生當面說她錯，因為自己相信克里克。克里克之前一直在分析蛋白質中螺旋體的X射線晶體成像，曾經向華生提到一件事：富蘭克林過分相信影像中的小點，其實那些數據只會造成誤判，以前他在劍橋的研究小組就吃過一次虧。面對批評，富蘭克林極度不悅，但華生覺得反正自己也沒退路了，於是火力全開。「我想都沒想，」他在《雙螺旋》中寫道：「就說了些意有所指的話，譏諷她根本沒有詮釋X射線圖像的專業能力。如果她能學一些理論就會明白才對，所謂的反螺旋特徵只是正常螺旋體進入晶格結構時必然出現的微小扭曲。」富蘭克林勃然大怒，他見苗頭不對立刻開溜。

正好威爾金斯出現，華生這才鬆口氣。「我以為她要打我！」華生在走廊上告訴對方。早也積了一肚子怨氣的威爾金斯開啟抽屜取出一張很棒的射線成像，埋怨富蘭克林明明拍到卻藏著掖著好幾個月，拖到幾天之前才亮給他看。

那張圖就是現在著名的「照片五十一」（Photo 51）。

華生一看到照片就心跳加速、口乾舌燥。照片五十一是針對DNA在人體細胞內的B形態進行六十二小時曝光拍攝所得，足以證明富蘭克林的成像技術相當高明。畫面不僅清晰得嚇人，重點在於華生一直擔心DNA結構會極其複雜，富蘭克林卻拍到一目瞭然的X形排列。先前克里克已經向華生解釋過螺旋體圖像應該是什麼模樣，所以他知道答案就在眼前，絕對錯不了。威爾金斯還透露了關於圖像的關鍵測量值，不過照片五十一最大意義是重燃華生心中的火苗：他覺得自己與克里克應該回頭建立模型，動作越快越好。

有人批評威爾金斯未經富蘭克林同意就讓華生看到攝影成果，但當時狀況有點混亂，其實也可以說那張照片的處理權在他手中沒錯。因為富蘭克林已經準備跳槽到倫敦另一個實驗室，換言之兩個月以後國王學院的DNA研究主導權回歸威爾金斯。富蘭克林是為了交接才請葛斯林轉交圖片，威爾金斯也打算她一離開就進行分析並開始建模。就他的立場而言，給華生看一眼有什麼關係？

茲事體大，威爾金斯很快就會明白了。

華生匆匆趕回劍橋對頂頭上司布拉格提出警告：再不掙扎，萊納斯．鮑林又要贏了。由於鮑林已經讓布拉格丟臉兩次，他將眼前這場科學競賽與民族尊嚴畫上等號，不希望英國人再敗給美國人。布拉格立即放行，准許華生和克里克重新建模。

雖然尷尬，這次逾越分際之前兩人先徵求了威爾金斯同意。他其實很懊惱，想拒絕找不到理由，而且富蘭克林正式離職前自己也無法開工。更何況威爾金斯不認為自己有權獨佔DNA，他的實驗室獨占這個領域很長時間，給別人機會合情合理，尤其是已經開始建模的團隊。

華生和克里克看著分子積木，發現必須碰運氣猜猜看。克里克仍然認為骨架是三螺旋，但X光影像的密度讓華生認為只有兩個。他用球和桿組裝兩個螺旋骨架，像之前一樣放在模型中央，但幾天過去遲遲無法排列出符合X光圖片測量數據的結構。沮喪之餘，華生決定嘗試將骨架放在外側——就像富蘭克林說過的那樣。

同一週，克里克這邊來了場及時雨。幾個月之前，同時資助兩間實驗室的機構要求富蘭克林像其他科學家一樣報告進度，報告書輾轉到了克里克的主管手中，內容基本上與富蘭克林一年前在研討會提出的數據相同。那時候華生沒有記下筆記，而且他當時經驗有限，許多內容聽不懂。克里克就不同了，他是優秀的理論學者，拿到關鍵數據立刻能夠理解。

克里克從其中一個測量數字推論出富蘭克林沒意識到的重點，更巧的是他曾經在血紅蛋白中看過類似數據，因此立即意識到必須有兩個平行但方向相反的螺旋結構。就像兩條螺旋階梯，一邊朝上另一邊就朝下。現在他們掌握了骨架的正確排列，還知道鹼基應該放在中間。

代表鹼基的模型組件遲遲沒從工坊送到，華生索性自己動手拿硬紙板裁出來。他試圖將鹼基插在兩個螺旋結構之間，但由於四個鹼基形狀各不相同，無論怎麼轉、怎麼扭、怎麼搭配都不對。

命運再次眷顧兩人。來自加州理工學院的客座化學家與他們共用辦公室，得知情況後推測有些氫原子放錯位置了，癥結出在華生參考的教科書太舊，一部分知識應該更新。反正沒壞處，華生就修改了代表鹼基的硬紙板。

隔天，也就是一九五三年二月二十三日星期六，他又坐在桌前嘗試配對鹼基並放進螺旋體中間。和之前一樣，最初他直覺認為物以類聚，所以A與A、T與T，以此類推，卻怎麼組都不對勁。接著華生將鹼基打散，赫然察覺如果A與T配對、C與G配對，則兩對鹼基的大小和形狀都會相同。剎那間腦袋裡亮起電燈泡，他意識到以這兩個配對插入兩個螺旋體不僅排列工整，而且想插多少數量都不是問題。緊接著華生更興奮了，他發現這種配對方式可以解釋幾年前查加夫發現的DNA之謎：A和T、C和G為什麼總會以完全相同的比例出現？因為四種鹼基只能這樣子組合。

克里克如往常在上午十點半前後露面，先看了看桌上的模型，稍微調整之後內心雀躍不已，沒想到DNA攜帶基因的方法轉眼間水落石出。它的設計出奇簡單卻又非常精彩！類似將一道直梯扭曲，外側兩條縱梁形成螺旋體，中間每一級橫梁都是鹼基對，無數鹼基對的排列順序就是遺傳編碼。華生和克里克讚嘆不已：僅僅五種元素構成的分子卻效率驚人，保存與傳遞的資訊量極其龐大。它的規模更是超乎想像——試試看如何將一千本電話簿裡所有文字擠進一個分子，而且組成這個分子的原料全都比肉眼可視的極限還小了一百萬倍。

華生和克里克一直有個擔憂：即使真的解析了DNA結構也未必能夠瞭解基因的運作機制。但結果相反，單從模型得到的資訊就遠超想像。克里克回憶時表示此前「幾乎不可能想像到基因如何被複製」，如今卻能直截了當看出複製和傳遞的過程。梯子每一級橫桿上的兩個鹼基中間是弱氫鍵，一個基因、也就是DNA的其中一段可以解除連結，單一螺旋體上的鹼基找到互補的鹼基（A與T，C與G）就能相互結合形成副本。為何會有突變也顯而易見：就只是意外插入錯誤的鹼基對。

那當下全世界只有華生、克里克和他們的研究團隊知道人體細胞隱藏了什麼精妙設計。午餐時間兩人去了最喜歡的老鷹酒吧（The Eagle）舉杯慶祝，感覺自己破解了生命的奧祕（華生在《雙螺旋》中聲稱克里克對外人吹噓，但並非事實）。

一週後，威爾金斯應兩人邀請過去看模型。「彷彿無生命的原子和化學鍵結合形成生命本身，」他回憶說：「我非常震撼。」威爾金斯覺得這個模型有自己的生命，他不僅著迷於其中美感，也有內心空了一塊的感受。不過一星期之前，他還寫信向克里克報告好消息，表示自己也要開始製作模型，想不到好朋友卻搶先一步完成，心裡自然苦澀。相比之下，富蘭克林保持平常心，重點放在模型與研究數據相符，因此認為結構正確。「我們都是站在別人的肩膀上。」她曾這樣告誡葛斯林，何況也準備前往新的工作崗位了。

華生和克里克這篇具有里程碑意義的DNA結構論文在七週之後登上《自然》期刊，同時附上富蘭克林、葛斯林以及威爾金斯的研究，其中包含支持雙螺旋模型的數據和圖像。然而兩人僅以一句話來感謝這幾位學界同儕的貢獻：「我們也從倫敦國王學院威爾金斯博士、富蘭克林博士及其研究團隊未發表的實驗結果和想法中獲益良多。」這個做法放在今時今日會被很多人認為違反學術倫理。

為什麼惜字如金？可能是擔心富蘭克林會察覺兩人使用很多她未發表的數據來建構模型。而富蘭克林大概也毫不知情就離世了。

富蘭克林多年後的合作夥伴克盧格讀了她的實驗紀錄，發現在DNA競賽最後一個月內她比任何人更接近DNA結構真相，除了確定雙螺旋之外還從查加夫的觀察中看出鹼基A和T、C和G必然某種程度上「可互換」。她輸了，但其實華生闖入辦公室之前她根本不知道自己身在競賽中。克魯格認為再給富蘭克林一年時間，她能夠獨自解開DNA結構之謎，但歷史無法重來：當時富蘭克林已經跳槽到倫敦伯貝克學院，而她會在那裡對病毒結構的解析做出重要貢獻。

經過歷史轉捩點以後，華生、克里克和富蘭克林漸漸彼此尊重。富蘭克林甚至曾經向華生和克里克諮詢後續的研究工作。不過一九六二年的諾貝爾獎卻只給了華生、克里克和威爾金斯（基於他在國王學院發起DNA研究）。

最遺憾的是富蘭克林確實無法獲獎，因為諾貝爾獎規定僅限在世人士。距離頒獎四年前她因為卵巢癌去世，當時年僅三十七，病因或許是在實驗室暴露於X光下。後來富蘭克林與克里克夫妻關係很好，甚至第二次手術復原期去他們家住了幾週。

順帶一提：首位證明基因由DNA組成的科學家奧斯伍爾德．埃弗里多次得到諾貝爾獎提名，最後還是沒拿到。華生和克里克發現DNA結構之後兩年他因肝癌去世，直到當時DNA的遺傳意義仍未獲得普世認同。部分科學家認為埃弗里值得兩次諾貝爾獎，一次是DNA研究，另一次是肺炎研究。

＊

打從華生和克里克首次慶祝並展示模型開始，兩人始終折服於ＤＮＡ結構出人意表的優雅美感。某場講座上，華生略帶醉意，做結語一時詞窮，只說得出：「它太美了，真的太美了」。然而他們陶醉的時候ＤＮＡ仍然默默笑著，畢竟兩人也非常清楚自己仍然知之甚少。華生向物理學家利奧．西拉德（Leo Szilard）展示模型，西拉德立刻問的是：「這個能申請專利嗎？」（西拉德本人擁有許多專利，包括一九三四年捐贈英國政府的核鏈式反應。）華生明白沒有實際應用方法就無法取得專利，但他依舊不知道基因如何運作。[5] A、C、T、G構成的序列長到不可思議，但它們究竟怎麼指揮細胞中數百萬分子的活動來創造生命？鹼基編碼怎麼教導細胞分解和重組食物分子來維繫生命？基因編碼如何在唇部形成曲線、在鼻子形成彎曲，或造就蒼蠅和大象這種天壤之別？

克里克原本認為尋找答案需要超過半世紀，但至少他和華生還能找到切入點。他們參考前人想法，推測每個基因編碼代表一種不同類型的蛋白質，而這些蛋白質則在細胞中有其獨特功

5　二十一世紀初的美國有許多個別人類基因被註冊，直到二〇一三年最高法院終於下令禁止。然而修改過的基因視為非自然產物，可以繼續申請專利。

能。即便如此，他們仍舊困惑：基因如何製造蛋白質？基因本身只是四種鹼基組成的序列，而且位於細胞核內。蛋白質就不同了，需要多達二十種不同種類的氨基酸串聯，還散佈在細胞各處。

好多年裡試圖取得進展的科學家就像在密林中慢慢開路。最初的突破是原來細胞中的RNA可以充當基因和蛋白質的中介物。RNA分子是DNA其中一段的複製，主要區別在於DNA的胸腺嘧啶位置上RNA以尿嘧啶取代，而且RNA只會複製DNA雙股中的一股。一九六一年又有科學家證明基因的RNA複製體能夠逃離細胞核，前往近期才發現的新結構核糖體，然後核糖體利用RNA製造蛋白質。目前為止看似一帆風順。

但華生、克里克、或者說所有人依舊卡關。毫無意義的RNA鹼基序列（例如GAGAUUCAG）為什麼能讓核糖體知道該將哪些氨基酸串在一起製造蛋白質？如果鹼基序列是密碼，那麼金鑰又在哪兒？一九五〇年代中期以來，許多遺傳學家、物理學家和數學家想出各種巧妙的數學和邏輯方案意圖解密，最後無功而返。克里克也坦誠一開始是「模糊階段」、接著是「樂觀階段」，但最後學界陷入了「困惑階段」。瞭解DNA機制需要半世紀光陰的說法似乎一語成讖。

可是同樣在一九六一年，名不見經傳的美國國家衛生研究院研究員馬歇爾・尼倫伯格（Marshall Nirenberg）擊敗許多科學界大師。他才畢業兩年，選擇放下邏輯推論以實驗來暴力破解。他的想法是：既然可以直接從核糖體問到答案，為什麼還要亂猜？尼倫伯格有個好主意是將核糖體從細胞中抽出來放進試管，然後加入完整一套氨基酸以及人工合成的RNA。按照他的預測，核糖體會認為自己還在細胞內，繼續履行自身職責，也就是串聯氨基酸。那天清晨大概六點，同團隊的博士後研究員約翰尼斯．馬泰伊（Johannes Matthaei）發現若將編碼為UUUUUU的RNA分子餵給核糖體，核糖體就會串聯兩個苯丙胺酸。換言之，尼倫伯格和馬泰伊解讀出生命密碼的第一個字了——密碼以三個字母為單位，UUU就代表苯丙胺酸。後來學界又開始瘋狂競賽，各種類似實驗顯示三聯密碼子能夠完整對應二十種氨基酸，例如UUU、GUU和ACG都是苯丙胺酸的代碼，但部分如TAA這種編碼則發送完全不同的訊息，告訴核糖體的是蛋白質製造完畢該停工了。

這套編碼模式與多年來大量人才努力追尋的典雅解釋截然不同，沒有任何數學或邏輯規律可循。生命密碼只是歷史洪流之中一個偶然，但它不僅有效，還是地球上最成功的發明。無論納米比亞嗜硫珠菌❽、吸血烏賊、豬屁股蟲❾和已滅絕的斑比盜龍❿都與人類共享同一套自古流

譯註❽：學名 *Thiomargarita namibiensis*。
譯註❾：學名 *Chaetopterus pugaporcinus*，因其外形被稱為豬屁股或飛屁股蟲。
譯註❿：骨架似鳥的小型恐龍，由於發現的化石體型小且似乎為幼體，命名時屬名便借用了小鹿斑比的典故。

傳的密碼規則。[6]一旦破解，遺傳學和生物學就要經歷前所未有的資訊大爆炸，所以直到今天遺傳學家肖恩・卡羅爾（Sean Carroll）還是這麼對我說：想跟上最新進度簡直就是含著消防栓喝水。

*

科學家總算能回答過去連理解都有困難的問題了。數十億年前抵達地球的原子經歷什麼過程才創造出我們這樣的生物？而肉體又如何學會處理昨晚晚餐吞下的原子？將分子轉換為營養的指令藏在什麼地方？

現在大家都知道答案就是ＤＮＡ。數十億年來，ＤＮＡ中無數小突變就好比各式各樣的生化實驗，一次又一次的成功累積出龐大的生物多樣性，被保留到我們身上的ＤＮＡ能夠告訴細胞如何將食物重構為身體。

常有人將ＤＮＡ比喻成說明書或藍圖，但它其實十分古怪，以亂七八糟的狗窩形容並不為過。所有細胞都含有相同ＤＮＡ，每個ＤＮＡ分成二十三束，每一束都是一條高度摺疊的

6　偶爾會發現罕見但不重要的編碼模式變異。

染色體。（除了精子和卵子，所有細胞得到的染色體副本都相同。）這些染色體被包裹得非常緊密，如果將細胞內部所有染色體拉成直線排在一起，序列包含三十億這種天文數量的鹼基對（ATTGACCACAGG……），連長度竟然也能達到六英尺（約一百八十三公分）之多。

如果人類能走進細胞參觀基因迴廊，會發現自己很快就徹底迷失了方向。許多巨大鹼基片段被稱作「垃圾DNA」（這是個爭議不斷的用詞），因為科學家調查不出它們有何作用，其中還包括病毒入侵者（反轉錄病毒）留下的痕跡。一些常見的重複序列是寄生元素（稱為跳躍基因），還有一小部分「幽靈基因」編碼的古代基因已經因為突變失效。然而無用DNA究竟佔多少比例還停留在各說各話的階段，最低說法是兩成，最高說法則高達九成。

我們身上的有效基因散落在這些無用片段之間，除了遞送遺傳、指引生長之外還有別的作用。這些基因持續不斷教導細胞利用營養物質來運作和修復肉體。

其實DNA的計畫異常簡單。基因基本上只有一項工作，就是控制新蛋白質的生成[7]，所以為細胞選拔最重要分子的話，蛋白質毫無疑問只能得到第二名，必須將寶座拱手讓給DNA。儘管DNA不像很多科學家一開始假設的能夠儲遺傳資訊或自我複製，但幾乎包辦了細胞內其他各種業務。蛋白質就像一串球形小磁鐵，可以扭曲成各種複雜費解的形狀，體積

7 還有其他多種分子能控制基因表現以合成蛋白質，但製造這些分子的指令也要追溯到DNA編碼。

常常很巨大。人類血紅素由五百七十四個氨基酸組成，合計為九千兩百七十二個原子。人體最大的蛋白質是肌肉內如橡皮筋的肌聯蛋白，由三萬四千三百五十個氨基酸組成，約等於五十四萬個原子。部分蛋白質是工具，例如攜氧的血紅素。其他種類蛋白質可以是建材，比方皮膚和骨骼中柔韌的膠原蛋白。不過細胞中大部分工作由酶蛋白質完成，它們的專長是促進化學反應。酶的形狀獨特，因此大多數的酶只針對一兩種類型反應進行加速。細胞的一生中化學反應數量難以估計，需要成千上萬種不同的酶，產線全部由DNA負責管理，所以它們非常忙碌。

看到這裡或許有人會好奇：DNA關在細胞核內，細胞中又有無數的酶和各種分子來來去去，它們怎麼鎮得住這麼混亂的場面？這畫面就好像一整班小學生已經在操場追逐嬉戲，老師卻得在不走出教室的前提下約束他們。研究發現DNA之所以具有控制力，關鍵在於酶與多數蛋白質一樣存在時間很短暫。大部分的酶只要幾小時或幾天就會降解，而基因要求（或不要求）新酶產生有一套精密調配的順序，因此能夠決定細胞內部的活動狀況。細胞每秒製造好幾萬份的酶和其他蛋白質，掌握這條全年無休的生產線就掌握了細胞的運作、修復、複製。

所以規則很簡單：DNA告訴細胞應該製造什麼蛋白質，而其他事情幾乎全讓蛋白質去處理就好。只不過，DNA調配新蛋白質製造順序的方法複雜到荒謬的地步。人類DNA裡僅僅大約百分之一到二的鹼基是蛋白質編碼，兩倍或更多的鹼基要用來編排那套繁瑣工序，控制目標基因何時開啟、何時關閉。許多基因受到遠處其他基因控制，而這些其他基因的開關又在另一處的另一個基因上。一個基因可以啟動一系列基因，系列中每個基因又能再啟動另一串基因，就像電腦主程式啟動子程式。

那麼我們到底怎麼能在子宮中從單細胞胚胎長成有手有腳還有心臟大腦的生命體？祕訣在於細胞內每一個和每一套基因都被設定好順序及時間，各有不同的啟動與關閉模式。胚胎生長時，每個細胞都繼續創造新細胞，並逐漸形成三層構造，分別稱為外胚層、中胚層和內胚層。最上面的外胚層主要發育為皮膚、大腦和神經，中胚層逐漸發展成心臟、血液、肌肉、骨骼和生殖系統，內胚層轉變為肺、腸和肝臟等器官。特定基因開啟或關閉的順序（周圍細胞會發送訊號調整時機）決定一個細胞最後會在小腳趾還是上嘴唇。

就算長大成人了，身體裡的DNA還是不能休息，必須持續運作。（人體細胞數以兆計，DNA數量更不得了。若將一個人身上所有DNA捻成一條線，長度可以達到太陽系直徑的兩倍。）為了啟動基因，DNA時時刻刻解旋自身某些片段。現在這個瞬間每個細胞同樣製造出數千個基因的RNA副本[8]，無論我們跑步、舉重、進食、生病、或者學習一門新語言，都會啟動基因並生產新的蛋白質。

於是新的問題出現了：即使將DNA副本和細胞可能需要的所有養分都放進試管也沒

8 唯一例外是紅血球。由於主要工作僅止於輸送血紅素，紅血球成熟之後會捨棄細胞核和DNA。

用，不會自動形成生物爬出來。就算能起反應，需要的時間也遠遠超乎個人壽命所及。那麼人體第一個細胞，也就是受精卵，為什麼能從受精那一刻就開始創造生命？答案是它並非從零開始，除了DNA還從母親身上獲得促進反應的酶、繼承粒線體與核糖體以生產能量和蛋白質。這兩項工具如DNA一樣數十億年間代代相傳，因此受精瞬間最初的細胞裡不僅僅藏有DNA藍圖，還攜帶了能將食物轉化為肉身的必要工具。

即便如此，還是有個謎題很難勘破。人體每個細胞由大量原子構成，總計大約一百兆。這些原子經過宇宙漂流來到地球時雜亂無章，為什麼被當作食物吃掉就搖身一變有了生命？全都是DNA、蛋白質、核糖體的功勞，或者需要透過其他看不見的機制將生命注入細胞內原本並非活物的原子？一九二〇年代時這疑問看似不可能找到答案，但仍有位思想開放的比利時年輕科學家打定主意試一試。

13 元素之外
身體內部的真相

人和其他生命體一樣協調得太完美，因此無論是睡是醒都常常忘記自己的身軀其實是一大群細胞共同活動。細胞經由人完成許多事，但人卻誤以為都是自己做到的。

——阿爾伯特．克勞德（Albert Claude）

你或許沒注意到自己其實是一棟摩天大樓、一棟合作公寓，可以分割出三十兆個小單位，或者說是三十兆個細胞⓫。如果將你的細胞首尾相連堆疊起來，長度可以繞地球四圈。細胞是生命的最小單位，我們無法從細胞中取出任何東西還宣稱那是活的。可是問題來了，既然原子原本沒有生命，如何能在細胞中引發生命？除了DNA和酶，是否還有別的因素？雖然我們知道自己有感官、思想、情緒，但無法從中探查到身體內部的實際狀況，這就好比從街上眺望

譯註⓫：如前述，cell在英文中除了細胞也有隔間或格子的意思。

帝國大廈也看不見裡頭的走廊和辦公室。將細胞放大會看到什麼？人類能否解開每個細胞內好幾兆個原子協力創造生命的祕密？

身處一九二〇年代的阿爾伯特・克勞德因為切身之痛開始鑽研這個問題，那時候的他是個打扮時髦、頂著龐巴度髮型的比利時醫學生。克勞德的父親是麵包師傅，成長於一個小農村，上的小學只有一間教室。他才三歲的時候母親不幸罹患乳癌，年幼的克勞德親眼目睹至親受到病魔摧殘長達四年還是撒手人寰。長大以後他想要瞭解奪走母親性命的神祕疾病，然而通往醫學學位的道路一波三折。十歲那年，父親要克勞德先休學照顧一位因腦出血而癱瘓的叔叔。兩年後，克勞德進入鋼鐵廠工作並學會製圖，但隨後爆發第一次世界大戰與德國入侵比利時。青少年時期的克勞德冒著生命危險自願協助英國情報部門，負責轉達德軍部隊的動向。想不到戰時的付出終有回報，他因此得到機會追尋治癒癌症的夢想。有一段短暫時間內，比利時政府允許不具高中文憑的退伍老兵進入大學就讀，而克勞德這個小學五年級就輟學的人直接申請醫學院。原本他擔心上課要用拉丁文，發現無此限制時大大鬆了口氣。

進入醫學院以後，克勞德花了很多時間用顯微鏡觀察細胞，希望能一窺造就生命、引發癌症和其他疾病的神祕機制。可惜無論他怎麼眯眼、怎麼調整焦距都看不到太多，畫面裡只有細胞核、染色體以及稱作粒線體的橢圓點，尤其粒線體的功能當時仍是謎團。還有一種義大利醫師卡米洛・高基（Camillo Golgi）首次觀察到的斑點，因此命名為為高基氏體，不過那個年代沒人能確定高基氏體是實際存在的結構還是染色技術副作用。除此之外，細胞內其餘部分就彷彿一片朦朧迷霧，克勞德為此深感挫折，覺得「細胞生命的基本物質與祕密機制之謎被隱藏在那片模糊境界線之後」。

更令人沮喪的是顯微鏡毫無用處，放大效能已經達到理論極限。細胞構造和癌症成因如同天文學家眼中的星辰與銀河，遠在天邊嘲笑著人類。

即使如此，那時代的生物化學家卻自認為已經大致掌握了細胞內部情況。他們覺得裡頭不需要太多別的東西，只要有酶就可以大幅提升化學反應的速度並完成各種工作，於是據此確信細胞內部只是「生化泥沼」，類似一鍋濃稠的湯，酶和其他分子在湯裡碰撞後發生反應。這是一種之前已經見過的認知偏誤——「現有工具檢測不到就代表不存在」。

克勞德以實驗室動物進行癌症研究，一九二八年取得醫學博士之後進入柏林某研究機構。所長主張的理論是癌症由細菌引起，但克勞德發現實驗室環境充斥著污染，實驗結果根本沒有意義。性格耿直的他不留情面提出質疑，結果就被趕走了。所幸他已經有了下一步計畫：美國曼哈頓洛克菲勒研究所有人在雞身上找到奇特的腫瘤細胞，從中抽取的物質過濾後注射到別的雞隻身上也會引發癌症，但沒有人能夠從提取物分離出引起癌症的特定分子。克勞德不僅相信自己做得到，還認為獲得機會的最佳途徑就是直接給所長寫信。儘管他英語挺差，居然真的求職成功了。

洛克菲勒研究所的招牌是一群聰明絕頂又意志堅定的學者。克勞德一九二九年進去工作，同年科學界發現恆星能量來自氫原子核融合，而且宇宙正在擴張，想必他非常希望細胞生物學也能盡快有一番新氣象。如今實驗室設備完善，克勞德全心投入，試圖判別從雞腫瘤發現的致癌物。在同事眼中既他討喜又有點古怪，說英語時比利時口音很重，不過文化素養極佳，從科學到音樂、歷史、政治等話題都不成問題，也在紐約結交不少音樂家與藝術家朋友，其中包括畫家迪亞哥・李維拉（Diego Rivera）。然而在工作層面，一位同事回憶說克勞德就像隻獨行的山豬，不僅個子矮小粗壯，發問時天真得令人猝不及防，也總是自顧自地埋頭苦幹。每次克勞德有了創意發想就好像與世隔絕，會豁盡全力推動進度，忙到三更半夜是常態（第一段婚姻難以維繫也就不令人意外）。

儘管克勞德付出最大努力，但三年過去了只取得些微進展。研究所所長有意找真正的化學家取而代之，他得知時應該非常心寒，即使實驗室主任對克勞德開發新技術的聰明才智讚不絕口，積極爭取讓他留任。兩年後，也就是一九三五年，懷揣不安的克勞德聽聞英國有人藉由高速離心機分離致癌物得到突破。

那種裝置的體積就像廚房的大鍋，可以放在實驗臺如旋轉木馬般快速攪拌液體。也許聽起來不怎麼高科技，但對於細胞生物學家而言卻是一場革命。轉動時液體會根據重量分出層次，以前的農夫也用同樣道理從牛奶分離出奶油。到了克勞德的時代，工程師殫精竭慮增加離心機旋轉速度，於是製作出每分鐘超過一萬轉、力道大約一萬七千克的超級離心機。

克勞德先用研缽研杵輕輕研磨雞腫瘤細胞，然後添加生理食鹽水。他發現溶液經過攪動也會分層，腦袋突然有了個點子：將每一層獨立出來進行二次離心便會產生更多層，若反覆進行三次、四次離心便能不斷分離出新物質。克勞德認為這代表每一層的大分子重量都有明確差異，最後藉由這項技術分離出高濃度致癌物。之後他又確認了其中含有RNA，多年後進一步主張這個RNA來自病毒，從而支持了某些病毒可能致癌的說法。

不過克勞德最大的突破在別處：他察覺這種技巧的目標不必限制在癌細胞上，也可以用於分離正常細胞中的大分子。這個前景令他非常興奮，因為原本連顯微鏡都無法觀察的細胞內部結構即將水落石出，或許還能提供細胞機制以至於細胞病變的新線索。於是克勞德改變方向，暫時擱置癌症研究。他認為先瞭解正常細胞如何運作才有辦法分析癌症[9]，所以決心深入細胞內部一窺究竟。既然顯微鏡幫不上忙，他後來自己做了個比喻：乾脆用鍾子將細胞打個粉碎再徹查到底。

9 克勞德可謂佔了天時地利人和。當時生物學家尋找癌症根本原因的研究進度碰壁有兩個原因，一個是缺乏合適工具，另一個則是對細胞的認識太粗糙。埃弗里是克勞德在洛克菲勒研究所的同事，此時仍未發現基因由DNA組成。接下來幾十年裡，一些研究員繼續嘗試證明病毒或細菌是癌症主因，但要等到一九七〇年代才察覺到癌症主要是基因突變。引起癌症的病毒相對少，引起癌症的細菌又更少，影響程度無法與突變相提並論。

克勞德拿雞、鼠和其他實驗室動物的組織進行研磨和離心時許多人嗤之以鼻。「他拆解細胞，取出一些東西調查，但當時每個自認有頭有臉的……細胞生物學家，都反對他的做法。」克勞德的同事基思．波特（Keith Porter）回憶，「他們的質疑是：破壞細胞美麗的結構有什麼意義？」有人取笑克勞德是要製作「細胞美乃滋」，更甚者覺得他是學術界的叛徒，第一個罪行是拆散美麗的細胞，第二個罪行是謊稱分離出的東西完好無損而不是已經遭到摧毀。

但克勞德本人則清楚意識到科學理解受限於儀器精確度，更明白有時候重大突破只源於「偶然的技術進步」，例如引入新工具。一位歷史學家說得很好：克勞德就是那位善用工具的大師。

凝視顯微鏡下自己做出的細胞美乃滋，克勞德將一些很難看見的小斑點分別稱為「顆粒」或「微粒」，非常確信這些是存在於細胞內部但還沒別人察覺的結構。此外液體分層內含有不同的酶，他認為可以根據這些酶來推測出結構體的功能，甚至懷疑所謂微粒其實是細胞內的化工廠。但克勞德對於直接觀察這些結構不敢抱太大指望，多數學界同儕也持續質疑他找到的小點毫無意義。

此時柏林某位德國電氣工程師藉由宇宙間的奇怪現象拉了克勞德一把。十多年前，恩斯特．魯斯卡（Ernst Ruska）發現理論上電磁鐵能夠讓一束細小電子集中，好比透鏡能夠聚焦光線。如果將這個現象控制得足夠精準，偏轉的電子波應該能在銀幕上形成影像。對上面這句話不感到困惑的人比較令人困惑：量子理論問世之後物理學家一頭霧水，為什麼電子雖然是粒子卻又有波的表現？這個悖論太深奧，直到現在都沒人能解釋透澈。但對魯斯卡而言這悖論是天賜的福音，因為電子波長比可見光波長小一千倍，所以「電子顯微鏡」的解析度原則上也就比常規顯微鏡高一千倍。

將電子束轉換為影像在當時多數專家眼中像是做白日夢，但魯斯卡無懼挑戰全心投入。一九三三年，電子顯微鏡原型製作完成，多數人卻不相信這個機器真的有作用。他想發表論文，還附上影像，結果遭到期刊退稿，理由是這種裝置「不具實用價值」。即便如此，魯斯卡堅持不懈持續研究，最終是西門子公司認為也許他的想法不無道理便在背後支持。後來美國無線電公司（RCA）也自行開發電子顯微鏡。

一九四三年夏天，戰時的紐約市只有一臺電子顯微鏡，一家生產油漆和化學藥劑的公司用它開發新商品，但研究主管艾伯特・蓋斯勒（Albert Gessler）有位密友死於癌症，所以他也想查明病因。某天他翻閱《科學》（*Science*）雜誌讀到克勞德的文章，大意是解析正常細胞中的微粒以及它們的複製機制或許能找到關於癌症的新線索。蓋斯勒邀請克勞德與公司內部電子顯微鏡專家合作，不過不能佔用上班時間。克勞德樂意配合。

他們面對非常艱巨的技術挑戰，必須以化學物質裹住細胞產生對比，還得維持顯微鏡室真空以免破壞細胞。所幸克勞德的搭檔基思・波特對培養細胞非常嫻熟，開發出巧妙手法使雞的細胞變扁變薄到能被電子束穿透。經過一年努力，一九四四年這個團隊終於拍攝到第一張單個細胞的電子顯微鏡圖像，也在剎那間看見全新的世界。「太奇妙了，」波特後來回憶：「絕對前所未見。就算人類登陸了月球……我們最先……看到顆粒，看到光學顯微鏡無法解析的結構。」細胞生物學的黑暗時代即將劃下句點。

事到如今，細胞內部還有其他構造已經不容置疑，尤其電子顯微鏡技術進一步改良之後畫面更加清晰。洛克菲勒研究所裡的「探索家小隊」大肆利用克勞德的新技術，基思．波特、克里斯蒂安．德．迪夫（Christian de Duve）和喬治．帕拉德（George Palade）最為活躍。他們訝異發現原來有那麼多種未知結構，核糖體也是其中之一（後來克里克等人發現核糖體利用RNA製造蛋白質）。克勞德用離心機分離出的「顆粒」是一種大型有膜結構，現在稱為胞器。最重要的是他們發現將克勞德兩種技術組合之後就能確定胞器功能：電子顯微鏡顯示胞器構造，離心機鑑定酶的類別。例如內質網與鄰居高基體這兩種胞器功能很多，包括透過化學方式修改新的蛋白質，以小囊泡包裹後輸送到細胞其他位置。還有稱為溶酶體的結構則像細胞的垃圾處理中心。細胞生物學家欣喜若狂，對醫學界也是天大的好消息。研究人員甚至發現胞器異常是某些疾病的背後原因，例如核糖體缺陷引起戴布氏貧血（先天性純紅血球再生不良性貧血），粒線體異常的MERRF症候群（肌抽躍癲癇合併紅色襤褸肌纖維症）會誘發癲癇，而溶酶體中缺乏酶則會罹患泰—薩克斯病（家族黑矇性癡呆症）。

克勞德本人直接參與的胞器研究較少。一九四九年，家鄉比利時一所癌症研究中心說動他回去擔任主管，於是他離開了洛克菲勒研究所。其實他的天賦本就不是利用技術挖掘細胞內部奧祕，直接開發研究所需工具才是最大貢獻，這一點他已經做得非常出色。而德．迪夫、帕拉德兩人功勞在於利用新發明得到突破性發現，因此最後三人共同獲得諾貝爾獎。

一九五〇年代初期，學界已經有了新的理解。除了含ＤＮＡ的細胞核、製造蛋白質的核糖體，部分胞器會利用獨特的酶執行特殊任務。話雖如此，有些關於細胞的舊認知揮之不去，例如即使以電子顯微鏡觀察胞器之外的區域仍是一片湯汁般的渾濁。根據細胞生物學家富蘭克林．哈羅德（Franklin Harold）描述：「他們認為胞器就像海上固定的島嶼，島外那片汪洋是不斷彼此碰撞和擴散的可溶解分子。」也就是說細胞內其他部分依舊迷霧重重，學者推測大半是酶，相信裡頭有其他東西的人不多。

質疑前述觀點的少數人裡，一位「怪胎」生物化學家特別突出，而且他發現了從未有人想像到的細胞內部新機制。彼得．米切爾（Peter Mitchell）可能算不上全球等級家喻戶曉的人物，但他在生物化學界備受肯定甚至崇敬。其實早期米切爾還在劍橋大學就給人留下深刻印象，一九三九年底他還是學生身分就開著時髦的摩根汽車⓬到校，後來開建築公司的叔叔還大

譯註⓬：摩根汽車（Morgan Motor Company）為英國老品牌。

方地幫他換成二手勞斯萊斯。米切爾傳記作者寫道：「米切爾的朋友大都記得他誇張的造型風格——勃根地酒紅色外套、有時敞開到腰際的襯衫，加上幾乎垂至肩膀的長髮。」不少人說他像貝多芬，而他也真的在住處擺了個貝多芬半身像。米切爾一直對非傳統、哲學的思考情有獨鍾，他對細胞中的原子如何創造生命提出的見解異乎尋常，引爆科學史上特別激烈的一次論戰，持續將近二十年之久。

米切爾在劍橋大學取得博士學位並從事研究，但一九五四年離開後轉往愛丁堡大學擔任某生化研究單位的主管，也是在那裡開始探究種種辯論中最核心的主題：人體細胞如何產生能量？他認為大家搞錯方向了。

多數科學家連問題都沒看見。其實答案幾乎擺在眼前，他們已經將近乎所有的拼圖湊在一塊兒。

克勞德透過離心機和電子顯微鏡確定粒線體燃燒糖和氧來釋放能量。後來各級教師在課堂上習慣沿用他的措辭，將粒線體比喻為細胞的「發電廠」。

可是這說法背後有個漏洞：細胞如何將能量分配給較遠的分子或胞器？畢竟我們並沒有在細胞觀察到粒線體延伸出電纜。

生物化學家解決了這謎題的一部分。他們鎖定只有四十七個原子構成的小分子，稱為ATP（三磷酸腺苷），後來訝異發現它其實是一種超迷你行動電源。ATP含有磷，磷會發光且有自燃傾向，所以曾被稱為「惡魔元素」。ATP非常重要是因為它斷開最後一個磷酸基就會釋放極大的能量。

因此科學家意識到ATP是最後一步，完結了人類從太陽獲取能量的繁雜過程。起點是植物以光合作用吸收能量，轉換為糖的形式儲存。動物吃下這種糖（或以這種糖合成的脂肪），細胞中的粒線體負責將能量釋放出來，用ATP這個形式將源自太陽的能量運輸到細胞中有需求的分子。從生物化學家的角度來看，顯而易見人類必須大量生產ATP分子。根據後續研究，正常人類細胞每秒消耗的ATP數量非常驚人，從一千萬到一億不等。所有生物都利用ATP（或類似分子）分配能量，據此可以判斷這種微型能量包的歷史與生命本身同樣漫長。研究人員更進一步發現ATP失去磷酸基釋放能量之後剩餘分子會返回粒線體，在母艦內藉由一種酶補回磷酸基完成充電。

剩下一個小問題：合成ATP的酶如何製作它們？乍聽之下是小菜一碟，畢竟生物化學家早就有辦法確定酶的化學途徑。偏偏那些「粒線體學家」卻怎麼也說不清楚這個酶的工作方式。

消息傳開，越來越多團隊投入研究。不只化學家，物理學家也參與了，數十個實驗室、數百名研究人員，許多大型實驗室和頂尖科學家一較高下。解釋這種酶的作用機制成為炙手可熱的研究主題，然而他們全都碰壁。花了二十多年在這上面的生物化學家伊弗瑞姆·賴克

（Efraim Racker）形容大家「都只是捕風捉影罷了」。偶爾會有團隊得意宣稱自己找到了答案，但很快就會跌下神壇，留下更加困惑的學界眾人。一次會議上，賴克直接說：「如果還不覺得一頭霧水，代表你根本沒好好瞭解現在情況。」他們不知道自己的幾十年歲月都用錯地方了。

此時熟諳哲學思維的米切爾察覺這麼多人蹉跎光陰緣木求魚。喜歡自己思索的他提出另一種可能性，然而內容太過新穎反倒像是離經叛道。比蘇格拉底還早的哲學家赫拉克利特（Heraclitus）曾經說：人不可能踏入同一條河第二次。⓭米切爾開始以類似角度思考細胞——細胞如同河流或燭火是個保持不變的結構，但事實上其中的原子不斷替換。他尤其好奇分子進進出出無止無盡，生物膜如何對此作出調節。思考到最後，米切爾深信膜不僅僅是門戶那麼簡單而已。

米切爾決定重新檢視粒線體結構。電子顯微鏡顯示結構是橢圓形，除了外面包裹一層膜，內部還有另一層閉合的膜形成腔室。他的異端言論將這個內膜結構視為產生ATP的關鍵，如此一來所有走傳統路線試圖以酶解釋ATP的研究就好比水中撈月。米切爾認為粒線體利用糖釋放的能量將大量帶正電的氫離子從內膜排出，然後利用膜兩側之間的電荷差製造ATP。

譯註⓭：因為河水會流動，第二次踏入時觸碰的河水已經不同。

這個論點在當時實在太過怪異。簡單來說，粒線體以膜產生電流，而這道電流可以為細胞提供能量。更蹊蹺的是一般電線或電器利用的是帶負電荷的電子，粒線體卻運用氫核中帶正電的質子，並透過電流啟動膜的某種機制生成ATP。

一九六一年當下這套理論太過偏鋒，與已知的分子構築方式全然不同。何況僅止於臆測，米切爾並沒有實驗證據支持自己的說法。萊斯利・奧格爾（Leslie Orgel）在著作寫下：「我記得那時候心想可以跟人打賭，他說的絕對不可能。」賴克也曾經回憶：「聽起來像是宮廷小丑或末日預言家在胡說八道。」幾乎沒有人站在米切爾這邊，許多科學家又一次被「太怪異所以不可信」的偏見左右。因為乍看之下不太可能又複雜拙劣、加上與長年所學相左，他們就直接拒絕新的理論。

儘管米切爾不認輸而且可能是個天才，但他也沒有考慮過如何讓大家接受自己的理論，陳述時沒有從眾遵循粒線體專家已經習慣的措辭，採用太多模棱兩可的自創術語。此外，他提出的機制有很多細節並未正確解釋質子電流如何製造出ATP。

在愛丁堡大學待了幾年，米切爾因胃潰瘍病情嚴重被迫辭職，休養期間搬到康瓦爾郡鄉間一處破舊莊園。他不願放棄，花了兩年翻修這座古色古香的房舍，其中一條側廳改建為私人實驗室，並且找來在劍橋和愛丁堡都合作過的能幹助手珍妮佛・莫伊爾（Jennifer Moyle）。兩人在俯瞰青蔥鄉野的實驗室內持續進行實驗以證明理論，靠養乳牛得獎的收入負擔開銷。

整整十年間，學界並未對米切爾的理論多出半分認同。有人說他在某次研討會上聽著這位未來的諾貝爾獎得主講話，「像耳邊風那樣左邊進去右邊出來。覺得心裡好無奈，主辦單位怎麼會讓這麼荒謬又無能的人上臺發表。」還有反對者情緒非常激動，與米切爾對話的時候氣到用力跺腳。

米切爾則在家中的世界地圖上用紅色圖釘標記批評者身在何處。每當質疑他的人開始動搖，米切爾就會將「說服監控」從紅色換成白色。如果他們完全改變立場，米切爾會再改成綠色。

這麼長時間裡，米切爾、莫伊爾以及許多試圖反駁他的人持續進行實驗，結果反而逐漸扭轉了局勢。最後生物化學界不得不承認米切爾說對了：為了製造ATP，粒線體利用帶正電的質子「氫離子」在內膜兩側造成電荷差，這種電荷非常強，幾乎達到每英尺一億伏特——與天上的閃電同等級。

而且後來反倒是長期質疑米切爾的對手之一，加州大學洛杉磯分校的保羅·博耶（Paul Boyer）做出大發現，從而使米切爾的理論更易於理解。一九六〇年代初期，博耶認為製造ATP的酶不會是普通的酶。起先他認為這種酶必須與周圍的蛋白質協調合作，而那些蛋白質必須能夠改變形狀以加速反應過程。然而到了一九七〇年代，他將自己的觀點修正得更加清晰，認為製造ATP的酶必然非常特別且複雜，有許多能移動的元件相互配合，實質上是極微型的分子機器。於是博耶開始相信米切爾了，那些看不見的機器一定是靠氫原子電流運作。

他進一步將這種生物機器稱作「ATP合酶」，發現其結構充滿巧思，連阿爾伯特・克勞德也無法想像。乍看之下，ATP合酶彷彿是達文西的水車動力設計，但它倚賴的並非水壩和水力，而是膜後的氫離子堆積。裝置本身是個橫跨內膜的小型旋轉馬達，中心軸每秒約三百轉。後來X射線晶體學家約翰・沃克爵士（Sir John Walker）因解析出ATP合酶的精確分子結構而獲得諾貝爾獎，在他的描述中這個機器除了軸承、活塞、閥門，還有一個部件形似曲柄或凸輪、另一個地方則像是彈簧或飛輪，轉子與附加的所有元件都受到質子電流驅動。這個機器會先捕捉一個磷酸基和一個二磷酸腺苷分子，接著將兩者結合為三磷酸腺苷（即ATP），最後一步則是用力將ATP推出去重返細胞。

一九七五年，博耶釋出善意，提議由自己與米切爾、加上部分過去的對手共同撰寫評論文，宣告爭論已經結束。三年後，戴著單邊耳環的米切爾飛往斯德哥爾摩領取諾貝爾化學獎，有一位科學家認為這是表彰他的「生物想像力」。米切爾用獎金清償因研究和農場而背負的債務。多年後，博耶也獲得諾貝爾獎，他的研究團隊發現人體細胞中的新機制，有別於酶只會加速反應的舊觀念，其實粒線體利用糖的能量創建了電網：質子電流驅動許多精巧的分子機器，它們遠行為無數微型電池充電，而這些電池提供我們各種活動所需的能量。

值得一提的是第七章探討生命起源時介紹過：麥克・羅素和威廉・馬丁認為或許就是這類

型質子電流啟動了最初的生命。他們發現深海熱泉口這種極端環境的礦物沉積會形成無數細微腔室及薄膜狀隔層，與細胞的條件非常類似，而且內部冒出了質子電流，似乎是米切爾電流留下的古老痕跡。兩人懷疑腔壁兩側堆積不同濃度的正電荷氫質子於是產生電能，能量流動時驅動更複雜的有機化合物形成，最終演變為生命。

無論臆測是否正確，米切爾和博耶發現的機制確實解釋了粒線體如何推動演化。請回想琳恩．馬古利斯的說法：原本各種微生物佔據地球，但後來其中一種開發出特別高效率的能量生產模式，這種微生物遭到另一個細胞吞噬、後代被馴化，就變成了粒線體。接下來的歷史就是我們熟知的演化史。平均而言，我們每個細胞含有一千到一萬個粒線體，佔心肌細胞體積約百分之三十五，使人體細胞產生能量比細菌多出數萬倍。有了這種破格的強化，人類的ＤＮＡ可以指導核糖體盡量生產更多蛋白質和酶，於是細胞內部活動非常活躍。我們體內每秒有數兆個前身為細菌的微生物將質子推過生物膜，產生的電能供應給旋轉馬達製造ＡＴＰ。一個人每分鐘吸入大約二分之三品脫氧氣保持馬達運轉，它們產生的能量等同於一百瓦電燈泡。

為了賦予細胞生命，人體內的分子不僅製作出ＤＮＡ、ＲＮＡ、核糖體、酶和各種胞器，還設計微型機器、以質子引發電流。事實上人體也會運用另一種不同類型的電流，最初是一七八〇年路易吉．伽伐尼（Luigi Galvani）醫師觀察到電能火花造成已死的青蛙腿部抽搐，一九五〇年代後期生物學家確定人體神經能夠生成這種電流，背後則是另一套看不見的機制：

推動帶電荷原子的泵。這種泵由鈉和鉀構成，存在於所有細胞中，人體花費約三分之一能量僅僅為了保持它們運轉。別覺得是浪費資源，少了這種泵人類就無法思考，甚至無法從大腦發送訊息要兩條腿跑起來。

處於關鍵地位的原子泵會在細胞外部保留較多帶電鈉分子，內部則更多鉀分子。這是為了保持細胞內壓避免爆裂，同時平衡其他化學物質的比例。

科學家發現人體神經還以另一種方式利用這種原子泵。神經會發送電子訊號，卻並非透過電子或質子。一九三九年科學界才察覺這種運作模式，他們發現沒有甲殼的大王烏賊為了自保會有極快的逃脫動作，若沒有巨大的神經元無法辦到。解剖找到的神經非常粗，研究者可以直接拿電線刺穿並測量內外電位，於是確認了神經電流由帶負電的鈉和帶正電的鉀產生。更奇怪的是這些帶電分子，稱為離子，不是從一端直接竄向另一端，而是像球迷那樣子跳波浪舞。可以想像細胞膜上有一長排提供給鈉離開或鉀進入的微小通道，每條通道開啟時會有超過百萬的鈉離子或鉀離子湧入湧出，這種流動引發鄰近的通道隨之開啟，就像球迷根據隔壁觀眾的手臂做對應動作。鈉離子和鉀離子在膜內膜外進進出出，形成沿著神經傳遞的電荷波。

這個機制乍聽之下有點荒謬，能夠正常運行是因為神經處於休息狀態時鈉離子在外部多於內部、鉀離子則是內部多於外部。覆蓋細胞外膜的小機器負責維持離子數量差異：得到ATP補充能量時，每個泵排出三個鈉離子，之後改變形狀只允許兩個鉀離子進入。一條神經大約有一百萬個這樣子的鈉鉀泵，創造的電荷差使訊息以每秒三百五十英尺的高速度傳遞。其他細胞為這些微小機器發展出更多用途，包括心臟在內各種肌肉收縮都與離子泵有關。

無論自己知不知道，我們的生命依靠大約一千兆（一千乘一百萬再乘以一百萬）個微小的鈉鉀泵維繫。沒有這些迷你機器連生存都做不到，更別提思考或躲避掠食者。順帶一提，這解釋了為什麼氯化鈉，也就是鹽，嚐起來如此美味。以植物為食可以取得大量的鉀，但鈉則不夠多。人類每天需要將近一茶匙的鹽來維持體內電荷，狩獵採集社會從肉類獲得鹽分，農業社會則必須額外補充。我們能夠彎手指摸耳朵以至於思考交談都多虧了鹽罐裡的東西。

解開ATP合酶與鈉鉀泵的謎團不代表故事到此為止。自一九六〇和七〇年代以來，科學家陸陸續續發現其他許多靠ATP驅動的分子機器在細胞中不停運轉。這些機器很小，如果將胞器視為大型工廠那它們就像手推車。其中一個類型稱為驅動蛋白（kinesin），以兩足在細胞內部行走，每一步都需要ATP提供能量。驅動蛋白每天的工作是將包裹蛋白質的囊泡從細胞這頭送到那頭，它們沿著蛋白質排列組成的微管（microtubule）移動，而微管只在粒線體或其他胞器需要時才構築，不需要時會分解。肌肉中另有一種小型馬達稱為肌凝蛋白（myosin），同樣以ATP為動力，沿著齒輪狀軌道滑動時會改變形狀促成肌肉纖維伸展或收縮。「動物死亡以後之所以會僵硬，」生物物理學家荷莉．古德森（Holly Goodson）說起這件事情興高采烈：「是因為肌凝蛋白進入像膠水一樣的**緊密結合的狀態**，所以動彈不得。」換句話說，肌肉裡的小馬達卡住了。人體所有細胞新合成的蛋白質會先進入助疊蛋白（chaperonin）⓮，這種小型機器閉合後將蛋白質折疊成正確形狀才釋出。另外還有類似碎木機的蛋白酶體（proteasomes），可以剁碎不需要的蛋白質送到垃圾堆。

「可以說細胞內部就像建築工地，到處都是機器運轉和搬運資材。液體還是存在，但隨著每一年都有新發現，留給湯的空間逐漸減少。」細胞生物學家哈羅德表示自己非常訝異，想不到一生短短數十載竟能得知這麼多種分子機器的存在。

*

像工廠的胞器，電流，迷你分子機器——種種機制很大程度解釋了好幾兆好幾兆的原子如何在細胞內創造出生命的。但即使如此卻也不是全貌。

第一個驚奇是分子具有的簡單吸力和斥力居然促成了某些結構的自動組裝。一九六〇年代，艾雷克·班韓（Alec Bangham）測試新的電子顯微鏡時無意間觀察到這個現象：脂肪分子會透過轉動來隱藏厭水的那端，想不到集體行動後就自發形成了膜。蛋白質同樣有親水區段和

譯註⓮：又稱伴侶蛋白、伴侶素等等。

厭水區段，能夠藉由吸力和斥力來穩定好比折紙藝術的構造。

人體分子可以創造生命還有另一個理由。細胞內部有大量結構，大約三十億個鹼基對組成的DNA也是其中一員。可是人類會生長、癒合、汰換老化細胞，而且只需要大約二十四小時就能製造全新細胞。以我個人而言，輸入三十億個字母即使不眠不休也要超過十五年，細胞的工作效率為何如此之高？

一八二七年，蘇格蘭植物學家羅伯特・布朗（Robert Brown）在顯微鏡下發現一個線索。他不懂為什麼放在水中的花粉顆粒不會沉澱下來停止碰撞，起初懷疑花粉難道是活的？後來看見岩石上的灰塵也有相同表現才沒繼續胡思亂想。但花粉和灰塵為什麼會移動？一九〇五年，愛因斯坦證明這種看似混亂無序的現象源於周圍肉眼不可見的水分子不斷隨機碰撞。（而且愛因斯坦這篇論文說服了許多物理學家承認原子存在。）可是布朗和愛因斯坦都沒察覺這種持續碰撞也為細胞帶來生命：原子和分子所處的奈米級別世界非常模糊，熱量造成細胞內的分子振動，並在物理學家彼得・霍夫曼（Peter Hoffmann）所謂的分子風暴中隨機碰撞。若放大到人類級別，這種碰撞比五級颶風[15]還要激烈許多。人體細胞中大部分分子每毫秒都承受無數次衝擊。

譯註⓯：颶風以五級為最高。

乍聽可能以為持續不斷的分子撞擊會造成災難後果，出人意表的是人體細胞似乎不介意，還反過來利用不停歇的運動創造生命。源源不絕的衝擊力可以推動分子進出細胞、協助蛋白質改變形狀、將酶分散到各處。舉例而言，球狀蛋白質會因為這種碰撞每秒鐘旋轉超過兩百萬次，平均下來細胞內每個分子每一秒都能與每個蛋白質接觸和反應。即使水分子很小，經過無止無休的衝撞也以每小時超過一千英里（約一千六百零九公里）的驚人速度在細胞遊蕩（但前進約四十億分之一英寸就會埋進某個分子）。葡萄糖體積略大，彈跳時速大概兩百六十英里（約四百一十八公里）。真正的巨型分子蛋白質巡遊時速仍然高達二十英里（約三十二公里），而世界最快的短跑選手速度也不過每小時二十七英里，所以細胞中大部分活動都快得不可思議。

既然細胞裡滿滿的超小型分子機器，和家裡有汽車或洗碗機似乎是同樣意思，難道不會動不動就故障？生物物理學家丹・克什納（Dan Kirschner）說他就有過這種疑慮，想到細胞可能出現各式各樣的問題一度夜不能眠。當時他是研究生，課題是細胞發育，妻子正好即將臨盆，所以對生物機制失靈的可能性特別敏感，甚至憂心女兒出世時脖子會像長頸鹿。當然惡夢並未成真，因為人體細胞也有許多巧妙策略避免夭折。首先分子機器極其可靠，以核糖體製造蛋白質為例，大約每一萬次只有一次會插入錯誤的氨基酸。複製DNA的分子機器更仔細，失誤率是百萬到千萬分之一。

可惜世事難完美，偶爾錯誤不可免。激烈撞擊、紫外線、危險的自由基等有害分子都能造成損傷。因應這些威脅，人體細胞也發展出幾種策略，其中之一是智慧維修機制——部分分子機器的任務就是四處巡邏、偵測錯誤並將其修復。藉由專門檢查錯誤的分子機器加上反饋迴路自動校正，人類身體能夠保持良好精確度。

《亞特蘭大憲政報》（*Atlanta Constitution*）一九五四年的特別報導指出人體細胞保持生存還有第二種策略。「厭倦自己了？厭倦同一張老臉了？再仔細看一眼吧，嚴格來說你不斷在蛻變。人類照著汽車工業的規矩走，每年都會徹底換一次底盤。」這個說法聽起來很奇怪，但背後的科學理論來自一位創新能力很強大的核物理學家保羅・艾伯索（Paul Aebersold），他的研究生涯起點是柏克萊大學輻射實驗室的粒子加速器（碳十四發現者馬丁・凱曼〔Martin Kamen〕在這裡找到新的放射性同位素），後來進入原子能委員會負責開發醫療用途的同位素。過程中，艾伯索意識到利用自己找到的同位素可以偵測人體原子多久更換一次，方法很簡單：照射某種物質，例如食鹽，請一位高度配合的受試者吞下，之後以蓋格計數器之類的輻射追蹤設備追蹤鹽的去向。艾伯索接受電視採訪時十分自豪表示追蹤精密度可以小到「十億分之一億盎司」的放射性原子。

結果發現人體每一到兩個月就會替換掉一半碳原子。不分元素的話，每年有百分之九十八的原子都會除舊佈新。

等等，不太對吧？有這種可能嗎？但顯然事實如此，畢竟人體超過一半是水，我們早就知道水分在體內進進出出。再來，身體有另一大半是蛋白質，還沒忘記的話：多數蛋白質在幾小時或幾天內會降解。人體甚至會拆解和替換核糖體以至於粒線體這種大型胞器，它們成分也以蛋白質為主。

所以艾伯索發現了細胞延長壽命的另一種策略，也就是看似永久的結構以及老舊的分子機器都會持續汰換。唯一不替換的是龐大染色體，不過會有些機器沿著染色體移動，找到問題就加以修復。

如果細胞受到太大損傷無法修復呢？人體對此也有應變方案，就是直接摧毀整個細胞，切割為可回收的單位之後重新製作。平均而言，我們每十年會更換大部分細胞，相當於每天約三千三百億個細胞。在最惡劣條件下工作的細胞更換得自然最頻繁，譬如腸道中許多細胞會接觸強酸，損壞是完全在預料之內，所以每二到四天就自行死亡並更換。皮膚細胞要承受擦傷和紫外線，大約每個月更換。紅血球隨血液流動會受到強烈衝撞，每一百二十天更換。換言之我們每秒要製造將近三百五十萬個新的紅血球。其他部位的細胞，如骨骼，更換頻率就比較低，大約每十年才一次。

因此除了機器可靠，細胞還靠一式三句的口號保持活力：持續檢查，持續修復，持續更換。人體就和紐約的幹道一樣——永遠開放，卻也永遠在施工。

儘管一切聽起來很美好，事到如今不免有人懷疑：**為什麼人類無法長生不老？**非常可惜，即使持續重建和更換細胞，如果發生基因突變而且類型不對，細胞依舊可能不受控制。倘若問題出在調節細胞分裂、修復損壞DNA的基因，後果就特別嚴重，細胞會出賣兄弟，不計代價拼命複製。這就是所謂的癌症，隨時都可能發作。

為了遏制這種現象，人體演化出降低突變可能性的機制，遺憾就在於這種機制會妨礙我們長生不老。對於人類這種大型動物，癥結出在細胞數量比起老鼠等小型動物更多，因此癌症發作的機會也更大。為了應對，人體又發展出策略：出生之前，我們或者其他動物的胚胎細胞都一樣，會分泌「端粒酶」（telomerase）避免複製中的DNA末端變短受損。可是動物出生以後，細胞停止製造端粒酶，於是細胞只能在DNA末端破損到無法複製之前進行次數有限的分裂。好處是即使這些細胞產生新突變，它們還是不能再增殖，就不可能引發癌症。壞處則是這些細胞可能會劣化，即使正巧是負責生產新細胞的幹細胞一樣會失去作用。

不能永生還有無關癌症的其他理由。造成疾病的突變會累積，即使負責生產能量的胞器（如粒線體）和幹細胞都無法倖免。

除此之外或許有個原因更一針見血，那就是有些細胞根本無法替換。明明膝蓋破皮就能自己癒合，如果中風或心臟病發了也能長出新的腦或心臟細胞修復該多好，偏偏除了少數例外情況都是不可能的。人類大腦是大約八百六十億個神經元組成的網路，一個神經元可能與周圍生成上萬個連結，構成我們身分的記憶和經歷經過編碼保存其中，可以說這個錯綜複雜的架構就等於自我。假如替換神經元，活在這世界辛苦累積的知識和自我也跟著消逝。嬰兒期後，人類大腦幾乎不再長出新的腦細胞（海馬迴某些部分或許例外），跳動的心臟也一樣，幾乎完全失去產生新細胞的能力。沒有人確切理解原因，一個推測是心肌細胞為了有足夠力量推動血流走向高度專業化，最後放棄曾經存在的再生能力基因途徑。成年人每年只能替換約百分之一的心肌細胞。正如生物學家尼克．連恩指出：「大腦和心臟使人類獨特，卻也使我們衰老和死亡。有些細胞不可替代。」於是他在《生命之源》（*The Vital Question*）一書提出心得：「我懷疑再怎麼調整生理機能也沒辦法讓人類壽命超過一百二十歲。」總而言之，目前人類逃不過生老病死的命運。

儘管壽命有限，人類身體在修復、重建、替換的策略已經表現得極其出色。

*

兜了一大圈總算觸及問題核心，稍微能夠理解原子如何勇敢無畏自大霹靂啟程、在星海漂流之後進入細胞創造生命，也明白了阿爾伯特．克勞德在細胞生物學黑暗時代苦尋不得的「祕密機制」究竟是什麼。然而時至今日仍有許多人很難體認細胞多複雜，習慣透過簡單甚至稚氣的圖畫來描繪。實際情況完全不是這樣，如果能夠放大細胞並進入其中，會發現自己彷彿身處一座龐大密集、眼花繚亂的複雜城市。

細胞核內，DNA成千上萬個基因每秒都在複製。來自基因的RNA複製體指示核糖體建造蛋白質和酶的生產線，然後蛋白質和酶管理細胞運作、維持自身並進行繁殖。但不只如此。

粒線體好比發電廠，以氫質子引發電流啟動微型旋轉馬達，每秒產出數億至十億ATP。細胞中充滿其他大型胞器且各有所長，是專業的工廠、製造中心、倉儲、垃圾處理，彼此間以一座車水馬龍的物流網相互連結。

還有許多不同類型的分子機器發揮了扇葉、幫浦、齒輪、推車的功能，並透過化學引力和斥力達到自我組裝。分子在細胞內部堆得非常緊密，細胞卻反過來利用了這一點。根據物理學家彼得．霍夫曼的形容，細胞內部擁擠程度就好比停車場每輛車相距只有一英尺或更短。正因為分子間隔如此小，隨機碰撞的能量可以加速各種運動與相互作用。最後，細胞還有保持年輕的策略，持續針對老舊破損的機器或結構進行汰換，就像身體也會以細胞為單位做全面更新。

事實上人體細胞複雜到並不真的需要身體其他部分。即使將人類細胞獨立出來，只要能夠滿足營養需求，至少一段時間內它都能自己生存得很好。有些癌細胞更厲害，以癌症患者海莉耶塔．拉克斯（Henrietta Lacks）命名的海拉細胞（HeLa Cells）是最好的例子，當事人已經在一九五一年過世，但留下的癌細胞沒有壽命極限。這些異常細胞能無止境地再生，所以至今仍用於許多生物研究。

沒有科學家會假裝人類已經完全明白原子和分子如何組成活生生的細胞，僅僅單一細胞的內部狀態就規模龐大到難以掌握。「只要開始思考所謂最簡單的生命系統需要包含多少分子，以及同一時間點上多少分子正在交互作用，」卡內基科學研究所的喬治．寇迪（George Cody）告訴我：「會發現列出來的機制太過複雜，幾乎超越人類所能理解。」科學家用流程圖呈現所有化學反應，結果線條過度密集，連閱讀都有困難。他的另一個猜想是細胞機制研究未來突破關鍵並非化學，而是理論物理學，而荷莉．古德森對電腦建模有更高期待。細胞生物學家富蘭克林．哈羅德認為細胞內的分子數量如此驚人，它們如何找到自己的定位依舊是生命科學上最大的祕密。植物生理學家托尼．崔瓦法斯（Tony Trewavas）則主張即使單細胞生物也高度複雜，就像艾瑞莎．弗蘭克林（Aretha Franklin）的歌曲一樣，值得我們的《尊重》。「所有單細胞生物都以我們還不知道或不理解的方式生存。」他說：「人類一直在拼湊線索，不過最後能不能徹底瞭解呢，我是存疑的。當然我有可能猜錯，只是我認為細胞內部某些事情或許人類永遠想不通。總之我們應該對自己周圍的各種生物更尊重。」

細胞內部原本看似一片混沌，但阿爾伯特．克勞德發現裡頭並不只有酶湯，而是巨大的城池，固體和液體同樣多。除了進行化學反應的分子，還有各種機器進行團隊合作、反饋循環、自我校正。它們一部分能量來自分子居民不間斷的運動，就好比紐約市所有人同時走向戶外，在街頭摩肩擦踵。

構築人體的原子抵達地球的當下想必對未來一無所知，沒料到會進入自我維持的巨大生命循環，更想像不到自己會透過人類細胞眼花繚亂的各種機制創造出思想、欲望、期許和行動。

*

於是最後會浮現一個很有深度的問題，既科學卻又哲學。人體細胞具備各種非凡機制，但我們自己呢？知道身體裡面有什麼了，但追根究柢：我們是什麼？

結語
漫長奇妙的旅途

真正理解科學，會發現它是神祕的起點而非終點，同時帶來尊崇和敬畏。

——弗雷德里克·G·唐南（Frederick G. Donnan）

這本書的緣起是我閒暇時的胡思亂想：人究竟由什麼構成？那種材料又打哪兒來？隨著深入探究，我開始想知道如何將自己所學組織起來。大霹靂冒出的各種粒子創造了什麼？從物理和哲學來說，人類到底是什麼？科學對於人的本質與本源有什麼說法？

即使物質層面上也不是容易回答的問題。正如書中所述，可以從很多不同層次思考我們的存在。若問科學家人究竟由什麼構成，會得到許多不同的答案。

某個角度觀察下，我們是無與倫比的生物機器，細節繁複得難以理解。人類身體一個普通細胞就堪比星系，由上百兆原子組成。同樣數量的鈔票疊起來能在地球月球之間回來二十五次以上。每個細胞每秒鐘都有數以億計的分子在膜上進出、成千上萬的基因開啟或關閉，還有數百萬核糖體與胞器辛勤工作、電流湧動、數十萬甚至數百萬的馬達和幫浦運轉。僅僅一個細胞的規模就如此宏大，整個身體的細胞數量大約是銀河系恆星的一百倍。

但換另一個角度，例如生物化學家米切爾眼中人類彷彿火焰，原子不斷更新。人會死，原子不會，它們在生命、土壤、海洋、天空繼續進行化學循環。「我不認為人是創造的終點站，」地質學家麥克・拉塞爾（Mike Russell）說：「在我看來人是加工的環節。」細胞生物學家富蘭克林・哈羅德附和這個想法，他著重人體細胞是有組織、有模式的系統，但必須持續不斷運作，就像單車只在輪子旋轉時保持直立。

再從更基本的層面切入：大霹靂和恆星鍛造出元素，元素暫時聚集形成了人類。整體而言，一個人是周期表上一百三十二種元素之中的六十種左右。

物理學家還可以更進一步拆解基本面。人體更基本的構成是你的七千秭個原子，這些原子由電子、質子和中子組成，而質子和中子又能細分為更小的夸克和膠子。換言之，人只是龐大到不可思議的的亞原子粒子集合體，它們組合起來發揮出遠超表面所見的潛力。

還不夠奇怪的話，更深層的物理學會將人體這些基本粒子視為能量場的局部激發（稱為量子場），而能量場瀰漫於空間，所以熱的最小單位同時是粒子和波。如此說來整個宇宙及你我都是糾結交纏的能量場波動。即使不相信自己已經開悟，某種意義上我們與宇宙本就融為一體。

如果還沒頭暈，再繼續往下想：原子的體積裡百分之九十九是基本粒子之間的空隙。不過更仔細觀察的話那片空白並非真正的虛無，而是能量場。物質和反物質粒子不斷從能量場湧現並互相湮滅。

各種微小的場、波、粒子、原子因緣際會聚成你我，以及形形色色的人類。

*

逾一百五十年前，生物化學先驅李比希大膽將化學研究延伸到動物身上，我們再也不必訴諸難以解釋的「生命力」來解釋人體運作。然而深奧而神祕的謎題依舊存在，其中最大難關是解釋諸如意識、靈性、語言、思想這些人性根本特質如何從原子和細胞產生。我們的感官，像是嗅到玫瑰花的愉悅或者看到大峽谷的敬畏，完全由化學反應、奈米機器和已知的物理力創造嗎？科學是否給得出答案？

就我所知這方面學者尚未建立共識。人類就只是一團原子？或者有原子之外的什麼事物？還有很大的辯論空間。

許多科學家，包括發現夸克的傑出學者蓋爾曼，都認為已發現的最基本粒子和物理力就是一切的根源，所有問題都能從此處得到答案。蓋爾曼對過去的宇宙自有一番見解：萬物始於「緊繃的」能量狀態，宇宙擴張的同時整體混亂程度跟著增加，但過程中會形成一些較有秩序的小區域，生命就在這些地方出現。

另有一部分科學家，如著名的牛津物理學家羅傑．潘洛斯（Roger Penrose）就樂觀認為大腦還有尚未發現的量子力學作用，最後會從這裡解釋人類的意識經驗。

但也有人相信我們還會發現全新類型的物理現象，並將找到意識根源的希望寄託於這份未知。

生命起源研究者兼化學家根特．瓦赫特紹澤（Günter Wächtershäuser）堅持生命始於海床。然而曾經當過專利律師的他同時又相信物質世界之外必然還有心靈世界，篤信思想、文化，以及人之所以為人的心智發明會獨立存在於物質領域之外。

諾貝爾獎得主查爾斯．湯斯（Charles Townes）是第一位在太空中發現有機分子的科學家。雖然他猜想有機分子到達地球就會孕育出生命，卻也堅定相信是上帝以物理定律創造宇宙，否則各種定律不會如此精密準確，彷彿人類的誕生是命中註定。最先構想出大霹靂理論的喬治．勒梅特（Georges Lemaître）身兼牧師和宇宙學家雙重身分，很可能與湯斯英雄所見略同。他認為人類要以科學瞭解自然、以聖經瞭解救贖。

其實科學和宗教都一部分回應了類似的基本人類需求。「科學的真正意義是使世界變得容易理解。」細胞生物學家哈羅德這樣解釋。意義是人類賦予的，我們生來就渴望解釋世界的神祕、理解自身的定位。

當然，科學不可能真的解釋一切，畢竟宇宙中有太多未知。比如各種分子為什麼最終能夠驅動意識？又或者宇宙為何會存在？這些問題都還無法從科學得到完整的解釋。

不過科學能夠回答另一個很重要的問題。

*

科學可以解釋人類如何走到今天這一步，至少能夠釐清過去一百三十八億年裡究竟發生什麼事。所有原子都經歷過壯闊的旅程，這場震撼人心的奧德賽以大霹靂為起點。[1] 構成每個活人以至於每個生物的物質來自時空間中同一個小點，原子最初是是更小的粒子，彼此吸引化為氫，接著被重力拖入巨大恆星，次原子粒子之間發生對的反應就創造出碳、氧和其他生命元

1 如今「大霹靂」所指為何已成為科學界熱議話題。最低限度而言，大霹靂的意思是宇宙中所有物質曾經被塞在一個時空點，它小得難以置信、熱得超乎想像。自那時起，宇宙持續擴大並冷卻。然而宇宙是否真如愛因斯坦方程式所顯示，始於一個小到連時間和空間都談不上存在的「奇點」？目前尚不清楚。為了避免明顯的不可能性，物理學家提出許多理論推測大爆炸之前可能的情況，例如我們生活在不斷擴張、收縮、然後再次擴張的「大反彈」宇宙，又或者巨大的多重宇宙能以某種方式產生新宇宙。理論雖多，但都缺乏確鑿證據。

素。穿越寒冷黑暗的太空以後，這些分子困在無比巨大的塵埃雲，雲氣逐漸凝結為太陽系，落在近處的分子碰撞堆積出有岩石、水以及人體元素的地球。接著能彼此黏合為長鏈的分子近距離接觸了，便產生出各式各樣新型分子與自我複製的細胞，最終演變出人類。

順帶一提，許多科學家認為生命在地球出現是自然而然的結果，這也是我們應當保持謙卑的眾多原因之一：地球人未必真的得天獨厚，宇宙其他地方也可以有生命，那些身在遠方的兄弟姐妹說不定比我們更聰明。

至於我們則如同地球這棵生命樹的一部分。它雄偉磅礴又充滿創造力，扎根之後固執地生長，從未停止變化。我們的原子之旅由一系列不間斷的生物演化鋪路，可以追溯到至少三十八億年前。了解背後的故事使我更加感激太古時代的細菌祖先，是它們開創了生命的模板並發明諸如RNA、DNA、ATP、核糖體和鈉鉀泵等等實用且關鍵的工具。還有行光合作用的細菌為大氣充氧，於是植物能夠從空氣和岩石中取得所需分子，製造出糖、蛋白質、脂肪、維生素和礦物質讓我們從飲食攝取並造出肉體。

我們應該記住一點：生物徹底改造了地球。若沒有生命出現，大氣根本不會含氧，二氧化碳比例則會更高。光合作用帶走空氣中一部分二氧化碳，埋藏於化石燃料或儲存在土壤和植物之中。一旦將這種隔熱氣體釋放回大氣，地球自然會變暖。過去地球已經多次對二氧化碳濃度上升做出反應。

所有生命源於微生物，這個事實代表我們與地球其他生物之間存在非常深厚的連結。人類起源於單細胞生物，而如今我們也明白即使最小的細胞仍然不可思議，值得最大的尊重。微生物是祖先、是長輩，我們和它們有太多共同點，可視為同樣主題的不同變奏。馬古利斯說得沒錯，人類就好像特別巨大、過度生長的微生物群。

但我們或許又不只如此。在我們體內，來自星空的原子創造出數百種專門細胞，它們以細菌辦不到的方式彼此合作交流，例如探究靈性以及宇宙本質。

*

原子零零散散來自太空、化為人形，現在我們卻有辦法回溯這段旅程，其實是相當奇妙的現象。換句話說，自我複製的人類、化學和生物演化的產物，現在不僅能夠「看見」世界、探索世界，還展現出強大的遞迴性，反過來研究組成自己的分子源於何處、經歷過什麼。套句卡爾．薩根的話：「我們是宇宙認識自身的一種方式。」人類怎麼能夠學會這麼多，回顧這麼遠，甚至找到時間的起點？

要歸功於無數學者的執著堅定。他們不為別的，只是對知識的渴望太強烈。有些得到劃時代發現的研究者很內向，也有許多人出身並不顯赫，還有人中學都沒能讀完卻刻苦自修進入大學。理解這個世界能帶來純粹的滿足，成為新知的第一個發現者更是特別有快感，這是貫穿人類歷史的強大動力。解析ATP合酶複雜分子結構的約翰．沃克爵士曾引用邱吉爾金句：「成功就在於從失敗到失敗卻還不減熱情。」

有個現象在科學家尋求知識的過程發揮出難以估量的作用：宇宙結構符合數學家和物理學家想通之後匆匆寫下的方程式。愛因斯坦的廣義相對論預測了大霹靂，後來經由觀測證實，量子力學與艱澀的幾何學也幫助蓋爾曼預測到夸克和膠子。人類心靈發展出數學，而宇宙結構在許多關鍵層面呼應了數學。

之所以能追溯到那麼遙遠的過去還有另一個原因，就是我們的感官極其敏銳且細膩。明明光子比一粒灰塵還小了一千萬倍，但即使僅有寥寥數個光子人眼仍能偵測到。若是非常晴朗的夜晚，肉眼可以看見距離我們銀河系最近的仙女座，光子從兩百五十萬年前開始從那個遙遠星系航向地球。除了天生的感官，我們還透過儀器延伸感知能力，所以可以偵測到比自己小了不知道多少的原子、粒子和波，或者從可見光、X射線、微波和其他波長的電磁輻射獲取大量資訊，連看不見的亞原子粒子軌跡也能加以利用。

提醒一點：之所以能夠重建原子的古老旅程，是因為人類心智有出色強大的推理能力。我們能夠偵測規律，將邏輯應用於所見所聞，本著證據進行推導。

然而不代表人類在這方面完美無瑕。正如我們所見，科學家也是人，有野心和自我。競爭和利益會模糊視野——只要是人就很難避免。

此外我們還受到認知偏誤影響，同樣沒人能倖免。如經濟學家皮埃爾・克雷繆（Pierre Cremieux）告訴過我一件事：牛鸝會在其他鳥類的巢裡產卵，這是利用了其他鳥類的認知盲點——巢是自己的，裡頭的蛋當然也是自己的。同樣道理，人類不會每天就寢時都擔心早上太陽是否還升起。如果什麼都得質疑、不敢做預設，光是活下去就會被逼瘋。無論對於一般人還是科學家，成見其實提供了高效率捷徑。不以前人的知識為根基、不相信該領域的專家意見通常正確，想成為生產力優秀的科學家會困難重重。

不過成見有代價。若不重新驗證假設，就有可能忽略看似「簡單」的ＤＮＡ或許並不真的簡單。除了人人都會陷入的認知偏誤，本書故事也反覆提到科學家社群面對劃時代突破（或明顯的線索）時，一而再再而三囿於幾種特定的思維陷阱於是誤入歧途，例如「太怪異所以不可信」以及「因為身為專家就忘記還有許多未知」。

所以許多得到重大突破的研究者性格非常獨立也就不奇怪了。他們必須無視旁人的嘲弄輕蔑，堅定走在自己的道路上。

科學家的成功並不僅限於提出可測試的假設。區分何為已知、何為高度可能，進一步判斷看似離譜荒謬卻仍有可能性的想法也非常重要。科學史的常態就是元老和先賢訂下規則，卻被後人給打破。宇宙學家曾經宣稱宇宙理所當然是靜態，而且一直存在。物理學家一度認為沒有比電子、質子、中子這三種基本單元更小的東西。備受景仰的天文學家曾有過共識，他們認為恆星與行星成分相同，有機分子無法在外太空存活。以前生物學家很肯定生命無法存在於最深的海洋深處。當初最優秀的古生物學家都覺得人類絕對不會找到超過五億年的化石。其他還有植物不具交流能力、化學無法解釋生命、DNA無法成為遺傳載體等等。

成見與挑戰成見的意志彼此抗衡，構成科學的核心、推動科學的進步。但諷刺的是抗拒新觀念的本能反應雖然會妨礙科學發展，卻同時也是一股重要力量。科學家的工作是跳脫思想窠臼、生成大量理論，可是多數新理論會在驗證後遭到排除。之所以能進步也歸功於有人高標準檢視新學說內容，要求支持者證明自己已經排除所有可能造成誤判的因素。如果無法結合必要的想像力、強烈的懷疑精神、對知識的坦誠，研究者也就做不到科學上的去蕪存菁，進展將會少之又少。從宏觀角度來看，提出錯誤理論同樣有貢獻，做出突破的學者應該好好感激。

＊

本書以黑西裝羅馬領的勒梅特神父作為開場，他上臺向一大群困惑觀眾介紹自己的理論核心，後來稱作「大霹靂」。儘管勒梅特的演講聽得大家霧裡看花，但當天與會者是為了慶祝而齊聚一堂：他們參加的是一九三一年不列顛科學促進會的百年紀念。之前一百年裡，生物學家察覺演化的力量多巨大，地質學家重建出這顆星球的太古劇變，物理學家偵測到電子和質子，化學家摸索出原子鍵結的複雜性，宇宙學家不僅察覺宇宙的遼闊難以想像，還發現它居然不斷擴張——連勒梅特本人都對此訝異不已。

為了慶祝精彩的百年發展，伯明罕主教歐內斯特・巴恩斯（Ernest Barnes）向利物浦大教堂眾多來賓發表紀念講道。「在科學進步的……完整光景之中，最令人訝異的事實其實就是人類自身。」他說：「現代天文學家自己壽命可能不過七十，卻鑽研著不知多少億年前的種種經過。人的心智能夠容納天地萬物，在思想中遠行數億萬里，但最終只需要一隅七呎便能安息。」

巴恩斯的講稿捕捉到我想與大家分享的一種感觸。這本書的寫作過程帶來源源不絕的驚奇、錯愕、振奮、感恩。即使將來某一天，人類能夠確定宇宙中各種已知物理力就足以解釋自己為何這樣子存在，也不代表著我們必須沮喪、或對生命的無意義感到絕望，因為總還會有數不清的理由感到敬畏並感謝宇宙的本質。為這本書收尾的階段，我母親去世了，享年九十三，骨灰埋葬在麻薩諸塞州劍橋市的美麗墓地。所以才不久前，我曾將裝著母親骨灰的小木盒捧在手中。比鞋盒還小，只是造就她美好生命那些原子的幾分之一，但我心中仍然無比感激。我手中的原子從大霹靂啟程，經歷許多艱難才將生命帶給她。原子會在地下停留多年然後重新釋放，也許成為其他生命的一部分，像是草葉或者小鳥。但我的母親又在哪裡？至少還在我的心和思想裡。只要我繼續呼吸，和她的關係永遠不會消失。能創造出像她這樣一個人，宇宙的複雜性值得我們珍惜。寫下這段文字的時候我感到悲傷，但親朋好友緬懷她人生時，我會慶幸自己生活的世界如此廣闊。

追溯原子來到身體的旅程，也是從全新角度再次欣賞這世界。

致謝

動筆之初很難想像自己如何能將這麼繁複龐雜的故事說清楚。幸好得到許多科學家、親友與專業協助才得以完成。

首先非常感謝WME（William Morris Endeavor）經紀人Suzanne Gluck，一開始就是她看中這本書的潛力，我的感激筆墨難以形容。再來是優秀編輯Noah Eaker，他對這本書非常熱情投入，貢獻絕對不只是「英文系畢業生才有的疑問」。另外還有眼睛和老鷹一樣利的校對Gary Stimeling、編輯助理Edie Astley、在送印過程大顯身手的Andrea Blatt。也感謝Meghan Hauser的各種寶貴意見，以及Toby Lester不只提出忠告還一路給了我最需要的加油打氣。

接著要感謝Doron Weber和艾爾弗．史隆基金會（Alfred P. Sloan Foundation）提供撰寫本書所需的研究費用。

調查如此繁多的科學理論背後有什麼來龍去脈，一言以蔽之就是挑戰重重。若非得到許多科學家和歷史學家慷慨相助，我一個人力有未逮。特別感謝以下諸位：František Baluška、

Janet Braam、Ted Bergin、Lawrence Brody、Don Caspar、Thomas Cech、James Collins、Kent Condie、Dale Cruikshank、Brian Fields、Simon Gilroy、Owen Gingerich、Alfred Goldberg、Stjepko Golubic、Douglas Green、Linda Hirst、Nicholas Hud、Joe Kirschvink、Keith Kvenvolden、Jack Lissauer、Nick Lane、Avi Loeb、Steven Long、Tim Lyons、Simone Marchi、Jim Mauseth、Jay Melosh、Carol Moberg、Alessandro Morbidelli、Wayne Nicholson、Rob Phillips、Jonathan Rosner、Dave Rubie、Mike Russell、Kim Sharp、Fred Spiegal、Paul Steinhardt、Tony Trewavas、John Valley、Elizabeth Van Volkenburgh、Günter Wächtershäuser、以及Jack Welch.。

還有多位學者不僅接受我訪談，甚至撥冗閱讀初稿一部分給予建言。藉此機會向各位說聲謝謝：John Archibald、Alisa Bokulich、Peter Bokulich、David Catling、Frank Close、George Cody、Gerald Combs、Jr.、Don Davis、David Devorkin、Holly Goodson、Govindjee、Franklin Harold、Dave Jewitt、Paul Kenrick、Andy Knoll、Simon Mitton、Hans-Jörg Rheinberger、William Schopf、Jack Schultz、Thomas Sharkey、Ruth Lewin Sime、Martha Stampfer、Christopher T. Walsh、以及Martin Wuhr。也特別感謝Conel Alexander、Lynn DiBenedetto、Daniel Kirschner和Anna Sajina，因為有你們才免去我更多錯漏，若本書內容還有疏忽自當我一力承擔。

再來感激過程中督促我、發表誠實評論的好友，寫書過程有你們變得更開心了！謝謝Larry Braman, Isabel Bradburn, Anne Braude, Steve Collier, Pierre Cremieux, Polly Farnham, Marc Freedman, Jennifer Gilbert, Alex Hoffinger, John Jelesko, 還有Tse Wei Lim。此外要特別一提Georgann Kane, Megan McCarthy以及Carol Thomson，這三位不僅是持續支持我的好讀者，還提出許多巧思別具的建議讓成品好了不少個等級。

然後一定要感謝我爸媽Lore and Dave。七歲那年他們送我化學模型玩具當禮物，啟發我從小對科學的熱愛。我父親是個好讀者，對事實細節非常講究。而我的孩子Eli和Zoe則是非常有耐心，因為我三不五時就會將話題帶到書中內容，他們給了很多協助與意見。最後最重要的一位，如果沒有好妻子Ariadne的愛和鼓勵我一定寫不完這本書，加上她還是非常敏銳的讀者，我深深感激她和她身上那七千秭原子所做的一切。

註腳

卷頭語

vii “We are an example”: Quoted in Cott, “The Cosmos: An Interview with Carl Sagan.”

序：銀行裡的一千九百四十二點二九美元

xii thirty trillion cells: Sender, Fuchs, and Milo, “Revised Estimates for the Number of Human and Bacteria Cells in the Body,” 9.

xii over a hundred trillion atoms: Milo and Phillips, *Cell Biology by the Numbers*, 68.

xii a billion times more atoms than all the grains of sand: Blatner, *Spectrums*, 20.

Xii 一千九百四十二點二九美元：人體元素換算為現金價格依據計算方式不同會有很大出入，這個版本的計算方式如下述。人體各元素質量根據約翰．埃姆斯利（John Emsley）著作《自然的建材：元素 A 到 Z》（*Nature's Building Blocks: An A–Z Guide*）估計，各元素單位價格參考 Chemicool.com 網站。然而實際價格受到很多因素影響，例如水可以自己從頭製造，也可以直接從超市購買。

1 大家生日快樂：發現時間起點的神父

3 Central Hall, Westminster: The *Times*, “The British Association: Evolution of the Universe.”

4 “primeval atom”: Lemaitre, “Contributions to a British Association Discussion on the Evolution of the Universe,” 706.

4 “who are immeasurably beyond”: Barnes, “Contributions to a British Association Discussion on the Evolution of the Universe,” 722.

4 cycling trip: Mitton, “The Expanding Universe of Georges Lemaitre,” 28.

4 outdated single-loading rifles: Mitton, “Georges Lemaitre and the Foundations of Big Bang Cosmology,” 4.

5 “The madness of it”: Deprit, “Monsignor Georges Lemaitre,” 365.

5 He lacked, it seemed: Deprit, "Monsignor," 366.

5 he somehow found the concentration: Lambert, *The Atom of the Universe: The Life and Work of Georges Lemaitre*, 56–57.

5 What was the universe: Lambert, "Georges Lemaitre: The Priest Who Invented the Big Bang," 11.

5 "two ways of arriving": Aikman, "Lemaitre Follows Two Paths to Truth."

5 Amis de Jesus: Lambert, "Georges Lemaitre," 16.
"wonderfully quick and clear-sighted":
Kragh, " 'The Wildest Speculation
of All': Lemaitre and the Primeval-Atom Universe," 24.

6 " 'island universes' similar to our own": *New York Times*, "Finds Spiral Nebulae Are Stellar Systems: Dr. Hubbell [*sic*] Confirms View That They Are 'Island Universes' Similar to Our Own."

6 the latest measurements taken: Mitton, "The Expanding Universe," 29–30.

7 星系與星系之間：雖然星系間的空白區域逐漸擴大，星系半身與其中物質並未放大，因為星系內物質群集的重力吸引遠比宇宙擴張的力量要強。

7 in a little-known
Belgian periodical: Kragh, " 'The Wildest Speculation,' " 34.

7 As he strolled through: Lambert, "Einstein and Lemaitre: Two Friends, Two Cosmologies."

7 He hated it: Frenkel and Grib, "Einstein, Friedmann, Lemaitre," 13.

8 "Your calculations": Deprit, "Monsignor," 370.

8 began speaking with Piccard: Lemaitre, "My Encounters with A. Einstein."

8 embarrassed to find: Farrell, *The Day without Yesterday: Lemaitre, Einstein, and the Birth of Modern Cosmology*, 97.

9 "disintegration": Lemaitre, "Contributions," 706.

9 "The evolution of the universe": Lemaitre, *The Primeval Atom: An Essay on Cosmogony*, 78.

9 "Bart, I've had a funny idea": DeVorkin, AIP oral history interview with Bart Bok.

9 "Out of a single bursting atom": Menzel, "Blast of Giant Atom Created Our Universe."

9 "an example of speculation run mad": Kragh, " 'The Wildest Speculation,' " 35–36.

10 in 1978: Godart, "The Scientific Work of Georges Lemaitre," 395.

10 "Physics provides a veil": Quoted in Lambert, "Georges Lemaitre," 16.

10 "There is no conflict": Aikman, "Lemaitre Follows."

10 "biggest blunder": O'Raifeartaigh and Mitton, "Interrogating the Legend of Einstein's 'Biggest Blunder.' " While some historians have questioned whether Einstein actually said this, there are those who believe that he did.

10 "This is the most beautiful": Aikman, "Lemaitre Follows."

11 "*the* Catastrophe to begin": Lemaitre, *The Primeval Atom*, vi.

11 "The hypothesis that all matter": Cooper, *Origins of the Universe*.

11 "the Big Bang man": Lambert, "Georges Lemaitre," 17.

12 "It is the same way that": Author interview with Avi Loeb, Harvard Smithsonian, August 2018.

13 gravitational echoes of the Big Bang: Webb, "Listening for Gravitational Waves from the Birth of the Universe."

2 「真有趣」：眼睛永遠看不見的東西

15 But many physicists were dubious: Rhodes, *The Making of the Atomic Bomb*, 30–31.

16 "Atoms and molecules . . . from their very nature": Blackmore, *Ernst Mach*, 321.

17 a hundred thousand times smaller: Close, *Particle Physics: A Very Short Introduction*, 14.

17 thick metal boxes: De Angelis, "Atmospheric Ionization and Cosmic Rays," 3.

18 deep into caves: Gbur, "Paris: City of Lights and Cosmic Rays."

18 Enlisting the help: Bertolotti, *Celestial Messengers: Cosmic Rays: The Story of a Scientific Adventure*, 36.

18 a twelve-story orange-and-black: Kraus, "A Strange Radiation from Above," 20.

18 squeezed himself into: Part of Hess's account is translated into English in Steinmaurer, "Erinnerungen an V. F. Hess, Den Entdecker der Kosmischen Strahlung, und an Die ersten Jahre des Betriebes des Hafelekar-Labors."

19 "an inner joy is felt": "The *Zenith* Tragedy"; and Oliveira, "Martyrs Made in the Sky."

19 Wasn't it more likely: Ziegler, "Technology and the Process of Scientific

Discovery," 950.

20 especially fierce opponent: Walter, "From the Discovery of Radioactivity to the First Accelerator Experiments," 28.

20 until Hess bitterly objected: De Maria, Ianniello, and Russo, "The Discovery of Cosmic Rays," 178.

21 "the most original and wonderful instrument": Quoted in *Nobel Lectures Physics: Including Presentation Speeches and Laureates' Biographies, 1922–1941*, 215.

21 Fearing others would think him crazy: Pais, *Inward Bound: Of Matter and Forces in the Physical World*, 38.

21 when cathode rays: Two years later, J. J. Thomson would discover that the cathode "rays" inside the glass tube were actually streams of electrons.

21 "Nearly every professor": Pais, *Inward Bound*, 39.

21 He was startled to see: Crowther, *Scientific Types*, 38.

21 Wilson was ecstatic: BBC Interview with Wilson in transcript of the BBC documentary "Wilson of the Cloud Chamber."

22 "little wisps and threads": *Nobel Lectures Physics*, 216.

22 insisted that Anderson: Anderson, *The Discovery*, 25–26.

22 the tracks must instead be from positively charged protons: Anderson, *The Discovery*, 29–30.

22 None of the famous gods: Hanson, "Discovering the Positron (I)," 199.

23 almost four thousand positrons a day: Sundermier, "The Particle Physics of You."

23 "Who ordered that?": Close, Marten, and Sutton, *The Particle Odyssey: A Journey to the Heart of Matter*, 69.

24 radium-fortified soap: Rentetzi, *Trafficking Materials and Gendered Experimental Practices*, 2; and Miklos, "Seriously Scary Radioactive Products from the 20th Century."

24 Could she use a photographic plate to detect: Sime, "Marietta Blau: Pioneer of Photographic Nuclear Emulsions and Particle Physics," 7.

25 That was impossible: Rentetzi, AIP oral history interview with Leopold Halpern.

25 generously offered help: Rentetzi, AIP oral history interview with Leopold Halpern.

25 an early member: Galison, "Marietta Blau: Between Nazis and Nuclei," 44.

25 Wambacher began an affair: Sime, "Marietta Blau," 14.

26 up to twelve smaller particles: Rosner and Strohmaier, *Marietta Blau, Stars of Disintegration*, 159.
26 taking her newest plates: Rentetzi, "Blau, Marietta," 301.
26 seized her photographic plates: Rentetzi, AIP oral history interview with Leopold Halpern.
27 she was embittered: Rentetzi, AIP oral history interview with Leopold Halpern.
28 130,000 miles in just four-fifths of a second: Plumb, "Brookhaven Cosmotron Achieves the Miracle of Changing Energy Back into Matter."
28 less than a billionth of a second: Close, Marten, and Sutton, *The Particle Odyssey*, 13.
28 Joy turned to bafflement: Riordan, *The Hunting of the Quark: A True Story of Modern Physics*, 69.
28 "If I could remember the names": Quoted in Riordan, *The Hunting*, 69.
29 At age three: Johnson, *Strange Beauty: Murray Gell-Mann and the Revolution in Twentieth-Century Physics*, 35.
29 "on first acquaintance": Glashow, "Book Review of *Strange Beauty: Murray Gell-Mann and the Revolution in Twentieth-Century Physics*," 582.
30 Perhaps it would finally lead: Bernstein, *A Palette of Particles*, 95.
30 Gell-Mann was apprehensive: Johnson, *Strange Beauty*, 194.
30 Collegially, they shared: Johnson, *Strange Beauty*, 208.
30 Long Island housewives: Crease and Mann, *The Second Creation: Makers of the Revolution in Twentieth-Century Physics*, 275.
30 But in the 97,025th: Johnson, *Strange Beauty*, 217.
31 "That would be a funny quirk": Riordan, *The Hunting*, 101.
31 *What the hell, why not?*: Crease and Mann, *The Second Creation*, 281.
31 a useful mathematical fiction: Johnson, *Strange Beauty*, 283–84.
32 more open to publishing "crazy" ideas: Crease and Mann, *The Second Creation*, 284.
32 the barriers: Charitos, "Interview with George Zweig."
32 labeled him a charlatan: Zweig, "Origin of the Quark Model," 36.
32 a million times smaller than a grain of sand: Butterworth, "How Big Is a Quark?"
32 "they [had] begun opening": Sullivan, "Subatomic Tests Suggest a New Layer f Matter."
33 a billion billion billion times: Chu, "Physicists Calculate Proton's

Pressure Distribution for First Time."

33 You could fit all of humanity: Sundermier, "The Particle Physics of You."

35 a trillion quadrillion H-bombs: Cottrell, *Matter: A Very Short Introduction*,

3 哈佛最優秀的人：改變人類對星星認知的女人

36 "There are three stages": Hoyle, *Home Is Where the Wind Blows: Chapters from a Cosmologist's Life*, 154.

36 "I saw an abyss opening": Payne-Gaposchkin, *Cecilia Payne-Gaposchkin: An Autobiography and Other Recollections*, 124.

37 She prayed for high marks: Payne-Gaposchkin, *Cecilia Payne-Gaposchkin*, 97.

37 "prostituting her gifts": Payne-Gaposchkin, *Cecilia Payne-Gaposchkin*, 98.

37 expected to become a botanist: Payne-Gaposchkin, *Cecilia Payne-Gaposchkin*, 102.

37 "like a nervous breakdown": Payne-Gaposchkin, *Cecilia Payne-Gaposchkin*, 117–18.

38 she was eager to tackle: Gingerich, AIP oral history interview with Cecilia Payne-Gaposchkin.

40 thousands of individual stars: Moore, *What Stars Are Made Of: The Life of Cecilia Payne-Gaposchkin*, 172.

40 "As you look at it": Author interview with Owen Gingerich, Harvard University, February 2018.

40 "utter bewilderment": Payne-Gaposchkin, *Cecilia Payne-Gaposchkin*, 163.

40 "Miss Payne? You're very brave": Payne-Gaposchkin, *Cecilia Payne-Gaposchkin*, 165.

41 "clearly impossible": Payne-Gaposchkin, *Cecilia Payne-Gaposchkin*, 19.

41 There were strong reasons: Gingerich, "The Most Brilliant Ph.D. Thesis Ever Written in Astronomy," 11.

41 "His word could": Payne-Gaposchkin, *Cecilia Payne-Gaposchkin*, 201.

41 "almost certainly not real": Payne-Gaposchkin, *Cecilia Payne-Gaposchkin*, 5.

41 told the writer Donovan Moore: Moore, *What Stars Are Made Of*, 183.

41 Russell himself: DeVorkin, *Henry Norris Russell: Dean of American*

Astronomers, 213–16; and Gingerich, "The Most Brilliant Ph.D. Thesis Ever Written in Astronomy," 13–14.

41 "the best man at Harvard": Payne-Gaposchkin, *Cecilia Payne-Gaposchkin*, 184.

41 would not be listed: Payne-Gaposchkin, *Cecilia Payne-Gaposchkin*, 26.

42 offended by the "stupidity": Hoyle, *The Small World of Fred Hoyle: An Autobiography*, 72.

42 When he was not "ill": Hoyle, *The Small World*, 64.

42 "one of the most innovative": Couper and Henbest, *The History of Astronomy*, 217.

42 "the most creative and original": Martin Rees quoted in Livio, *Brilliant Blunders: From Darwin to Einstein—Colossal Mistakes by Great Scientists That Changed Our Understanding of Life and the Universe*, 219.

42 "in less time than it takes": Livio, *Brilliant Blunders*, 180.

43 nowhere near hot enough: Hoyle, *Home Is Where*, 150.

43 top-secret meeting: Mitton, *Fred Hoyle: A Life in Science*, 99.

44 A nighttime curfew: Mitton, *Fred Hoyle*, 104–5.

44 vastly more heat: Gregory, *Fred Hoyle's Universe*, 31.

44 trying to glean: Hoyle, *Home Is Where*, 229.

44 When a star ran out of fuel: Hoyle, *Home Is Where*, 230.

45 actually be hot enough: Mitton, *Fred Hoyle*, 200.

46 almost 23 percent: Emsley, *Nature's Building Blocks: An A–Z Guide to the Elements*, 111.

46 "Here was this funny little man": Weiner, AIP oral history interview with William Fowler.

46 like a prisoner in a dock: Hoyle, *Home Is Where*, 265.

46 幾個月：在《家是風所到之處》（*Home Is Where the Wind Blows*）裡霍伊爾說只等了十天，然而為他寫傳記的作者賽門・彌頓（Simon Mitton）聽說實際上是好幾個月。

46 After several months: In *Home Is Where the Wind Blows*, Hoyle writes that the wait was ten days, but according to his biographer, Simon Mitton, Hoyle heard the results several months later.

48 less than 1 percent: Emsley, *Nature's Building Blocks*, 112.

48 heavier than iron on Earth: Uranium, with the atomic number 92, is the heaviest element that exists naturally on Earth.

49 as a hundred billion suns: Gribbin and Gribbin, *Stardust: Supernovae*

and Life—the Cosmic Connection, 156.

49 newly released data: Burbidge, "Sir Fred Hoyle 24 June 1915: 20 August 2001," 225.

49 Hoyle's team found evidence: Hoyle, *Home Is Where*, 296–97.

50 27 million degrees: "The Sun," NASA, https://www.nasa.gov/sun.

50 clouds of viruses and bacteria: Horgan, "Remembering Big Bang Basher Fred Hoyle."

4 禍福相依：如何以重力和塵埃打造世界

52 "My own suspicion": Haldane, *Possible Worlds*, 286.

53 "innocent entertainment": Wetherill, "The Formation of the Earth from Planetesimals," 174.

54 someone with the technical skill: Burns, Lissauer, and Makalkin, "Victor Sergeyevich Safronov (1917–1999)."

55 Soviet colleagues were skeptical: E-mail to author from Andrei Makalkin, Institute of Earth Physics of the Russian Academy of Sciences, May 2018.

55 He presented a copy: Author interview with that former graduate student: astronomer Dale Cruikshank, NASA Ames Research Center, May 2018.

55 a groundbreaking program: Wetherill, "Contemplation of Things Past," 17.

56 runaway effect: Wetherill, "Contemplation," 19.

57 Venus spins backward: Hazen, *The Story of Earth: The First 4.5 Billion Years, from Stardust to Living Planet*, 45.

57 violently assaulted: Fisher, "Birth of the Moon," 63.

58 "His contributions are of overwhelming proportion": Wetherill, "Contemplation," 18.

58 "first scientist": Gribbin, *The Scientists*, 68.

58 far-off magnetic mountains: Hockey et al., "Gilbert, William."

61 "As far as I'm concerned": Cooper, "Letter from the Space Center," 50. Cooper tells this story beautifully in a series of articles in the *New Yorker* and his book *Apollo on the Moon*.

61 King had helped persuade NASA: Compton, *Where No Man Has Gone Before*, 52.

61 $25 billion: Wilford, "Moon Rocks Go to Houston; Studies to Begin Today: Lunar Rocks and Soil Are Flown to Houston Lab."

61 scientists were debating whether the massive craters: Corfield, "One Giant Leap," 50.
61 A lunar lander would be swallowed: Powell, "To a Rocky Moon," 200.
62 the same alarms: Eyles, "Tales from the Lunar Module Guidance Computer."
62 about to set them down: Wagener, *One Giant Leap*, 182.
62 Armstrong's pulse doubled: Portree, "The *Eagle* Has Crashed (1966)."
63 watched impatiently: King, *Moon Trip: A Personal Account of the Apollo Program and Its Science*, 92.
63 $24 billion: Wilford, "Moon Rocks."
63 police closed the road: Wilford, "Moon Rocks."
63 "a radical group of hippies": King, *Moon Trip*, 101.
64 exposing algae: West, "Moon Rocks Go to Experts on Friday."
64 with gas masks: Weaver, "What the Moon Rocks Tell Us."
65 "I mean, big deal": Author interview with Bill Schopf, UCLA, July 2019.
65 as some scientists expected: Cooper, *Apollo on the Moon*, 96–99.
65 tunnels and two-thirds of a mile of wire: Marvin, "Gerald J. Wasserburg," 186.
65 the Lunatic Asylum: Hammond, *A Passion to Know: 20 Profiles in Science*, 52–53.
66 to a Pasadena bar: Wolchover, "Geological Explorers Discover a Passage to Earth's Dark Age."
66 "It must in any event": Tera, Papanastassiou, and Wasserburg, "A Lunar Cataclysm at ~3.95 AE and the Structure of the Lunar Crust," 725.
67 a slight chance that Mercury: Laskar and Gastineau, "Existence of Collisional Trajectories of Mercury, Mars and Venus with the Earth."
68 7,000 degrees Fahrenheit: Interview of Peter Schultz of Brown University in the 2005 documentary "The Violent Past" from *Miracle Planet*.

5 髒雪球與太空岩石：有史以來最大的水災

73 "If there is magic": Eiseley, *The Immense Journey*, 15.
74 "How inappropriate": Lovelock, "Hands Up for the Gaia Hypothesis," 102.
74 more than a hundred species: LaCapra, "Bird, Plane, Bacteria?"
74 生命的核心仍舊是水：血管就彷彿運送水給細胞的體內河道。如果將人體所有血管一直線排列會長達五萬英里，大約能繞地球兩圈。Sender, Fuchs, and Milo, "Revised Estimates for the Number of Human and Bacteria Cells in the Body," 7.

74 about 75 percent: Krulwich, "Born Wet, Human Babies Are 75 Percent Water: Then Comes the Drying."

74 same as a banana: USDA FoodData Central website.

74 60 percent: Aitkenhead, Smith, and Rowbotham, *Textbook of Anaesthesia*, 417.

75 eleven cups of water: Emsley, *Nature's Building Blocks: An A–Z Guide to the Elements*, 228.

75 every 1.5 *trillionth* of a second: Hoffmann, *Life's Ratchet: How Molecular Machines Extract Order from Chaos*, 116.

75 350 feet per second: Ashcroft, *The Spark of Life: Electricity in the Human Body*, 56.

75 If you ever feel foggy: Adan, "Cognitive Performance and Dehydration," 73.

76 penned a book: Von Braun, Whipple, and Ley, *Conquest of the Moon*.

76 "For a number of years": DeVorkin, AIP oral history interview with Fred Whipple.

76 better academic opportunities: Marsden, "Fred Lawrence Whipple (1906–2004)," 1452.

76 It was undemanding enough: Whipple, "Of Comets and Meteors," 728.

76 as deadly boring as any: Marvin, "Fred L. Whipple," A199.

77 just weeks after: Marsden, "Fred Lawrence Whipple (1906–2004)," 1452.

77 "orbit computing business": DeVorkin, AIP oral history interview with Fred Whipple.

77 to check the accuracy: Hughes, "Fred L. Whipple 1906–2004," 6.35.

77 bagged over thirty: Levy, *David Levy's Guide to Observing and Discovering Comets*, 26.

77 orbited the Sun over a thousand times: DeVorkin, AIP oral history interview with Fred Whipple.

78 a half hour to an hour: Whipple, "Of Comets and Meteors," 728.

78 "what's happening to comets!": DeVorkin, AIP oral history interview with Fred Whipple.

79 Whipple's theory only survived: Calder, *Giotto to the Comets*, 38.

79 flying at 41,000 feet: Cowan, "Scientists Uncover First Direct Evidence of Water in Halley's Comet: New Way to Study Comets Will Help Yield

Clues to Solar System's Origin."
79 "Well Fred": Levy, *The Quest for Comets*, 70.
79 "kamikaze mission": Quoted in Markham, "European Spacecraft Grazes Comet."
79 over 40 miles a second: Calder, *Giotto*, 107.
80 62,000 miles away: Calder, *Giotto*, 110.
80 set the half-ton machine wobbling: Calder, *Giotto*, 112.
80 80 percent of the gas: Calder, *Giotto*, 130.
81 "The usual thing you get is": Author interview with Dave Jewitt, UCLA, January 2018.
82 "It can't possibly be real": Couper and Henbest, *The History of Astronomy*, 196.
82 comets from the Kuiper Belt: Harder, "Water for the Rock," 184.
85 Their simulations appeared to reveal: Morbidelli et al., "Source Regions and Timescales for the Delivery of Water to the Earth."
86 an immaculately clean desk: Righter et al., "Michael J. Drake (1946–2011)."
86 dust surrounded by water vapor: Drake interview in the National Geographic Channel documentary "Birth of the Oceans."
87 perhaps several times as much: Jewitt and Young, "Oceans from the Skies," 39; and author conversation with David Rubie, Universitaet Bayreuth, February 2021.
88 Rain poured down for thousands: Kunzig, *Mapping the Deep: The Extraordinary Story of Ocean Science*, 17–18.
88 "Nothing is without controversy": Author interview with John Valley, University of Wisconsin–Madison, June 2018.
89 30 to 40 percent of all the gold: Hart, *Gold*, 12.
90 decided to ask Wilde: Valley, "A Cool Early Earth?" 63.
90 Others soon confirmed: At UCLA, Stephen Mojzsis, Mark Harrison, and Robert Pidgeon made a similar finding at roughly the same time.

6 最著名的實驗：探尋生命分子起源

92 "They are good company": Wald, Nobel Banquet Speech, Nobel Prize in Physiology or Medicine 1967.
93 "the world of the living": Oparin, *The Origin of Life*. An English-language translation by Ann Synge of Oparin's original paper appears in the appendix of Bernal, *The Origin of Life*, 206–7.

93 delighted in the fantastic variety: Mikhailov, *Put' k istinye*, 9–10.
93 single "scientific" worldview: Lazcano, "Alexandr I. Oparin and the Origin of Life," 215.
94 Another 1 percent is ions: Cooper and Hausman, *The Cell*, 44.
94 70 percent amino acids: Woodard and White, "The Composition of Body Tissues," 1214.
95 "In living Nature": Quoted in Hunter, *Vital Forces*, 56.
95 "Dead matter cannot become": Kelvin, *Popular Lectures and Addresses: Geology and General Physics*, II:198.
95 "It is mere rubbish": Quoted in Pereto, Bada, and Lazcano, "Charles Darwin and the Origin of Life," 396.
96 "Who knows," Helmholtz argued, "whether": Helmholtz, *Science and Culture: Popular and Philosophical Essays*, 275.
96 in contrast to: Kursanov, "Sketches to a Portrait of A. I. Oparin," 4.
96 "missing its very first chapter": Schopf, *Cradle of Life: The Discovery of Earth's Earliest Fossils*, 112.
98 it was photosynthesizing algae: Schopf, *Cradle of Life*, 120–21.
98 "wild speculation": Graham, *Science, Philosophy, and Human Behavior in the Soviet Union*, 73.
99 neighboring vacation dachas: Schopf, *Cradle of Life*, 123.
99 "imprisoned in Siberia?": Quoted in Graham, *Science in Russia and the Soviet Union*, 276.
100 "All the scientists I know": Quoted in Shindell, *The Life and Science of Harold C. Urey*, 114.
100 someone should try testing: Miller, "The First Laboratory Synthesis of Organic Compounds Under Primitive Earth Conditions," 230.
100 "The first thing he tried": Henahan, "From Primordial Soup to the Prebiotic Beach: An Interview with the Exobiology Pioneer Dr. Stanley L. Miller."
101 "dungeon": Davidson, *Carl Sagan: A Life*, 23.
101 Urey gave a tour: Sagan, *Conversations with Carl Sagan*, 30.
102 "It looks like fly shit": Bada and Lazcano, "Biographical Memoirs: Stanley L. Miller: 1930–2007," 18.
102 "three feet off the floor": Wade, "Stanley Miller, Who Examined Origins of Life, Dies at 77."
102 at least eight more: Wills and Bada, *The Spark of Life: Darwin and the Primeval Soup*, 49.

103 just the kind that Oparin predicted: Mesler and Cleaves II, *A Brief History of Creation*, 178.

103 "if I'd submitted it": Henahan, "From Primordial Soup to the Prebiotic Beach."

103 "They didn't take it seriously": Sagan, *Conversations with Carl Sagan*, 30.

103 Even Oparin did not believe: Lazcano and Bada, "Stanley L. Miller (1930–2007)," 374.

104 even a high school student: Henahan, "From Primordial Soup to the Prebiotic Beach."

104 "If God did not": Mesler and Cleaves II, *A Brief History*, 173.

104 "The road ahead is hard": Oparin, *The Origin of Life*, 252.

104 *not* full of hydrogen, methane, and ammonia: Radetsky, "How Did Life Start?" 78.

105 primarily nitrogen, carbon dioxide, and water vapor: Zahnle, Schaefer, and Fegley, "Earth's Earliest Atmospheres," 2.

105 hundreds of thousands of enzymes: Author interview with Laura Lindsey-Boltz, University of North Carolina, October 2021.

107 Townes had published: Townes, "Microwave and Radio-Frequency Resonance Lines of Interest to Radio Astronomy."

107 One graduate student: Townes, "The Discovery of Interstellar Water Vapor and Ammonia at the Hat Creek Radio Observatory," 82.

107 "When he came": Author interview with Jack Welch, University of California, Berkeley, June 2018.

108 "You know it's not going to work": Townes, *How the Laser Happened: Adventures of a Scientist*, 65.

108 "I got the feeling": Townes, "The Discovery," 82.

110 when hydrogen cyanide combines: Patel et al., "Common Origins of RNA, Protein and Lipid Precursors in a Cyanosulfidic Protometabolism."

110 "We heard this *ba-boom*": Interview in video, Jess and Kendrew, "Murchison Meteorite Continues to Dazzle Scientists."

110 punched through the metal roof: Meteoritical Society, "Murchison."

110 methylated spirits: Deamer, *First Life: Discovering the Connections between Stars, Cells, and How Life Began*, 53.

111 couldn't rule contamination out: Sullivan, *We Are Not Alone: The Search for Intelligent Life on Other Worlds*, 114.

111 New York City ragweed: Sullivan, *We Are Not Alone*, 123–24.

112 they found two more: Schopf, *Major Events in the History of Life*, 17.

112 the very same ones: Miller, "The First Laboratory Synthesis of Organic Compounds under Primitive Earth Conditions," 240.

114 forty thousand tons: Brownlee, "Cosmic Dust: Building Blocks of Planets Falling from the Sky," 166.

114 ten to a thousand times the mass: Segre and Lancet, ""'Theoretical and Computational Approaches to the Study of the Origin of Life," 94–95.

114 fragments might have recombined: Barras, "Formation of Life's Building Blocks Recreated in Lab."

7 最深奧的謎：最初的細胞從何而來

116 "Life is a cosmic imperative": de Duve, "The Beginnings of Life on Earth," 437.

117 failed his qualifying exams: Heap and Gregoriadis, "Alec Douglas Bangham, 10 November 1921–9 March 2010," 28.

117 "renege": Bangham, "Surrogate Cells or Trojan Horses: The Discovery of Liposomes," 1081.

118 "Membranes came first": Deamer, "From 'Banghasomes' to Liposomes: A Memoir of Alec Bangham, 1921–2010," 1309.

119 Their lives are "Greek tragedies": Robert Singer quoted in Albert Einstein College of Medicine press release, "Built-In 'Self-Destruct Timer' Causes Ultimate Death of Messenger RNA in Cells."

119 once every million to billion years: Milo and Phillips, *Cell Biology by the Numbers*, 215–16.

120 it was easy for him: Echols, *Operators and Promoters: The Story of Molecular Biology and Its Creators*, 215.

121 "more and more desperate": Gitschier, "Meeting a Fork in the Road: An Interview with Tom Cech," 0624.

121 "by desperation to the opposite hypothesis": Cech interview in Howard Hughes Medical Institute video, *The Discovery of Ribozymes*.

121 "I didn't even know": Quoted in Dick and Strick, *The Living Universe: NASA and the Development of Astrobiology*, 128.

121 "never thought much about it": Author interview with Thomas Cech, University of Colorado Boulder, September 2021.

121 "Unknown to us": Cech interview in HHMI video, *The Discovery of Ribozymes*.

123 would support the theory of plate tectonics: Kaharl, *Water Baby: The*

Story of Alvin, 168–69.

123 tossed overboard after a shipboard feast: Crane, *Sea Legs: Tales of a Woman Oceanographer*, 112–13.

124 "Debra, isn't the deep ocean": Kaharl, *Water Baby*, 173.

124 He was gazing at clams: Kaharl, *Water Baby*, 173.

125 Russian vodka they'd purchased: Ballard, *The Eternal Darkness*, 171.

125 "return to port": Kusek, "Through the Porthole 30 Years Ago," 141.

125 "We all started jumping up and down": Kaharl, *Water Baby*, 175.

126 that lived at high temperatures: Wade, "Meet Luca, the Ancestor of All Living Things."

126 about a year later: Hazen, *Genesis: The Scientific Quest for Life's Origin*, 98–99.

127 "head off": Hazen, *Genesis*, 109.

127 "The vents would": Miller and Bada, "Submarine Hot Springs and the Origin of Life," 610.

128 "Ideas fly around": Author interview with Gunter Wachtershauser, December 2018.

128 the supposedly essential: Wachtershauser, "The Origin of Life and Its Methodological Challenge," 488.

130 "The prebiotic broth theory": Wachtershauser, "Before Enzymes and Templates: Theory of Surface Metabolism," 453.

130 "The vent hypothesis is a real loser": Radetsky, "How Did Life Start?" 82.

130 "not relevant to the question": Lucentini, "Darkness Before the Dawn—of Biology," 29.

130 "paper chemistry": Bada interview in BBC *Horizon* documentary, "Life Is Impossible."

130 "As far as I'm concerned": Hagmann, "Between a Rock and a Hard Place."

130 "runaway enthusiasm": Monroe, "2 Dispute Popular Theory on Life Origin."

131 When we spoke: Author interview with Mike Russell, December 2018.

131 origin of life much easier to envision: Lane, *Life Ascending*, 19–23.

132 ten million to one hundred million of them: Flamholz, Phillips, and Milo, "The Quantified Cell," 3498.

132 once provided the energy: Lane, *The Vital Question: Why Is Life the Way It Is?* 117–19.

134 John Sutherland has found: Wade, "Making Sense of the Chemistry That Led to Life on Earth."

134 "We have got to be open": Author interview with George Cody, Carnegie Institution for Science, June 2018.

134 "if we need a location": Author interview with Jay Melosh, Purdue University, May 2018.

135 higher than 104 degrees: California Institute of Technology press release, "Caltech Geologists Find New Evidence That Martian Meteorite Could Have Harbored Life"; and Weiss et al., "A Low Temperature Transfer of ALH84001 from Mars to Earth."

135 the vacuum of space is not a deal breaker: Nicholson et al., "Resistance of Bacillus Endospores to Extreme Terrestrial and Extraterrestrial Environments."

135 have survived a 553-day joyride: Amos, "Beer Microbes Live 553 Days Outside ISS."

135 life certainly existed by 3.5 billion years ago: Knoll, *A Brief History of Earth: Four Billion Years in Eight Chapters*, 81–83.

136 基什文克有更多繁複的理由：見 Kirschvink and Weiss, "Mars, Panspermia, and the Origin of Life: Where Did It All Begin?" 此外基什文克與生物化學家史提夫・本納（Steve Benner）爭辯過缺乏化學物質硼酸鹽的穩定效果是否很難產生 RNA。硼酸鹽在地球上並不常見，在火星卻含量豐富。

8 組裝時請開燈：探索光合作用

141 "Food is simply sunlight": Kellogg, *The New Dietetics: What to Eat and How*, 29.

142 to bolster the fortunes of his father: Beale and Beale, *Echoes of Ingen Housz: The Long Lost Story of the Genius Who Rescued the Habsburgs from Smallpox and Became the Father of Photosynthesis*, 29.

143 She was desperate to save: Van Klooster, "Jan Ingenhousz," 353.

143 clergymen railed against the thought: Magiels, *From Sunlight to Insight*, 87.

143 "I feared I should remain": Quoted in Beale and Beale, *Echoes*, 322.

143 some London doctors did: Beaudreau and Finger, "Medical Electricity and Madness in the 18th Century," 338.

144 attempts by Swiss chemist Carl Scheele to replicate: Beale and Beale,

Echoes, 270–71.

145 "secret operations of plants": Quoted in Beale and Beale, *Echoes*, 279.

146 "When two dogs fight for a bone": Quoted in Beale and Beale, *Echoes*, 323.

146 Nonetheless, Priestley promised: Magiels, "Dr. Jan IngenHousz, or Why Don't We Know Who Discovered Photosynthesis?" 14.

146 he found no acknowledgment: Magiels, *From Sunlight*, 109.

146 "a sultan who did not tolerate": Quoted in Magiels, *From Sunlight*, 109.

146 "If you have realy publish'd this doctrine before me": Quoted in Magiels, *From Sunlight*, 238–39.

146 in the appendix: Gest, "A 'Misplaced Chapter' in the History of Photosynthesis Research: The Second Publication (1796) on Plant Processes by Dr. Jan Ingen-Housz, MD, Discoverer of Photosynthesis," 65.

147 "seeking truth, and knowledge": Debus, *Chemistry and Medical Debate: Van Helmont to Boerhaave*, 33.

147 studied alchemy and magic: Hedesan, "The Influence of Louvain Teaching on Jan Baptist Van Helmont's Adoption of Paracelsianism and Alchemy," 240.

148 Nor did he endear himself: Rosenfeld, "The Last Alchemist—the First Biochemist: J. B. van Helmont (1577–1644)," 1756.

148 "Put a pair of sweaty underwear": Quoted in Cockell, *The Equations of Life: How Physics Shapes Evolution*, 240.

148 "monstrous pamphlet": Quoted in Pagel, *Joan Baptista van Helmont*, 12.

148 soil had lost just 2 ounces: Pagel, *Joan Baptista van Helmont*, 53.

148 not from water: Ingenhousz, *An Essay on the Food of Plants and the Renovation of Soils*, 2.

150 "Be a chemist and make millions": Kamen, *Radiant Science, Dark Politics: A Memoir of the Nuclear Age*, 21.

150 on his fourth version: Yarris, "Ernest Lawrence's Cyclotron: Invention for the Ages."

151 coached by Jack Dempsey: Johnston, *A Bridge Not Attacked: Chemical Warfare Civilian Research During World War II*, 90.

151 "outspoken, abrasive": Kamen, "Onward into a Fabulous Half-Century," 139.

152 "During a recital of these troubles": Kamen, *Radiant Science*, 84.

153 shouldn't take more than a few months: Kamen, "A Cupful of Luck, a Pinch of Sagacity," 6.

153 proton-neutron pairs: Larson, interview with Martin Kamen, Pioneers in Science and Technology Series, Center for Oak Ridge Oral History, 11.

153 "three mad men hopping about": Kamen, *Radiant Science*, 86.

154 Robert Oppenheimer told him: Kamen, "Early History of Carbon-14," 586. 155 began firing alpha particles: Kamen, "Early History," 588.

157 50 percent of its mass is carbon, and 44 percent is oxygen: Petterson, "The Chemical Composition of Wood," 58.

157 About 83 percent: Russell and Williams, *The Nutrition and Health Dictionary*, 137.

158 fell asleep at the wheel: Kamen, *Radiant Science*, 165.

158 perhaps he was too impatient: Benson, "Following the Path of Carbon in Photosynthesis," 35.

159 might leak atom bomb secrets: Larson, interview with Martin Kamen.

159 which were both trailing him: Kelly, "John Earl Haynes's Interview."

160 he chose to sit at the physicists' table: Calvin, *Following the Trail of Light: A Scientific Odyssey*, 51.

160 "Time to quit": Hargittai and Hargittai, *Candid Science V*, 386.

160 unlimited artificial food: Alsop, "Political Impact Is Seen in New Atomic Experiments."

160 solve the world's energy problem: Hargittai and Hargittai, *Candid Science V*, 388.

161 Benson realized: Buchanan and Wong, "A Conversation with Andrew Benson: Reflections on the Discovery of the Calvin–Benson Cycle," 210.

161 "What's new?": Buchanan and Wong, "A Conversation," 213.

161 "He would come tearing into the lab": Moses and Moses, "Interview with Rod Quayle," 6.

162 "He could make interpretations": Moses and Moses, "Interview with Al Bassham," 14.

162 jumped to his feet: Benson, "Following," 809.

163 while Benson didn't bother telling him: Sharkey, "Discovery of the Canonical Calvin-Benson Cycle," 242.

163 "Time to go": Buchanan and Wong, "A Conversation," 213.

164 with a kick of energy from another light beam: Research into the "light reactions" has also been the subject of tremendous amount of research. Govindjee, Shevela, and Bjorn, "Evolution of the Z-Scheme of

Photosynthesis."

164 to simulate the process in a computer: Author interview with Stephen Long, University of Illinois Urbana-Champaign, November 2021.

164 a hundred times more slowly: Falkowski, *Life's Engines: How Microbes Made Earth Habitable*, 99.

164 "Rubisco is a silly enzyme": Author interview with Govindjee, University of Illinois Urbana-Champaign, May 2019.

165 700 million tons: Bar-On and Milo, "The Global Mass and Average Rate of Rubisco," 4738.

165 artificial photosynthetic device: Calvin, "Photosynthesis as a Resource for Energy and Materials," 277.

165 Researchers are still pursuing: Bourzac, "To Feed the World, Improve Photosynthesis."

165 "region of transformation of cosmic energy": Vernadsky, *The Biosphere*, 47.

9 喜出望外：海中糟粕化為盎然綠意

167 "Today photosynthesis runs our planet": Author interview with Stjepko Golubic, July 2019.

168 as extreme as a nuclear holocaust: Margulis and Sagan, *Microcosmos: Four Billion Years of Evolution from Our Microbial Ancestors*, 109.

168 No one had found any evidence: The geologist John Dawson thought he had found an older fossil called *Eozoon*, but his claim did not hold up. Schopf, *Cradle of Life: The Discovery of Earth's Earliest Fossils*, 19–21.

168 "driving frozen mist": Walcott, "Pre-Carboniferous Strata in the Grand Canyon of the Colorado, Arizona," 438.

168 food to last three months: Walcott, "Report of Mr. Charles D. Walcott, July 2," 160.

168 "So much snow": Schuchert, "Charles Doolittle Walcott, (1850–1927)," 279.

169 "rocks-rocks-rocks": Yochelson, *Charles Doolittle Walcott, Paleontologist*, 145.

169 were forced to pile ice: Walcott, "Report of Mr. Charles D. Walcott, July 2," 47.

169 created by some kind of life: Walcott, *Pre-Cambrian Fossiliferous Formations*, 234.

170 Other paleontologists also found unusual patterns: Schopf, *Life in Deep Time: Darwin's "Missing" Fossil Record*, 49.

170 one long-disputed fossil: Schopf, *Cradle of Life*, 19–21. The fossil was called *Eozoon*.

170 As the paleobiologist William Schopf put it: Schopf, *Cradle of Life*, 31.

170 calcium-rich mud: Seward, *Plant Life through the Ages: A Geological and Botanical Retrospect*, 87.

170 we could never expect creatures as small as bacteria: Seward, *Plant Life*, 92.

170 many scientists used the term: Author interview with Stjepko Golubic, July 2019.

171 意識到理解沃爾科特隱藻化石的關鍵：其他地方、尤其是巴哈馬群島的早期研究也曾經建立藍綠菌和疊層石的關聯，但沒有得到學界廣泛認同。他們研究的層疊是還「活著」，因此外觀與古代疊層石差距甚大，相比之下洛根的樣本就和古化石接近得多。Hoffman, "Recent and Ancient Algal Stromatolites," 180–81.

171 The mats trapped sediments: Prothero, *The Story of Life in 25 Fossils: Tales of Intrepid Fossil Hunters and the Wonders of Evolution*, 11.

172 They were microbial Bolsheviks: Falkowski, *Life's Engines: How Microbes Made Earth Habitable*, 72.

172 desk and chair on four-inch risers: Author interview with William Schopf, UCLA, July 2019.

172 bantam-weight boxing champion: Crowell, "Preston Cloud," 45.

173 They kept it a secret: Author interview with William Schopf, UCLA, July 2019.

174 "Many kinds of microbes were immediately wiped out": Margulis and Sagan, *Microcosmos*, 108.

177 Budyko had even created a model: Walker, *Snowball Earth: The Story of the Great Global Catastrophe That Spawned Life as We Know It*, 113.

179 could have possibly formed: Walker, *Snowball Earth*, 122–28.

180 永遠無法擺脫雪球效應：基什文克認為若地球距離太陽再稍微遠一點，兩極氣溫就會過度寒冷，導致火山排放的溫室氣體二氧化碳到達極地時結凍，於是整個行星持續處於嚴寒的雪球狀態無法改變。由此出發，基什文克猜想還有許多類地球行星曾演化出生物，後來被徹底冰封。

181 quick-tempered: *The Telegraph*, "Lynn Margulis."

181 "Lynn was good as a needler": Author interview with Fred Spiegel, University of Arkansas, March 2019.
182 "She liked to start trouble": Dorion Sagan interview in *Symbiotic Earth*.
182 without bothering to tell her parents: Margulis, "Mixing It Up," 103–4.
182 "big shot": Quoted in Goldscheider, "Evolution Revolution," 46.
182 statement by one of her professors: Quammen, *The Tangled Tree: A Radical New History of Life*, 120.
182 Despite her thesis advisor's skepticism: Quammen, *The Tangled Tree*, 120.
182 like looking for Father Christmas: Poundstone, *Carl Sagan: A Life in the Cosmos*, 63.
183 as Margulis sat reading: Otis, *Rethinking Thought: Inside the Minds of Creative Scientists and Artists*, 36.
183 hit her like lightning: Otis, *Rethinking Thought*, 19.
183 "never changed a diaper in his life": Quoted in Davidson, *Carl Sagan: A Life*, 112.
184 "a torture chamber": Quoted in Poundstone, *Carl Sagan: A Life in the Cosmos*, 47.
184 two scientists in Sweden: Sagan, *Lynn Margulis: The Life and Legacy of a Scientific Rebel*, 59.
185 "Your research is crap": *The Telegraph*, "Lynn Margulis."
185 "it avoids the difficult thought": Sapp, *Evolution by Association*, 185.
186 "the greatest chemical inventors": Margulis and Sagan, *What Is Life?* 52.
187 "It may come as a blow": Quoted in Goldscheider, "Evolution Revolution," 44.
187 "As her career progressed": Author interview with John Archibald, Dalhousie University, March 2019.
187 by 1.7 billion years ago, if not earlier: Knoll, *A Brief History of Earth: Four Billion Years in Eight Chapters*, 108–11.
188 may have had three thousand of them: Author interview with Nick Lane, University College London, September 2019.
188 大量生產無需顧忌：連恩和馬丁主張能量會有盈餘。粒線體住在另一個細胞內可以免去例如建構細胞壁之類的工作，因此粒線體和宿主共生時各自的負擔比分開時要低。
188 about a quadrillion: Lane, "Why Is Life the Way It Is?" 23.
188 It will look like microorganisms: Lane, "Why Is Life the Way It Is?" 27; and Catling et al., "Why O2 Is Required by Complex Life on Habitable

Planets and the Concept of Planetary 'Oxygenation Time.' "

188 by about 1.25 billion years ago: Gibson et al., "Precise Age of *Bangiomorpha pubescens* Dates the Origin of Eukaryotic Photosynthesis." The oldest fossils found so far date to 1.047 billion years, but molecular clock evidence suggests that their ancestors appeared at least 1.25 billion years ago.

189 大型且靈敏的海洋動物直到五億四千萬年前：在此之前，約六億三千五百萬年前的埃迪卡拉紀曾有動作緩慢的奇特動物出現。

189 less than 1 percent oxygen: Falkowski, *Life's Engines*, 130.

190 until 800 million years ago: Reinhard et al., "Evolution of the Global Phosphorus Cycle," 386.

192 30 percent of our protein is collagen: Milo and Phillips, *Cell Biology by the Numbers*, 111.

193 to a staggering 30 to 35 percent: Falkowski, *Life's Engines*, 141.

193 thirty-six thousand gallons: Kahn, "How Much Oxygen Does a Person Consume in a Day?"

10 播種插秧：綠色植物及其盟友如何促成人類誕生

195 "Shall I not have intelligence": Thoreau, *Walden*, 130.

195 from fiercely defending: Zimmermann, "Nachrufe: Simon Schwendener," 59.

196 a tenth of 1 percent: Bar-On, Phillips, and Milo, "The Biomass Distribution on Earth."

196 kept him from marrying: Honegger, "Simon Schwendener (1829–1919) and the Dual Hypothesis of Lichens," 312.

196 "master is a fungus": Plitt, "A Short History of Lichenology," 89.

197 "Destructiveness is a character of fungi": Ralfs, "The Lichens of West Cornwall," 211.

197 "an assertion either of pure fantasy": Plitt, "A Short History," 82.

197 "Romance of Lichenology": James Crombie, quoted in Smith, *Lichens*, xxv.

197 "met with the ridicule it deserved": Step, *Plant-Life*, 149.

197 still dismissed Schwendener's claim: Schmidt, "Essai d'une biologie de l'holophyte des Lichens," 7.

199 preventing the ends of the roots: Ryan, *Darwin's Blind Spot*, 22.

199 on trees both young and old: Frank, "On the Nutritional Dependence of Certain Trees on Root Symbiosis with Belowground Fungi (an English

Translation of A. B. Frank's Classic Paper of 1885)," 271.

199 Frank coined the word: A year after Frank coined *symbiotismus*, the botanist Anton de Bary introduced the term *symbiosis*, meaning "the living together of unlike organisms."

199 "wet nurse": Frank, "On the Nutritional Dependence," 274.

199 "calculated to try our patience": Ryan, *Darwin's Blind Spot*, 49.

199 structures that look just like mycorrhizal fungi: Beerling, *Making Eden*, 125–26.

200 "revolutionary announcement": "Hermann Hellriegel," 11.

200 "Their children suffered": Aulie, "Boussingault and the Nitrogen Cycle," doctoral thesis, 39.

201 "we passed from class to class": Mccosh, *Boussingault*, 4.

202 In one impressive trial: Aulie, "Boussingault and the Nitrogen Cycle," 448.

202 increased its nitrogen content by a third: Aulie, "Boussingault and the Nitrogen Cycle," 447.

203 if something in the soil was helping plants: Nutman, "Centenary Lecture," 72.

203 Cries of "bravo!": Finlay, "Science, Promotion, and Scandal," 209.

203 "highly gifted": MacFarlane, "The Transmutation of Nitrogen," 49.

204 almost 50 percent smaller: Erisman et al., "How a Century of Ammonia Synthesis Changed the World," 637.

205 Lignin is the second most abundant: Walker, *Plants: A Very Short Introduction*, 30.

205 fourteen billion of them: Datta et al., "Root Hairs," 1.

205 "They suck up all the nutrients": Author interview with Simon Gilroy, University of Wisconsin–Madison, November 2021.

206 more than 1,150 prairie plants: Tobey, *Saving the Prairies: The Life Cycle of the Founding School of American Plant Ecology, 1895–1955*, 192–93.

206 burrowed thirty-one feet down: Wilson, *Roots: Miracles Below*, 84.

207 "Why do plants make cocaine?": Author interview with Tony Trewavas, University of Edinburgh, September 2019.

207 at least 100,000 genes: Wade, "Number of Human Genes Is Put at 140,000, a Significant Gain."

207 About a third of your genes: Author interview with the scientist who made this finding: Lawrence Brody, National Institutes of Health,

September 2021.

209 "Well, *we* could actually": Author interview with Jack Schultz, University of Toledo, September 2019.

210 "It seemed too woo-woo": Author interview with Elizabeth Van Volkenburgh, University of Washington, September 2019.

213 "What long-term scientific benefits": Alpi et al., "Plant Neurobiology: No Brain, No Gain?" 136.

214 plants have over fifteen senses: Mancuso and Viola, *Brilliant Green: The Surprising History and Science of Plant Intelligence*, 77.

214 They detect neighboring plants with photoreceptors: Trewavas, "Mindless Mastery," 841.

214 "If you grow plants": Author interview with Janet Braam, Rice University, September 2019.

215 can end up high in a neighboring spruce: Yong, "Trees Have Their Own Internet."

215 which should receive: Trewavas, "The Foundations of Plant Intelligence," 11.

215 "explosive growth": Trewavas, "Mindless Mastery," 841.

216 "purpose driven": Trewavas and Baluška, "The Ubiquity of Consciousness," 1225.

216 "we should be aware": Baluška and Mancuso, "Deep Evolutionary Origins of Neurobiology," 63.

217 Simply covering our skin with chloroplasts: Milo and Phillips, *Cell Biology by the Numbers*, 169.

11 以極小博極大：為了存活需要吃什麼？

221 "Imagine all the food": Tegmark, "Solid. Liquid. Consciousness."

221 "fiery and impetuous": Thorpe, *Essays in Historical Chemistry*, 316.

222 "built up new kingdoms": Hofmann, *The Life-Work of Liebig*, 17.

222 *schafskopf*: Brock, *Justus Von Liebig: The Chemical Gatekeeper*, 6.

223 Gay-Lussac insisted that they dance: Brock, *Justus Von Liebig*, 32.

223 "provincial backwater": Brock, *Justus Von Liebig*, 38.

223 "rules useful for making soda and soap": Turner, "Justus Liebig versus Prussian Chemistry," 131.

223 "The consciousness dawned on me": Liebig, "Justus Von Liebig: An Autobiographical Sketch," 661.

223 fume hoods: Morris, *The Matter Factory: A History of the Chemistry

Laboratory, 93.

224 "Storming and raging": Mulder, *Liebig's Question to Mulder Tested by Morality and Science*, 6.

224 "has arisen out of a complete ignorance": Phillips, "Liebig and Kolbe, Critical Editors," 91.

225 "In living Nature": Hunter, *Vital Forces*, 56.

225 "the principles of chemistry and vitality": Klickstein, "Charles Caldwell and the Controversy in America over Liebig's 'Animal Chemistry,' " 141.

226 feces of boa constrictors: Brucer, "Nuclear Medicine Begins with a Boa Constrictor," 280.

226 人體每天大約分泌六湯匙胃酸：胃部分泌約八杯液體，其中百分之五為鹽酸。

226 God would not have put them there: Carpenter, *Protein and Energy: A Study of Changing Ideas in Nutrition*, 59.

226 "Vegetables produce in their organism": Liebig, *Animal Chemistry: Or Organic Chemistry in Its Application to Physiology and Pathology*, 48.

226 failed to find carbohydrates or fats: Carpenter, *Protein and Energy*, 48.

227 "According to Liebig": Thoreau, *Walden*, 11.

227 they needed to drink beer: Bissonnette, *It's All about Nutrition*, 45.

227 "experienced the highest admiration": Liebig, *Animal Chemistry*, vi.

227 "filled me with admiration": Bence-Jones, *Henry Bence-Jones, M.D., F.R.S. 1813–1873: Autobiography with Elucidations at Later Dates*, 16.

227 "living scientific pioneer": Morris, *The Matter Factory*, 30.

228 it occurred to the Swiss scientists: Carpenter, Harper, and Olson, "Experiments That Changed Nutritional Thinking," 1120S–1121S.

228 faithfully collected their urine: Carpenter, Harper, and Olson, "Experiments," 1021.

228 that turned out to be equally damaging: Carpenter, *Protein and Energy*, 71–72.

229 with convoluted arguments: Carpenter, "A Short History of Nutritional Science: Part 1 (1785–1885)," 642.

230 "the most perfect substitute": Apple, "Science Gendered: Nutrition in the United States 1840–1940," 133.

230 babies raised solely on his formula did not thrive: Carpenter, *Protein and Energy*, 74.

230 scurvy killed about two million sailors: Carpenter, *The History of Scurvy*

and Vitamin C, 253.

231 he needed thirty-two wagons: Bown, *Scurvy: How a Surgeon, a Mariner, and a Gentlemen Solved the Greatest Medical Mystery of the Age of Sail*, 68.

231 about 400 of his 1,900 men: Frankenburg, *Vitamin Discoveries and Disasters*, 72.

231 captains made mad dashes from port to port: Bown, *Scurvy*, 75.

231 recommended lemon juice daily: Roddis, *James Lind, Founder of Nautical Medicine*, 55.

232 Over time, unfortunately, the knowledge: Bown, *Scurvy*, 74.

232 there were even "anti-fruiters": Harvie, *Limeys*, 56.

232 Lind had seen relatively little scurvy: Lind, *A Treatise on the Scurvy, in Three Parts: Containing an Inquiry into the Nature, Causes, and Cure of That Disease, Together with a Critical and Chronological View of What Has Been Published on the Subject*, 72.

232 "They had been afflicted by scurvy": Lind, *A Treatise*, 62–63.

232 only sluggish and lazy sailors succumbed: Gratzer, *Terrors of the Table*, 17.

232 it simply seemed more expedient: Harvie, *Limeys*, 18.

234 "If there was ever a researcher": Frankenburg, *Vitamin*, 78.

234 "Dr. Lind reckons the want": Meiklejohn, "The Curious Obscurity of Dr. James Lind," 307.

234 Another 133,708 expired: Bown, *Scurvy*, 26.

235 afflicted 7 percent: Braddon, *The Cause and Prevention of Beri-Beri*, 248.

236 at the elegant Cafe Bauer: Beek, *Dutch Pioneers of Science*, 138.

236 "legs and feet perfectly numbed": Carpenter, *Beriberi, White Rice, and Vitamin B: A Disease, a Cause, and a Cure*, 27.

236 tantamount to a death sentence: Eijkman, "Christiaan Eijkman Nobel Lecture, 1929."

237 the physicians recommended sterilizing: Carpenter, *Beriberi*, 35.

237 10 miles an hour: "Tracing the Lost Railway Lines of Indonesia."

237 seemed more appetizing: Carpenter, *Beriberi*, 41.

237 they were cheaper to keep: Carpenter, *Beriberi*, 198.

238 "his successor refused to allow": Eijkman, "Christiaan Eijkman Nobel Lecture, 1929."

238 "chance favors only": Houston, *A Treasury of the World's Great*

Speeches, 470.

238 a flurry of experiments: Carpenter, *Beriberi*, 40–41.

239 when bacteria in our stomachs feed on white rice: Carpenter, *Beriberi*, 45.

239 "as eating fish had to do with leprosy": Vedder, *Beriberi*, 160.

239 prompted a British physician: Gratzer, *Terrors of the Table*, 141–42.

240 "So much careful scientific work": Hopkins, *Newer Aspects of the Nutrition Problem*, 15.

240 Working alone at "full blast": Maltz, "Casimer Funk, Nonconformist Nomenclature, and Networks Surrounding the Discovery of Vitamins," 1016.

241 still questioned the validity of his "cure": Maltz, "Casimer Funk," 1016.

242 "a vitamin is a substance": Quoted in Gratzer, *Terrors of the Table*, 162.

243 "Scientists Find Indication": *New York Times*, "Scientists Find Indication of a Vitamin Which Prevents Softening of the Brain."

243 and prevent cancer: *St. Louis Post-Dispatch*, "Is Vitamine Starvation the True Cause of Cancer?"

243 vitamin-deficient troops: Price, *Vitamania: How Vitamins Revolutionized the Way We Think about Food*, 75–78.

243 "You're in the Army, too!": Quoted in Bobrow-Strain, *White Bread: A Social History of the Store-Bought Loaf*, 119.

244 "Vitamins are another name": BBC radio, "Enzymes," *In Our Time*.

244 around 60 million years ago: Zimmer, "Vitamins' Old, Old Edge."

245 Harold White suspects: Zimmer, "Vitamins' Old, Old Edge."

246 nylon, acetone, formaldehyde, and coal tar: Price, *Vitamania*, 17.

247 "the most expensive urine": Author interview with Gerald Combs Jr., Tufts University November 2019.

247 Beginning in the 1930s: Carpenter, "A Short History of Nutritional Science: Part 3 (1912–1944)," 3030.

248 arsenic: Collins, *Molecular, Genetic, and Nutritional Aspects of Major and Trace Minerals*, 528.

248 "Anything that's in the soil": Author interview with James F. Collins, University of Florida, February 2020.

249 mineral and vitamin deficiencies: Lieberman, *The Story of the Human Body: Evolution, Health, and Disease*, 191.

249 a handful from bacteria: Some bacteria in our guts make vitamins for us, including B vitamins and vitamin K.

12 近在眼前：找到我們的藍圖

250 "Exploratory research": Horgan, "Francis H. C. Crick: The Mephistopheles of Neurobiology," 33.

251 thirty-some years after: Miescher came close to making this prediction in 1892.

251 among the simplest cells of all: Dahm, "Discovering DNA," 576.

251 "cloudy, thick, slimy mass": Olby, "Cell Chemistry in Miescher's Day," 379.

251 something never done before: Dahm, "The First Discovery of DNA," 321.

252 On his wedding day: Meuron-Landolt, "Johannes Friedrich Miescher: sa personnalite et l'importance de son oeuvre," 20.

253 "If one . . . wants to assume": Dahm, "Friedrich Miescher and the Discovery of DNA," 282.

253 in a remarkable letter to his uncle: Lamm, Harman, and Veigl, "Before Watson and Crick in 1953 Came Friedrich Miescher in 1869," 294–95.

253 Overwork weakened his immune system: Dahm, "The First," 327.

253 it was nuclein, not protein: Mirsky, "The Discovery of DNA," 86–88.

255 killed fifty thousand Americans: Perutz, "Co-Chairman's Remarks: Before the Double Helix," 10.

255 would sit for days mulling: MacLeod, "Obituary Notice, Oswald Theodore Avery, 1877–1955," 544.

255 "focused inwardly as if unconcerned": Dubos, "Oswald Theodore Avery, 1877–1955," 35.

256 would not let his associates: Williams, *Unravelling the Double Helix: The Lost Heroes of* DNA, 148–49.

256 while Avery was away on vacation: Dubos, "Rene Dubos's Memories of Working in Oswald Avery's Laboratory."

256 Dr. Jekylls into Mr. Hydes: Dubos, *The Professor, the Institute, and* DNA, 116.

256 something from the deceased lethal bacteria: McCarty, *The Transforming Principle: Discovering That Genes Are Made of* DNA, 92.

256 just over a hundred pounds: McCarty, *The Transforming Principle*, 87.

256 "headaches and heartbreaks": In a letter to his brother Roy: Dubos, *The Professor*, 217.

256 "Disappointment is my daily bread": Dubos, *The Professor*, 139.

257 treated the extract with enzymes: Letter from Avery to his brother, in Dubos, *The Professor*, 219.

257 skepticism and sarcasm: Dubos, *The Professor*, 106.

257 "What else do you want, Fess?": McCarty, *The Transforming Principle*, 163.

258 "has long been the dream of geneticists": Dubos, *The Professor*, 245.

258 just a tenth of a percent of protein: McCarty, *The Transforming Principle*, 173.

258 "some goddamn other macromolecule": Judson, *The Eighth Day of Creation: Makers of the Revolution in Biology*, 60.

258 "I saw before me": Chargaff, *Heraclitean Fire: Sketches from a Life Before Nature*, 83.

259 in an ox's DNA, the ratios of the bases: Williams, *Unravelling*, 246.

261 he wrote to request: Wilkins, *Maurice Wilkins: The Third Man of the Double Helix: An Autobiography*, 143–50.

261 It was at this very same time: Wilkins, *Maurice Wilkins*, 129.

262 she knew much more about the tricky techniques: Maddox, *Rosalind Franklin: The Dark Lady of* DNA, 144–45.

262 Why did he keep trying to move in on her turf?: Maddox, *Rosalind Franklin*, 153–55.

262 "She was quite sharp and quick and decisive": Cold Spring Harbor Laboratory, "Aaron Klug on Rosalind Franklin."

263 "A certain youthful arrogance": Crick, *What Mad Pursuit*, 64.

265 she saw no point: Maddox, *Rosalind Franklin*, 161.

265 "like a spy": Watson interview in PBS documentary, Babcock and Eriksson, DNA*: The Secret of Life*.

266 "'until the cows come home' ": Quoted in Watson, Gann, and Witkowski, *The Annotated and Illustrated Double Helix*, 91.

268 "in male-chauvinist fashion": Author interview with Don Caspar, May 2020.

268 "I was the only person in the world": Web of Stories interview with Watson, "Complementarity and My Place in History."

269 a sixty-two-hour exposure: Williams, *Unravelling*, 327.

270 she had asked Gosling: Wilkins, *Maurice Wilkins*, 198.

270 the density of the X-ray image suggested: Watson and Berry, DNA*: The Secret of Life*, 51.

271 he had seen a similar measurement: Olby, *The Path to the Double Helix*,

403.

272 "it was almost impossible": Web of Stories interview with Crick, "Molecular Biology in the Late 1940s."

272 although Crick didn't boast about it publicly: Markel, *The Secret of Life*, 12.

272 "It seemed that nonliving atoms": Wilkins, *Maurice Wilkins*, 212.

273 "We all stand on each other's shoulders": "Due Credit," 270.

273 must be in some way "interchangeable": Maddox, *Rosalind Franklin*, 202.

274 "It's so beautiful, you see": Crick, *What Mad Pursuit*, 79.

274 "Can you patent it?": Watson and Berry, DNA, 58.

275 in a "confused phase": Crick, "Biochemical Activities of Nucleic Acids: The Present Position of the Coding Problem," 35.

279 Most degrade after a few hours or days: Milo and Phillips, *Cell Biology by the Numbers*, 248.

279 好幾萬份的酶和其他蛋白質：根據《從數字看細胞生物學》（*Cell Biology by the Numbers*），一個細胞約有百億個蛋白質，而蛋白質半衰期平均為七小時。換言之每七小時我們就會汰換百億蛋白質的一半，每秒得更換三萬九千個。

279 控制目標基因何時開啟、何時關閉：控制基因表達的鹼基序列包括基因轉錄因子結合位點、轉錄活化因子、啟動子、強化子、抑制子、沉默子、控制因子。

13 元素之外：身體內部的真相

281 "Man, like other organisms": Claude, "The Coming of Age of the Cell," 434.

281 thirty trillion units, or cells: Sender, Fuchs, and Milo, "Revised Estimates for the Number of Human and Bacteria Cells in the Body," 9.

282 he was seized by the desire: Brachet, "Notice sur Albert Claude," 95.

282 Risking his life: Gompel, *Le destin extraordinaire d'Albert Claude (1898–1983)*, 26.

282 despite fearing his classes would all be taught in Latin: de Duve and Palade, "Obituary: Albert Claude, 1899–1983," 588.

282 "blurred boundary which concealed": Claude, "The Coming," 433.

283 as mockingly distant as stars: Claude, "The Coming," 433.

283 "biochemical bog": Moberg, *Entering an Unseen World: A Founding Laboratory and Origins of Modern Cell Biology, 1910–1974*, 137.

283 leave the premises as soon as possible: Brachet, "Notice," 100.
284 like a solitary wild boar: Brachet, "Notice," 118.
284 wanted to replace him with an actual chemist: Moberg, *Entering*, 23.
284 about 17,000 g: Claude, "Fractionation of Chicken Tumor Extracts by High Speed Centrifugation," 743.
284 with a mortar and pestle: de Duve and Beaufay, "A Short History of Tissue Fractionation," 24.
284 he determined that it contained RNA: de Duve and Palade, "Obituary," 588.
285 take a hammer to cells: *Interview with Albert Claude*, Rockefeller Institute Archive Center, RAC FA1444 (Box 1, Folder 5).
285 "When he started tearing cells apart": Moberg, *Entering*, 38.
285 "cellular mayonnaise": Rheinberger, "Claude, Albert," 146.
285 Some colleagues saw it as a betrayal: Brachet, "Notice," 108.
285 "accident of technical progress": Claude, "Albert Claude, 1948," 121.
286 master in taking advantage of them: Rheinberger, "Claude, Albert," 146.
286 chemical factories: Moberg, *Entering*, 76.
286 "would serve no useful purpose": Hawkes, "Ernst Ruska," 84.
287 it had killed one of his close friends: Moberg, *Entering*, 55.
287 "It was wonderful": Moberg, *Entering*, 60.
288 His genius was apparently less in using his techniques: Palade, "Albert Claude and the Beginnings of Biological Electron Microscopy," 15–17.
289 "Many of his friends remember Mitchell": Prebble and Weber, *Wandering in the Gardens of the Mind*, 15.
289 the "power plants": Claude, "The Coming," 434.
290 ten to one hundred million ATPs: Flamholz, Phillips, and Milo, "The Quantified Cell," 3499.
290 Big labs and big scientists competed: Gilbert and Mulkay, *Opening Pandora's Box*, 26. This entire book examines how scientists discussed and reacted to Mitchell's theory.
290 became a burning issue: Harold, *To Make the World Intelligible*, 121.
290 "only shadows of moving parts": Racker, "Reconstitution, Mechanism of Action and Control of Ion Pumps," 787.
290 "anyone who was not thoroughly confused": Racker, "Reconstitution," 787.
291 Heraclitus: Prebble, "The Philosophical Origins of Mitchell's Chemiosmotic Concepts," 443.
291 He had no experimental evidence: Prebble, "Peter Mitchell and the Ox

Phos Wars," 209.

291 "I remember thinking to myself": Orgel, "Are You Serious, Dr. Mitchell?" 17.

291 "These formulations sounded like": Racker, "Reconstitution," 787.

292 He presented his theory in obscure terms: Harold, *To Make the World Intelligible*, 49.

292 Revenue from his prize dairy cows: Lane, *Power, Sex, Suicide*, 102.

292 "went into one of my ears": Govindjee and Krogmann, "A List of Personal Perspectives with Selected Quotations, along with Lists of Tributes, Historical Notes, Nobel and Kettering Awards Related to Photosynthesis," 16.

292 hopped on one foot in anger: Prebble, "Peter Mitchell and the Ox Phos Wars," 210.

292 Mitchell marked the locations: Saier, "Peter Mitchell and the Life Force," chapter 8, page 10 of 14.

292 almost 100 million volts per foot: Lane, *The Vital Question: Why Is Life the Way It Is?* 73.

293 three hundred times a second: Milo and Phillips, *Cell Biology by the Numbers*, 357.

293 describes it as: Walker, *Fuel of Life*.

293 for his "bioimagination": Roskoski, "Wandering in the Gardens of the Mind," 64–65.

293 Mitchell used the prize money: Saier, "Peter Mitchell and the Life Force," chapter 9, page 2 of 8.

294 Mike Russell and William Martin believe: Lane, *Life Ascending*, 32–33.

294 a thousand to ten thousand mitochondria: Milo and Phillips, *Cell Biology*, 34.

294 35 percent of a heart muscle cell's volume: Hom and Sheu, "Morphological Dynamics of Mitochondria: A Special Emphasis on Cardiac Muscle Cells," 7.

294 tens of thousands of times more energy: Author interview with Nick Lane, University College London, December 2021.

294 two-thirds of a pint of oxygen: Flamholz, Phillips, and Milo, "The Quantified Cell," 3499.

295 about a third of your energy: Hoffmann, *Life's Ratchet: How Molecular Machines Extract Order from Chaos*, 212.

295 more than a million sodium ions a second: Ashcroft, *The Spark of Life:*

Electricity in the Human Body, 42.

296　a million sodium-potassium pumps: Stevens, "The Neuron," 57.

296　350 feet a second: Ashcroft, *The Spark of Life*, 56.

296　大約一千兆個微小的鈉鉀泵：人體一千億個神經細胞的每一個都有約一百萬個鈉鉀泵，幾百萬的心肌細胞也每一個都有數百萬個鈉鉀泵。光是這兩部分總計已經可達數千兆，但鈉鉀泵還出現在其他類型細胞中，只是數量較少。

296　hunter-gatherers got their salt from meat: Lieberman, *The Story of the Human Body: Evolution, Health, and Disease*, 283.

298　a molecular storm: Hoffmann, *Life's Ratchet*, 72.

298　two million times a second: E-mail to author from Kim Sharp, University of Pennsylvania.

298　collides with every protein: Milo and Phillips, *Cell Biology*, 220.

298　four billionths of an inch: E-mail from Kim Sharp, University of Pennsylvania.

298　20 miles per hour: Bray, *Cell Movements*, 4.

299　once every ten thousand times: Lane, *The Vital*, 12.

299　百萬到千萬分之一：DNA 鹼基錯植率估計差異很大，從百萬到千萬分之一都有，不過因為修復機制會立即行動，所以實際錯誤率可能下降到百億分之一。

299　"Bored with yourself?": *Atlanta Constitution*, "Each of Us Is Charged with Busy Little Atoms."

299　Aebersold proudly told: "Paul C. Aebersold Interview," *Longines Chronoscope*.

300　98 percent of all our atoms every year: Stager, *Your Atomic Self*, 213.

300　每十年：最先發現這點的是克絲蒂·史柏丁（Kirsty Spalding）和喬納斯·弗里森（Jonas Frisén），見 Wade, "Your Body Is Younger Than You Think."　另　見 Milo and Phillips, Cell Biology by the Numbers, 279. 某些類型的細胞完全不替換，但絕大多數會在十年內淘汰掉。

300　330 billion cells a day: Sender and Milo, "The Distribution of Cellular Turnover in the Human Body," 45.

300　replaced every two to four days: Milo and Phillips, *Cell Biology*, 279.

300　replaced every 120 days: Milo and Phillips, *Cell Biology*, 279.

300　three and a half million new red blood cells every second: Sender and Milo, "The Distribution," 45.

300　once every ten years: Milo and Phillips, *Cell Biology*, 279.

301 eighty-six billion neurons: Herculano-Houzel, "The Human Brain in Numbers," 7.

302 約百分之一：人類以每年約百分之一的速率替換心肌細胞直到五十歲前後，過了五十歲速率會下降。Wade, "Heart Muscle Renewed over Lifetime, Study Finds."

302 "I doubt we will ever find a way of living much beyond 120": Lane, *The Vital*, 278.

303 每秒產出數億至十億 ATP：見 Milo and Phillips, Cell Biology, 201. 根據兩人估計，一個體積三千立方微米的哺乳類細胞每秒消耗大約十億 ATP。

303 a parking lot with a foot or less: Hoffmann, *Life's Ratchet*, 107.

結語　漫長奇妙的旅途

305 "Science, truly understood": Donnan, "The Mystery of Life," 514.

306 大約是銀河系恆星的一百倍：人體細胞總數約為三十兆，見 Sender, Fuchs, and Milo, "Revised Estimates for the Number of Human and Bacteria Cells in the Body." 銀河系恆星數量據估計在一千億到四千億之間。

307 In Gell-Mann's wide rearview mirror: Horgan, "From My Archives: Quark Inventor Murray Gell-Mann Doubts Science Will Discover 'Something Else.' "

310 "We are a way for the cosmos to know itself": Carl Sagan in the television series *Cosmos*.

參考書目

Adan, Ana. "Cognitive Performance and Dehydration." *Journal of the American College of Nutrition* 31, no. 2 (April 1, 2012).

Aikman, Duncan. "Lemaitre Follows Two Paths to Truth." *New York Times*, February 19, 1933.

Aitkenhead, Alan R., Graham Smith, and David J. Rowbotham. *Textbook of Anaesthesia*, 5th ed. London: Elsevier, 2007.

Albert Einstein College of Medicine. "Built-In 'Self-Destruct Timer' Causes Ultimate Death of Messenger RNA in Cells." Press release, December 22, 2011.

Alpi, Amedeo, Nikolaus Amrhein, et al. "Plant Neurobiology: No Brain, No Gain?" *Trends in Plant Science* 12, no. 4 (April 2007).

Alsop, Stewart. "Political Impact Is Seen in New Atomic Experiments." *Toledo Blade*, January 6, 1949.

Amos, Jonathan. "Beer Microbes Live 553 Days Outside ISS." BBC News, August 23, 2010, https://www.bbc.com/news/science-environment-11039206.

Anderson, Carl D., and Richard J. Weiss. *The Discovery of Anti-Matter: The Autobiography*

of Carl David Anderson, the Youngest Man to Win the Nobel Prize. Singapore: World Scientific, 1999.

Apple, Rima. "Science Gendered: Nutrition in the United States 1840–1940," in *The Science and Culture of Nutrition, 1840–1940*, ed. Harmke Kamminga and Andrew Cunningham. Amsterdam: Rodopi, 1995.

Ashcroft, Frances. *The Spark of Life: Electricity in the Human Body*. New York: Norton, 2012.

Atlanta Constitution, "Each of Us Is Charged with Busy Little Atoms, November 8, 1954.

Aulie, Richard P. "Boussingault and the Nitrogen Cycle." Doctoral thesis, Yale University, 1969.

———. "Boussingault and the Nitrogen Cycle." *Proceedings of the American*

Philosophical Society 114, no. 6 (December 18, 1970).

Babcock, Viki, and Magdalena Eriksson, writers; Ian Duncan and David Glover, directors. DNA*: The Secret of Life*, episode 1. Arlington, VA: Public Broadcasting Service, 2003.

Bada, Jeffrey, and Antonio Lazcano. "Biographical Memoirs: Stanley L. Miller: 1930–2007." National Academy of Sciences, 2012, http://www.nasonline.org /publications/biographical-memoirs/memoir-pdfs/miller-stanley.pdf.

Ballard, Robert D. *The Eternal Darkness: A Personal History of Deep-Sea Exploration.*

Princeton, NJ: Princeton University Press, 2000.

Baluška, František, and Stefano Mancuso. "Deep Evolutionary Origins of Neurobiology:

Turning the Essence of 'Neural' Upside-Down." *Communicative & Integrative Biology* 2, no. 1 (December 1, 2009).

Bangham, Alec D. "Surrogate Cells or Trojan Horses: The Discovery of Liposomes." *BioEssays* 17, no. 12 (1995).

Barnes, E. W. "Contributions to a British Association Discussion on the Evolution of the Universe." *Nature*, no. 128 (October 24, 1931).

Bar-On, Yinon M., and Ron Milo. "The Global Mass and Average Rate of Rubisco." *Proceedings of the National Academy of Sciences of the United States of America* 116, no. 10 (March 5, 2019).

Bar-On, Yinon M., Rob Phillips, and Ron Milo. "The Biomass Distribution on Earth." *Proceedings of the National Academy of Sciences* 115, no. 25 (June 19, 2018).

Barras, Colin. "Formation of Life's Building Blocks Recreated in Lab." *New Scientist*, no. 2999 (December 13, 2014).

BBC documentary transcript. "Wilson of the Cloud Chamber," 1959.

BBC *Horizon* documentary. "Life Is Impossible," 1993.

BBC radio. "Enzymes." *In Our Time*, June 1, 2017.

Beale, Norman, and Elaine Beale. *Echoes of Ingen Housz: The Long Lost Story of the Genius Who Rescued the Habsburgs from Smallpox and Became the Father of Photosynthesis*. Gloucester, UK: Hobnob Press, 2011.

Beaudreau, Sherry Ann, and Stanley Finger. "Medical Electricity and Madness in the 18th Century: The Legacies of Benjamin Franklin and Jan Ingenhousz." *Perspectives in Biology and Medicine* 49, no. 3 (July 27,

2006).

Beek, Leo. *Dutch Pioneers of Science*. Assen, Netherlands: Van Gorcum, 1985.

Beerling, David. *Making Eden: How Plants Transformed a Barren Planet*. Oxford, UK: Oxford University Press, 2019.

Bence-Jones, Henry. *Henry Bence-Jones, M.D., F.R.S. 1813–1873: Autobiography with Elucidations at Later Dates*. London: Crusha & Son, 1929.

Benson, Andrew A. "Following the Path of Carbon in Photosynthesis: A Personal Story." *Photosynthesis Research* 73, (July 1, 2002).

Bernal, J. D. *The Origin of Life*. London: Weidenfeld & Nicolson, 1967.

Bernstein, Jeremy. *A Palette of Particles*. Cambridge, MA: Harvard University Press, 2013.

Bertolotti, Mario. *Celestial Messengers: Cosmic Rays: The Story of a Scientific Adventure*. Berlin: Springer, 2013.

Bissonnette, David. *It's All about Nutrition: Saving the Health of Americans*. Lanham, MD: University Press of America, 2014.

Blackmore, John T. *Ernst Mach: His Life, Work, and Influence*. Berkeley: University of California Press, 1972.

Blatner, David. *Spectrums: Our Mind-Boggling Universe from Infinitesimal to Infinity*. London: Bloomsbury, 2013.

Bobrow-Strain, Aaron. *White Bread: A Social History of the Store-Bought Loaf*. Boston: Beacon Press, 2012.

Bourzac, Katherine. "To Feed the World, Improve Photosynthesis." *MIT Technology Review* 120, no. 5 (September 2017).

Bown, Stephen R. *Scurvy: How a Surgeon, a Mariner, and a Gentleman Solved the Greatest Medical Mystery of the Age of Sail*. New York: St. Martin's Press, 2003.

Brachet, Jean. "Notice sur Albert Claude." *Annuaire de l'Academie royale de Belgique*, 1988.

Braddon, William Leonard. *The Cause and Prevention of Beri-Beri*. London: Rebman Limited, 1907.

Bray, Dennis. *Cell Movements: From Molecules to Motility*. New York: Garland Science, 2001.

Brock, William H. *Justus Von Liebig: The Chemical Gatekeeper*. Cambridge, UK: Cambridge University Press, 2002.

Brownlee, Donald E. "Cosmic Dust: Building Blocks of Planets Falling from the Sky." *Elements* 12, no. 3 (June 1, 2016).

Brucer, Marshall. "Nuclear Medicine Begins with a Boa Constrictor." *Journal of Nuclear Medicine Technology* 24, no. 4 (1996).

Buchanan, Bob B., and Joshua H. Wong. "A Conversation with Andrew Benson: Reflections on the Discovery of the Calvin–Benson Cycle." *Photosynthesis Research* 114, no. 3 (March 1, 2013).

Burbidge, Geoffrey. "Sir Fred Hoyle 24 June 1915–20 August 2001." *Biographical Memoirs of Fellows of the Royal Society* 49 (2003).

Burns, Joseph A., Jack J. Lissauer, and Andrei Makalkin. "Victor Sergeyevich Safronov (1917–1999)." *Icarus* 145, no. 1 (May 1, 2000).

Butterworth, Jon. "How Big Is a Quark?" *The Guardian*, April 7, 2016, https://www.theguardian.com/science/life-and-physics/2016/apr/07/how-big-is-a-quark. Calder, Nigel. *Giotto to the Comets*. London: Presswork, 1992.

California Institute of Technology. "Caltech Geologists Find New Evidence That Martian Meteorite Could Have Harbored Life," press release, March 13, 1997, https://www2.jpl.nasa.gov/snc/news8.html.

Calvin, Melvin. *Following the Trail of Light: A Scientific Odyssey*. Washington, DC: American Chemical Society, 1992.

———. "Photosynthesis as a Resource for Energy and Materials: The Natural Photosynthetic

Quantum-Capturing

Mechanism of Some Plants May Provide a Design for a Synthetic System That Will Serve as a Renewable Resource for Material and Fuel." *American Scientist* 64, no. 3 (1976).

Carpenter, Kenneth J. *Beriberi, White Rice, and Vitamin B: A Disease, a Cause, and a Cure*. Berkeley: University of California Press, 2000.

———. *The History of Scurvy and Vitamin C*. Cambridge, UK: Cambridge University

Press, 1988.

———. *Protein and Energy: A Study of Changing Ideas in Nutrition*. Cambridge, UK:

Cambridge University Press, 1994.

———. "A Short History of Nutritional Science: Part 1 (1785–1885)." *Journal of*

Nutrition 133, no. 3 (March 2003).

———."A Short History of Nutritional Science: Part 3 (1785–1885)."

Journal of Nutrition
133, no. 10 (October 2003).

Carpenter, Kenneth J., Alfred E. Harper, and Robert E. Olson. "Experiments That Changed Nutritional Thinking." *Journal of Nutrition* 127, no. 5 (May 1997).

Catling, David C., Christopher R. Glein, et al. "Why O2 Is Required by Complex Life on Habitable Planets and the Concept of Planetary 'Oxygenation Time.' " *Astrobiology* 5, no. 3 (June 2005).

Chargaff, Erwin. *Heraclitean Fire: Sketches from a Life before Nature*. New York: Rockefeller University Press, 1978.

Charitos, Panos. "Interview with George Zweig." *CERN EP News*, December 13, 2013, https://ep-news.web.cern.ch/content/interview-george-zweig.

Chu, Jennifer. "Physicists Calculate Proton's Pressure Distribution for First Time." *MIT News*, February 22, 2019, https://news.mit.edu/2019/physicists-calculate-proton-pressure-distribution-0222.

Claude, Albert. "Albert Claude, 1948." Harvey Society Lectures, Rockefeller University, January 1, 1950.

———. "The Coming of Age of the Cell." *Science* 189, no. 4201 (August 8, 1975).

——— . "Fractionation of Chicken Tumor Extracts by High Speed Centrifugation." *American Journal of Cancer* 30, no. 4 (August 1, 1937).

Close, Frank. *Particle Physics: A Very Short Introduction*. Oxford, UK: Oxford University Press, 2004.

Close, Frank, Michael Marten, and Christine Sutton. *The Particle Odyssey: A Journey to the Heart of Matter*. Oxford, UK: Oxford University Press, 2004.

Cockell, Charles S. *The Equations of Life: How Physics Shapes Evolution*. New York: Basic Books, 2018.

Cold Spring Harbor Laboratory, Oral History Collection. "Aaron Klug on Rosalind Franklin," June 17, 2005, http://library.cshl.edu/oralhistory/interview/scientific-experience/women-science/aaron-osalind-franklin/.

Collins, James F. *Molecular, Genetic, and Nutritional Aspects of Major and Trace Minerals*. San Diego: Academic Press, 2016.

Compton, William. *Where No Man Has Gone Before: A History of Apollo Lunar Exploration Missions*. Washington, DC: NASA, 1988.

Cooper, Geoffrey M., and Robert E. Hausman. *The Cell: A Molecular*

Approach. Sunderland, MA: Sinauer Associates, 2013.
Cooper, Henry S. F. *Apollo on the Moon*. New York: Dial Press, 1969.
———. "Letter from the Space Center." *New Yorker*, July 25, 1969.
Cooper, Keith. *Origins of the Universe: The Cosmic Microwave Background and the Search for Quantum Gravity*. London: Icon Books, 2020.
Corfield, Richard. "One Giant Leap." *Chemistry World*, August 2009.
Cott, Jonathan. "The Cosmos: An Interview with Carl Sagan." *Rolling Stone*, December 25, 1980.
Cottrell, Geoff. *Matter: A Very Short Introduction*. Oxford, UK: Oxford University Press, 2019.
Couper, Heather, and Nigel Henbest. *The History of Astronomy*. Richmond Hill, Ontario:
Firefly Books, 2007.
Cowan, Robert. "Scientists Uncover First Direct Evidence of Water in Halley's
Comet: New Way to Study Comets Will Help Yield Clues to Solar System's
Origin." *Christian Science Monitor*, January 13, 1986.
Crane, Kathleen. *Sea Legs: Tales of a Woman Oceanographer*. Boulder, CO: Westview
Press, 2003.
Crease, Robert P., and Charles C. Mann. *The Second Creation: Makers of the Revolution in Twentieth-Century Physics*. New Brunswick, NJ: Rutgers University Press, 1996.
Crick, Francis. "Biochemical Activities of Nucleic Acids: The Present Position of the Coding Problem." *Brookhaven Symposia in Biology* 12 (1959).
———. *What Mad Pursuit: A Personal View of Scientific Discovery*. New York: Basic
Books, 1988.
Crowell, John. "Preston Cloud," in *National Academy of Sciences: Biographical Memoirs*, vol. 67. Washington, DC: National Academy Press, 1995.
Crowther, James. *Scientific Types*. Chester Springs, PA: Dufour, 1970.
Dahm, Ralf. "Discovering DNA: Friedrich Miescher and the Early Years of Nucleic Acid Research." *Human Genetics* 122, no. 6 (January 2008).
———. "The First Discovery of DNA: Few Remember the Man Who Discovered
the 'Molecule of Life' Three-Quarters of a Century before Watson and Crick Revealed Its Structure." *American Scientist* 96, no. 4 (2008).

———. "Friedrich Miescher and the Discovery of DNA." *Developmental Biology* 278, no. 2 (February 15, 2005).

Datta, Sourav, Chul Min Kim, et al. "Root Hairs: Development, Growth and Evolution at the Plant-Soil Interface." *Plant and Soil* 346, no. 1 (September 1, 2011).

Davidson, Keay. *Carl Sagan: A Life*. New York: Wiley, 1999.

Deamer, David. *First Life: Discovering the Connections between Stars, Cells, and How Life Began*. Berkeley: University of California Press, 2012.

Deamer, David W. "From 'Banghasomes' to Liposomes: A Memoir of Alec Bangham, 1921–2010." *FASEB Journal* 24, no. 5 (May 2010).

de Angelis, Alessandro. "Atmospheric Ionization and Cosmic Rays: Studies and Measurements before 1912." *Astroparticle Physics* 53 (January 2014).

Debus, Allen G. *Chemistry and Medical Debate: Van Helmont to Boerhaave*. Canton, MA: Science History, 2001.

de Duve, Christian. "The Beginnings of Life on Earth." *American Scientist* 83, no. 5 (1995).

de Duve, Christian, and Henri Beaufay. "A Short History of Tissue Fractionation." *Journal of Cell Biology* 91, no. 3 (December 1, 1981).

de Duve, Christian, and George E. Palade. "Obituary: Albert Claude, 1899–1983." *Nature* 304, no. 5927 (August 18, 1983).

Deprit, Andre. "Monsignor Georges Lemaitre," in *The Big Bang and Georges Lemaitre: Proceedings of the Symposium, Louvain-La-Neuve, Belgium, October 10–13, 1983*, ed. A. Berger. Dordrecht, Netherlands: D. Reidel, 1984.

de Maria, M., M. G. Ianniello, and A. Russo. "The Discovery of Cosmic Rays: Rivalries and Controversies between Europe and the United States." *Historical Studies in the Physical and Biological Sciences* 22, no. 1 (1991).

DeVorkin, David. AIP oral history interview with Bart Bok, May 17, 1978, http://www.aip.org/history-programs/niels-bohr-library/oral-histories/4518-2.

———. AIP oral history interview with Fred Whipple, April 29, 1977, https://www.aip.org/history-rograms/niels-bohr-library/oral-histories/5403.

DeVorkin, David H. *Henry Norris Russell: Dean of American Astronomers*. Princeton, NJ: Princeton University Press, 2000.

Dick, Steven J., and James Edgar Strick. *The Living Universe: NASA and the*

Development of Astrobiology. New Brunswick, NJ: Rutgers University Press, 2004.

Donnan, Frederick G. "The Mystery of Life." *Nature* 122, no. 3075 (October 1, 1928).

Dubos, Rene Jules. "Oswald Theodore Avery, 1877–1955." *Biographical Memoirs of Fellows of the Royal Society* 2 (November 1, 1956).

———. *The Professor, the Institute, and* DNA. New York: Rockefeller University

Press, 1976.

———. "Rene Dubos's Memories of Working in Oswald Avery's Laboratory." Symposium

Celebrating the Thirty-Fifth Anniversary of the Publication of "Studies on the Chemical Nature of the Substance Inducing Transformation of Pneumococcal Types," 1979, https://profiles.nlm.nih.gov/101584575X343. "Due Credit." *Nature* 496, no. 7445 (April 18, 2013).

Echols, Harrison G. *Operators and Promoters: The Story of Molecular Biology and Its Creators*. Berkeley: University of California Press, 2001.

Eijkman, Christiaan. "Christiaan Eijkman Nobel Lecture, 1929," NobelPrize. org.

Eiseley, Loren C. *The Immense Journey*. New York: Vintage Books, 1957.

Emsley, John. *Nature's Building Blocks: An A–Z Guide to the Elements*. Oxford, UK: Oxford University Press, 2011.

Erisman, Jan Willem, Mark A. Sutton, et al. "How a Century of Ammonia Synthesis Changed the World." *Nature Geoscience* 1, no. 10 (October 2008).

Eyles, Don. "Tales from the Lunar Module Guidance Computer." Guidance and Control Conference of the American Astronautical Society, Breckenridge, CO, February 6, 2004.

Falkowski, Paul G. *Life's Engines: How Microbes Made Earth Habitable*. Princeton, NJ: Princeton University Press, 2016.

Farrell, John. *The Day without Yesterday: Lemaitre, Einstein, and the Birth of Modern Cosmology*. New York: Basic Books, 2005.

Finlay, Mark R. "Science, Promotion, and Scandal: Soil Bacteriology, Legume Inoculation, and the American Campaign for Soil Improvement in the Progressive Era," in *New Perspectives on the History of Life Sciences and Agriculture*, ed. Denise Phillips and Sharon Kingsland. Heidelberg,

Germany: Springer, 2015.

Fisher, Arthur. "Birth of the Moon." *Popular Science* 230, no. 1 (January 1987).

Flamholz, Avi, Rob Phillips, and Ron Milo. "The Quantified Cell." *Molecular Biology of the Cell* 25, no. 22 (November 5, 2014).

Frank, A. B. "On the Nutritional Dependence of Certain Trees on Root Symbiosis with Belowground Fungi (an English Translation of A. B. Frank's Classic Paper of 1885)," trans. James Trappe. *Mycorrhiza* 15, no. 4 (June 2005).

Frankenburg, Frances Rachel. *Vitamin Discoveries and Disasters: History, Science, and Controversies*. Santa Barbara: Prager, 2009.

Frenkel, V., and A. Grib. "Einstein, Friedmann, Lemaitre: Discovery of the Big Bang," in *Proceedings of the 2nd Alexander Friedmann International Seminar*. St. Petersburg, Russia: Friedmann Laboratory Publishing, 1994.

Galison, Peter L. "Marietta Blau: Between Nazis and Nuclei." *Physics Today* 50, no. 11 (November 1997).

Gbur, Greg. "Paris: City of Lights and Cosmic Rays." *Scientific American* Blog, July 4, 2011, https://blogs.scientificamerican.com/guest-blog/paris-city-of-lights-and-cosmic-rays.

Gest, Howard. "A 'Misplaced Chapter' in the History of Photosynthesis Research: The Second Publication (1796) on Plant Processes by Dr. Jan Ingen-Housz, MD, Discoverer of Photosynthesis." *Photosynthesis Research* 53, no. 1 (July 1, 1997).

Gibson, Timothy M., Patrick M. Shih, et al. "Precise Age of *Bangiomorpha pubescens* Dates the Origin of Eukaryotic Photosynthesis." *Geology* 46, no. 2 (February 2018).

Gilbert, G. Nigel, and Michael Mulkay. *Opening Pandora's Box: A Sociological Analysis of Scientists' Discourse*. Cambridge, UK: Cambridge University Press, 1984.

Gingerich, Owen. AIP oral history interview with Cecilia Payne-Gaposchkin, March 5, 1968, https://www.aip.org/history-programs/niels-bohr-library/oral-histories/4620.

———. "The Most Brilliant Ph.D. Thesis Ever Written in Astronomy," in *The Starry Universe: The Cecilia Payne-Gaposchkin Centenary: Proceedings of a Symposium Held at the Harvard-Smithsonian Center for Astrophysics, Cambridge, Massachusetts, October 26–27, 2000.*

Schenectady, NY: L. Davis Press, 2001.

Gitschier, Jane. "Meeting a Fork in the Road: An Interview with Tom Cech." *PLOS Genetics* 1, no. 6 (December 2005).

Glashow, Sheldon. "Book Review of *Strange Beauty: Murray Gell-Mann and the Revolution in Twentieth-Century Physics*." *American Journal of Physics* 68, no. 6 (June 2000).

Godart, O. "The Scientific Work of Georges Lemaitre," in *The Big Bang and Georges Lemaitre: Proceedings of a Symposium in Honour of G. Lemaitre Fifty Years after His Initiation of Big-Bang Cosmology, Louvain-La- Neuve, Belgium, 10–13 October 1983*, ed. A. Berger. Heidelberg, Germany: Springer, 2012.

Goldscheider, Eric. "Evolution Revolution." *On Wisconsin*, Fall 2009.

Gompel, Claude. *Le destin extraordinaire d'Albert Claude (1898–1983): Decouvreur de la cellule, Renovateur de l'institut Bordet, Prix Nobel de Medecine 1974*. Ile-de-France: Connaissances et Savoirs, 2012.

Govindjee and David W. Krogmann. "A List of Personal Perspectives with Selected Quotations, along with Lists of Tributes, Historical Notes, Nobel and Kettering Awards Related to Photosynthesis." *Photosynthesis Research* 73, no. 1 (July 2002).

Govindjee, Dmitriy Shevela, and Lars Olof Bjorn. "Evolution of the Z-Scheme of Photosynthesis: A Perspective." *Photosynthesis Research* 133, no. 1 (September 2017).

Graham, Loren R. *Science in Russia and the Soviet Union: A Short History*. Cambridge, UK: Cambridge University Press, 1993.

———. *Science, Philosophy, and Human Behavior in the Soviet Union*. New York: Columbia

University Press, 1987.

Gratzer, Walter. *Terrors of the Table: The Curious History of Nutrition*. Oxford, UK: Oxford University Press, 2007.

Gregory, Jane. *Fred Hoyle's Universe*. Oxford, UK: Oxford University Press, 2005.

Gribbin, John. *The Scientists: A History of Science Told through the Lives of Its Greatest Inventors*. New York: Random House, 2003.

Gribbin, John, and Mary Gribbin. *Stardust: Supernovae and Life—the Cosmic Connection*.

New Haven, CT: Yale University Press, 2001.

Hagmann, Michael. "Between a Rock and a Hard Place." *Science* 295, no.

5562 (March 15, 2002).

Haldane, J.B.S. *Possible Worlds*. London: Chatto and Windus, 1927.

Hammond, Allen L. *A Passion to Know: 20 Profiles in Science*. New York: Scribner's, 1984.

Hanson, Norwood Russell. "Discovering the Positron (I)." *British Journal for the Philosophy of Science* 12, no. 47 (November 1961).

Harder, Ben. "Water for the Rock." *Science News* 161, no. 12 (March 23, 2002).

Hargittai, Balazs, and Istvan Hargittai. *Candid Science V: Conversations with Famous Scientists*. London: Imperial College Press, 2005.

Harold, Franklin M. *To Make the World Intelligible*. Altona, Manitoba, Canada: FriesenPress, 2017.

Hart, Matthew. *Gold: The Race for the World's Most Seductive Metal*. New York: Simon & Schuster, 2013.

Harvie, David I. *Limeys: The True Story of One Man's War against Ignorance, the Establishment and the Deadly Scurvy*. Stroud, Gloustershire, UK: Sutton Publishing, 2002.

Hawkes, Peter W. "Ernst Ruska." *Physics Today* 43, no. 7 (July 1990).

Hazen, Robert M. *Genesis: The Scientific Quest for Life's Origin*. Washington, DC: National Academies Press, 2005.

———. *The Story of Earth: The First 4.5 Billion Years, from Stardust to Living Planet*.

New York: Penguin Books, 2013.

Heap, Sir Brian, and Gregory Gregoriadis. "Alec Douglas Bangham, 10 November 1921–9 March 2010." *Biographical Memoirs of Fellows of the Royal Society* 57 (December 1, 2011).

Hedesan, Georgiana D. "The Influence of Louvain Teaching on Jan Baptist Van Helmont's Adoption of Paracelsianism and Alchemy." *Ambix* 68, no. 2–3 (2021).

Helmholtz, Hermann von. *Science and Culture: Popular and Philosophical Essays*. Chicago: niversity of Chicago Press, 1995.

Henahan, Sean. "From Primordial Soup to the Prebiotic Beach: An Interview with the Exobiology Pioneer Dr. Stanley L. Miller." National Health Museum, Accessexcellence. org, October 1996.

Herculano-Houzel, Suzana. "The Human Brain in Numbers: A Linearly Scaled-Up Primate Brain." *Frontiers in Human Neuroscience* 3 (November 2009).

"Hermann Hellriegel." *Nature* 53, no. 1358 (November 7, 1895). Hockey, Thomas, Virginia Trimble, et al., eds. "Gilbert, William," in *Biographical Encyclopedia of Astronomers*. New York: Springer, 2014.

Hoffman, Paul. "Recent and Ancient Algal Stromatolites," in *Evolving Concepts in Sedimentology*, ed. Robert N. Ginsburg. Baltimore: Johns Hopkins University Press, 1973.

Hoffmann, Peter M. *Life's Ratchet: How Molecular Machines Extract Order from Chaos*. New York: Basic Books, 2012.

Hofmann, August Wilhelm von. *The Life-Work of Liebig*. London: Macmillan, 1876.

Hom, Jennifer, and Shey-Shing Sheu. "Morphological Dynamics of Mitochondria: A Special Emphasis on Cardiac Muscle Cells." *Journal of Molecular and Cellular Cardiology* 46, no. 6 (June 2009).

Honegger, Rosmarie. "Simon Schwendener (1829–1919) and the Dual Hypothesis of Lichens." *The Bryologist* 103, no. 2 (2000).

Hopkins, Frederick Gowland. *Newer Aspects of the Nutrition Problem*. New York: Columbia University Press, 1922.

Horgan, John. "Francis H. C. Crick: The Mephistopheles of Neurobiology." *Scientific American* 266, no. 2 (1992).

———. "From My Archives: Quark Inventor Murray Gell-Mann Doubts Science Will Discover 'Something Else.' " *Scientific American* Blog, December 17, 2013.

https://blogs.scientificamerican.com/cross-check/from-my-archives-quark-inventor-murray-gell-mann-doubts-science-will-discover-e2809csomething-elsee2809d.

———. "Remembering Big Bang Basher Fred Hoyle." *Scientific American* Blog,

April 7, 2020, https://blogs.scientificamerican.com/cross-check/remembering-big-bang-basher-fred-hoyle/.

Houston, Peterson. *A Treasury of the World's Great Speeches*. New York: Simon & Schuster, 1954.

Howard Hughes Medical Institute. *The Discovery of Ribozymes*, HHMI BioInteractive video interview with Thomas Cech, 1995, https://www.biointeractive.org/classroom-resources/discovery-ribozymes.Hoyle, Fred. *Home Is Where the Wind Blows: Chapters from a Cosmologist's Life*. Mill

Valley, CA: University Science Books, 1994.

———. *The Small World of Fred Hoyle: An Autobiography*. London: Michael Joseph, 1986.

Hughes, David. "Fred L. Whipple 1906–2004." *Astronomy & Geophysics* 45, no. 6 (December 1, 2004).

Hunter, Graeme. *Vital Forces: The Discovery of the Molecular Basis of Life*. San Diego: Academic Press, 2000.

Ingenhousz, Jan. *An Essay on the Food of Plants and the Renovation of Soils*. London: Bulmer and Co., 1796.

———. *Experiments upon Vegetables: Discovering their great Power of purifying the Common Air in the Sun-shine and of Injuring it in the shade and at Night, to which is joined a new Method of examining the accurate Degree of Salubrity of the Atmosphere*. London: Elmsly and Payne, 1779.

Interview with Albert Claude. Rockefeller Institute Archive Center, RAC FA1444 (Box 1, Folder 5), 1976.

Jess, Allison, and Will Kendrew. "Murchison Meteorite Continues to Dazzle Scientists." ABC News, Goulburn Murray, Australia, December 28, 2016, https://www.abc.net.au/news/2016-12-9/murchison-meteorite/8113520.

Jewitt, David, and Edward Young. "Oceans from the Skies." *Scientific American* 312, no. 3 (March 2015).

Johnson, George. *Strange Beauty: Murray Gell-Mann and the Revolution in Twentieth-Century Physics*, 1st ed. New York: Knopf, 1999.

Johnston, Harold S. *A Bridge Not Attacked: Chemical Warfare Civilian Research during*

World War II. Singapore: World Scientific, 2003.

Judson, Horace Freeland. *The Eighth Day of Creation: Makers of the Revolution in Biology*. New York: Simon & Schuster, 1979.

Kaharl, Victoria A. *Water Baby: The Story of Alvin*. New York: Oxford University Press, 1990.

Kahn, Sherry. "How Much Oxygen Does a Person Consume in a Day?" HowStuff-Works, May 11, 2021, https://health.howstuffworks.com/human-body/systems/respiratory/question98.htm.

Kamen, Martin D. "A Cupful of Luck, a Pinch of Sagacity." *Annual Review of Biochemistry* 55, no. 1 (1986).

———. "Early History of Carbon-14." *Science* 140, no. 3567 (May 10, 1963).

———. "Onward into a Fabulous Half-Century." *Photosynthesis Research* 21, no. 3
(September 1, 1989).
———. *Radiant Science, Dark Politics: A Memoir of the Nuclear Age*. Berkeley: University
of California Press, 1985.
Kellogg, John Harvey. *The New Dietetics: What to Eat and How: A Guide to Scientific Feeding in Health and Disease*. Battle Creek, MI: Modern Medicine Publishing Company, 1921.
Kelly, Cynthia. "John Earl Haynes's Interview." Atomic Heritage Foundation, Voices of the Manhattan Project, Oak Ridge, TN, February 6, 2017, https://www.manhattanprojectvoices.org/oral-histories/john-earl-hayness-interview.
Kelvin, William Thomson. *Popular Lectures and Addresses*, vol. 2, *Geology and General Physics*. London: Macmillan, 1894.
King, Elbert. *Moon Trip: A Personal Account of the Apollo Program and Its Science*. Houston: University of Houston, 1989.
Kirschvink, Joseph, and Benjamin Weiss. "Mars, Panspermia, and the Origin of Life: Where Did It All Begin?" *Palaeontologia Electronica* 4, no. 2 (2001), https:// palaeo-electronica.org/2001_2/editor/mars.htm.
Klickstein, Herbert S. "Charles Caldwell and the Controversy in America over Liebig's 'Animal Chemistry.' " *Chymia* 4 (1953).
Knoll, Andrew H. *A Brief History of Earth: Four Billion Years in Eight Chapters*. New York: HarperCollins, 2021.
Kragh, Helge. " 'The Wildest Speculation of All': Lemaitre and the Primeval-Atom Universe," in *Georges Lemaitre: Life, Science and Legacy*, ed. Rodney D. Holder and Simon Mitton. Heidelberg, Germany: Springer, 2012.
Kraus, John. "A Strange Radiation from Above." North American AstroPhysical Observatory, *Cosmic Search* 2, no. 1 (Winter 1980).
Krulwich, Robert. "Born Wet, Human Babies Are 75 Percent Water: Then Comes the Drying." *Krulwich Wonders*, National Public Radio, November 26, 2013.
Kunzig, Robert. *Mapping the Deep: The Extraordinary Story of Ocean Science*. New York: Norton, 2000.
Kursanov, A. L. "Sketches to a Portrait of A. I. Oparin," in *Evolutionary Biochemistry and Related Areas of Physicochemical Biology:*

Dedicated to the Memory
of Academician A. I. Oparin. Moscow: Bach Institute of Biochemistry, Russian Academy of Sciences, 1995.

Kusek, Kristen. "Through the Porthole 30 Years Ago." *Oceanography* 20, no. 1 (March 1, 2007).

LaCapra, Veronique. "Bird, Plane, Bacteria? Microbes Thrive in Storm Clouds." *Morning Edition*, National Public Radio, January 29, 2013.

Lambert, Dominique. *The Atom of the Universe: The Life and Work of Georges Lemaitre*. Krakow: Copernicus Center Press, 2016.

———. "Einstein and Lemaitre: Two Friends, Two Cosmologies." Interdisciplinary
Encyclopedia of Religion & Science (Inters.org).

———. "Georges Lemaitre: The Priest Who Invented the Big Bang," in *Georges Lemaitre: Life, Science and Legacy*, ed. Rodney D. Holder and Simon Mitton. Heidelberg, Germany: Springer, 2012.

Lamm, Ehud, Oren Harman, and Sophie Juliane Veigl. "Before Watson and Crick in 1953 Came Friedrich Miescher in 1869." *Genetics* 215, no. 2 (June 1, 2020).

Lane, Nick. *Life Ascending: The Ten Great Inventions of Evolution*. London: Profile Books, 2010.

———. *Power, Sex, Suicide: Mitochondria and the Meaning of Life*, 2nd ed. Oxford,
UK: Oxford University Press, 2018.

———. *The Vital Question: Why Is Life the Way It Is?* London: Profile Books, 2015.

———. "Why Is Life the Way It Is?" *Molecular Frontiers Jou*rnal 3, no. 1 (2019).

Larson, Clarence. Interview with Martin Kamen, Pioneers in Science and Technology Series, Center for Oak Ridge Oral History, March 24, 1986, http://cdm16107.contentdm.oclc.org/cdm/ref/collection/p15388coll1/id/523.

Laskar, Jacques, and Mickael Gastineau. "Existence of Collisional Trajectories of Mercury, Mars and Venus with the Earth." *Nature* 459, no. 7248 (June 2009).

Lazcano, Antonio. "Alexandr I. Oparin and the Origin of Life: A Historical Reassessment of the Heterotrophic Theory." *Journal of Molecular Evolution* 83, no. 5 (December 2016).

Lazcano, Antonio, and Jeffrey L. Bada. "Stanley L. Miller (1930–2007): Reflections and Remembrances." *Origins of Life and Evolution of Biospheres* 38, no. 5 (October 2008).

Lemaitre, Georges. "Contributions to a British Association Discussion on the Evolution of the Universe." *Nature* 128 (October 24, 1931).

———. "My Encounters with A. Einstein," 1958, Interdisciplinary Encyclopedia of Religion & Science, https://www.inters.org/lemaitre-einsten.

———. *The Primeval Atom: An Essay on Cosmogony*. New York: Van Nostrand, 1950.

Levy, David H. *David Levy's Guide to Observing and Discovering Comets*. Cambridge, UK: Cambridge University Press, 2003.

———. *The Quest for Comets: An Explosive Trail of Beauty and Danger*. New York: Plenum Press, 1994.

Lieberman, Daniel. *The Story of the Human Body: Evolution, Health, and Disease*. New York: Vintage Books, 2014.

Liebig, Justus. "Justus Von Liebig: An Autobiographical Sketch," trans. J. C. Brown. *Popular Science Monthly* 40 (March 1892).

Liebig, Justus Freiherr von. *Animal Chemistry: Or Organic Chemistry in Its Application to Physiology and Pathology*, 2nd ed., William Gregory with additional notes and corrections by Dr. Gregory and others. Cambridge, MA: John Owen, 1843.

Lind, James. *A Treatise on the Scurvy, in Three Parts: Containing an Inquiry into the Nature, Causes, and Cure of That Disease, Together with a Critical and Chronological View of What Has Been Published on the Subject*. London: Printed for S. Crowder, D. Wilson and G. Nicholls, T. Cadell, T. Becket and Co., G. Pearch, and W. Woodfall, 1772.

Livio, Mario. *Brilliant Blunders: From Darwin to Einstein—Colossal Mistakes by Great Scientists That Changed Our Understanding of Life and the Universe*. New York: Simon & Schuster, 2013.

Lovelock, James E. "Hands Up for the Gaia Hypothesis." *Nature* 344, no. 6262 (March 1990).

Lucentini, Jack. "Darkness Before the Dawn—of Biology." *The Scientist* 17, no. 23 (December 1, 2003).

MacFarlane, Thos. "The Transmutation of Nitrogen." *Ottawa Naturalist* 8 (1895).

MacLeod, Colin. "Obituary Notice: Oswald Theodore Avery, 1877–1955."

Microbiology 17, no. 3 (1957).

Maddox, Brenda. *Rosalind Franklin: The Dark Lady of* DNA. London: HarperCollins, 2002.

Magiels, Geerdt. "Dr. Jan IngenHousz, or Why Don't We Know Who Discovered Photosynthesis?" First Conference of the European Philosophy of Science Association, Madrid, November 15–17, 2007.

———. *From Sunlight to Insight: Jan IngenHousz, the Discovery of Photosynthesis & Science in the Light of Ecology*. Brussels: Brussels University Press, 2010.

Maltz, Alesia. "Casimer Funk, Nonconformist Nomenclature, and Networks Surrounding the Discovery of Vitamins." *Journal of Nutrition* 143, no. 7 (July 2013).

Mancuso, Stefano, and Alessandra Viola. *Brilliant Green: The Surprising History and Science of Plant Intelligence*. Washington, DC: Island Press, 2015.

Margulis, Lynn. "Mixing It Up," in *Curious Minds: How a Child Becomes a Scientist*, ed. John Brockman. London: Vintage, 2005.

Margulis, Lynn, and Dorion Sagan. *Microcosmos: Four Billion Years of Evolution from Our Microbial Ancestors*. New York: Summit Books, 1986.

———. *What Is Life?* New York: Simon & Schuster, 1995.

Markel, Howard. *The Secret of Life: Rosalind Franklin, James Watson, Francis Crick, and the Discovery of* DNA*'s Double Helix*. New York: Norton, 2021.

Markham, James M. "European Spacecraft Grazes Comet." *New York Times*, March 14, 1986.

Marsden, Brian G. "Fred Lawrence Whipple (1906–2004)." *Publications of the Astronomical Society of the Pacific* 117, no. 838 (2005).

Marvin, Ursula B. "Fred L. Whipple," Oral Histories in Meteoritics and Planetary Science 13. *Meteoritics & Planetary Science* 39, no. S8 (August 2004).

———. "Gerald J. Wasserburg," Oral Histories in Meteoritics and Planetary Science 12. *Meteoritics & Planetary Science* 39, no. S8 (2004).

McCarty, Maclyn. *The Transforming Principle: Discovering That Genes Are Made of* DNA. New York: Norton, 1986.

McCosh, Frederick William James. *Boussingault: Chemist and Agriculturist*. Dordrecht, Netherlands: D. Reidel, 2012.

Meiklejohn, Arnold Peter. "The Curious Obscurity of Dr. James Lind." *Journal of the History of Medicine and Allied Sciences* 9, no. 3 (July 1954).

Menzel, Donald H. "Blast of Giant Atom Created Our Universe." *Modern Mechanix*, December 1932.

Mesler, Bill, and H. James Cleaves II. *A Brief History of Creation: Science and the Search for the Origin of Life*. New York: Norton, 2016.

Meteoritical Society. "Murchison." *Meteoritical Bulletin*, https://www.lpi.usra.edu/meteor/metbull.php?code=16875.

Meuron-Landolt, Monique de. "Johannes Friedrich Miescher: sa personnalite et l'importance de son oeuvre." *Bulletin der Schweizerischen Akademie der Medizinischen Wissenschaften* 25, no. 1–2 (January 1970).

Mikhailov, V. M. *Put' k istinye [The Path to the Truth]*. Moscow, Sovetskaia Rossiia, 1984.

Miklos, Vincze. "Seriously Scary Radioactive Products from the 20th Century." *Gizmodo*, May 9, 2013, https://gizmodo.com/seriously-scary-radioactive-consumer-products-from-the-498044380.

Miller, Stanley. "The First Laboratory Synthesis of Organic Compounds under Primitive Earth Conditions," in *The Heritage of Copernicus: Theories "Pleasing to the Mind,"* ed. Jerzy Neyman. Cambridge, MA: MIT Press, 1974.

Miller, Stanley L., and Jeffrey L. Bada. "Submarine Hot Springs and the Origin of Life." *Nature* 334, no. 6183 (August 1988).

Milo, Ron, and Rob Phillips. *Cell Biology by the Numbers*. New York: Garland Science, 2015.

Mirsky, Alfred E. "The Discovery of DNA." *Scientific American* 218, no. 6 (1968).

Mitton, Simon. "The Expanding Universe of Georges Lemaitre." *Astronomy & Geophysics* 58, no. 2 (April 1, 2017).

———. *Fred Hoyle: A Life in Science*. New York: Cambridge University Press, 2011.

———. "Georges Lemaitre and the Foundations of Big Bang Cosmology." *Antiquarian*

Astronomer, July 18, 2020.

Moberg, Carol L. *Entering an Unseen World: A Founding Laboratory and Origins of Modern Cell Biology, 1910–1974*. New York: Rockefeller University Press, 2012.

Monroe, Linda. "2 Dispute Popular Theory on Life Origin." *Los Angeles Times*, August 18, 1988.

Moore, Donovan. *What Stars Are Made Of: The Life of Cecilia Payne-Gaposchkin*. Cambridge, MA: Harvard University Press, 2020.

Morbidelli, A., J. Chambers, et al. "Source Regions and Timescales for the Delivery of Water to the Earth." *Meteoritics & Planetary Science* 35, no. 6 (2000).

Morris, Peter J. T. *The Matter Factory: A History of the Chemistry Laboratory*. London: Reaktion Books, 2015.

Moses, Vivian, and Sheila Moses. "Interview with Al Bassham," in *The Calvin Lab: Oral History Transcript 1945–1963*, chapter 7. Bancroft Library, Regional Oral History Office, Lawrence Berkeley Laboratory, University of California–Berkeley, 2000.

———. "Interview with Rod Quayle," in *The Calvin Lab: Oral History Transcript 1945–1963*, vol. 1, chapter 3. Bancroft Library, Regional Oral History Office, Lawrence Berkeley Laboratory, University of California–Berkeley, 2000.

Mulder, Gerardus. *Liebig's Question to Mulder Tested by Morality and Science*. London and Edinburgh: William Blackwood and Sons, 1846.

National Geographic Channel. "Birth of the Oceans." *Naked Science* series, March 2009.

New York Times. "Finds Spiral Nebulae Are Stellar Systems: Dr. Hubbell [sic] Confirms View That They Are 'Island Universes' Similar to Our Own," November 23, 1924.

———. "Scientists Find Indication of a Vitamin Which Prevents Softening of the Brain," April 10, 1931.

Nicholson, Wayne L., Nobuo Munakata, et al. "Resistance of Bacillus Endospores to Extreme Terrestrial and Extraterrestrial Environments." *Microbiology and Molecular Biology Reviews* 64, no. 3 (September 1, 2000).

Nobel Lectures Physics: Including Presentation Speeches and Laureates' Biographies, 1922–1941. Amsterdam: Elsevier, 1965.

Nutman, P. S. "Centenary Lecture." *Philosophical Transactions of the Royal Society of London*, Series B, *Biological Sciences* 317, no. 1184 (1987).

Olby, Robert. "Cell Chemistry in Miescher's Day." *Medical History* 13, no. 4 (October 1969).

———. *The Path to the Double Helix: The Discovery of* DNA. Seattle:

University of
Washington Press, 1974.

Oliveira, Patrick Luiz Sullivan De. "Martyrs Made in the Sky: The *Zenith* Balloon Tragedy and the Construction of the French Third Republic's First Scientific Heroes." *Notes and Records: The Royal Society Journal of the History of Science* 74, no. 3 (September 18, 2019).

Oparin, Aleksandr. *The Origin of Life*, trans. Sergius Morgulis, 2nd ed. New York: Dover, 1952.

O'Raifeartaigh, Cormac, and Simon Mitton. "Interrogating the Legend of Einstein's 'Biggest Blunder.' " *Physics in Perspective* 20 (December 2018).

Orgel, Leslie E. "Are You Serious, Dr. Mitchell?" *Nature* 402, no. 6757 (November 4, 1999).

Otis, Laura. *Rethinking Thought: Inside the Minds of Creative Scientists and Artists*. New York: Oxford University Press, 2015.

Pagel, Walter. *Joan Baptista Van Helmont: Reformer of Science and Medicine*. Cambridge, UK: Cambridge University Press, 1982.

Pais, Abraham. *Inward Bound: Of Matter and Forces in the Physical World*. Oxford, UK: Clarendon Press, 1988.

Palade, George E. "Albert Claude and the Beginnings of Biological Electron Microscopy." *Journal of Cell Biology* 50, no. 1 (July 1971).

Patel, Bhavesh H., Claudia Percivalle, et al. "Common Origins of RNA, Protein and Lipid Precursors in a Cyanosulfidic Protometabolism." *Nature Chemistry* 7, no. 4 (April 2015).

"Paul C. Aebersold Interview." *Longines Chronoscope*, CBS, 1953. https://www.youtube.com/watch?v=RFcxsXlUO44. Payne-Gaposchkin, Cecilia. *Cecilia Payne-Gaposchkin: An Autobiography and Other Recollections*. Cambridge, UK: Cambridge University Press, 1996.

Pereto, Juli, Jeffrey L. Bada, and Antonio Lazcano. "Charles Darwin and the Origin of Life." *Origins of Life and Evolution of the Biosphere* 39, no. 5 (October 2009).

Perutz, M. F. "Co-Chairman's Remarks: Before the Double Helix." *Gene* 135, no. 1–2 (December 15, 1993).

Petterson, Roger. "The Chemical Composition of Wood," in *The Chemistry of Solid Wood: Advances in Chemistry*, vol. 207. American Chemical Society, 1984.

Phillips, J. P. "Liebig and Kolbe, Critical Editors." *Chymia* 11 (January 1966).

Plitt, Charles C. "A Short History of Lichenology." *The Bryologist* 22, no. 6 (1919).

Plumb, Robert. "Brookhaven Cosmotron Achieves the Miracle of Changing Energy Back into Matter." *New York Times*, December 21, 1952.

Portree, David. "The *Eagle* Has Crashed (1966)." *Wired*, May 15, 2012.

Poundstone, William. *Carl Sagan: A Life in the Cosmos*. New York: Henry Holt, 2000.

Powell, James. "To a Rocky Moon," in *Four Revolutions in the Earth Sciences: From Heresy to Truth*. New York: Columbia University Press, 2014.

Prebble, John. "Peter Mitchell and the Ox Phos Wars." *Trends in Biochemical Sciences* 27, no. 4 (April 2002).

———. "The Philosophical Origins of Mitchell's Chemiosmotic Concepts." *Journal of the History of Biology* 34 (2001).

Prebble, John, and Bruce Weber. *Wandering in the Gardens of the Mind: Peter Mitchell and the Making of Glynn*. New York: Oxford University Press, 2003.

Price, Catherine. *Vitamania: How Vitamins Revolutionized the Way We Think about Food*. New York: Penguin Books, 2016.

Prothero, Donald R. *The Story of Life in 25 Fossils: Tales of Intrepid Fossil Hunters and the Wonders of Evolution*. New York: Columbia University Press, 2015.

Quammen, David. *The Tangled Tree: A Radical New History of Life*. New York: Simon & Schuster, 2018.

Racker, Efraim. "Reconstitution, Mechanism of Action and Control of Ion Pumps." *Biochemical Society Transactions* 3, no. 6 (December 1, 1975).

Radetsky, Peter. "How Did Life Start?" *Discover*, November 1992.

Ralfs, John. "The Lichens of West Cornwall," in *Transactions of the Penzance Natural History and Antiquarian Society*, vol. 1. Plymouth, 1880.

Reinhard, Christopher T., Noah J. Planavsky, et al. "Evolution of the Global Phosphorus Cycle." *Nature* 541, no. 7637 (January 19, 2017).

Rentetzi, Maria. AIP oral history interview with Leopold Halpern, March 10, 1999, https://www.aip.org/history-programs/niels-bohr-library/oral-histories/32406.

———. "Blau, Marietta," in *Complete Dictionary of Scientific Biography*, vol. 19. Detroit: Charles Scribner's Sons, 2008.

———. *Trafficking Materials and Gendered Experimental Practices: Radium Research in Early 20th Century Vienna*. New York: Columbia University Press, 2008.

Rheinberger, Hans-Jorg. "Claude, Albert," in *Complete Dictionary of Scientific Biography*, vol. 20. Detroit: Charles Scribner's Sons, 2008.

Rhodes, Richard. *The Making of the Atomic Bomb*. New York: Simon & Schuster, 1986.

Righter, Kevin, John Jones, et al. "Michael J. Drake (1946–2011)." *Geochemical Society News*, October 1, 2011.

Riordan, Michael. *The Hunting of the Quark: A True Story of Modern Physics*. New York: Simon & Schuster, 1987.

Roddis, Louis Harry. *James Lind, Founder of Nautical Medicine*. New York: Henry Schuman, 1950.

Rosenfeld, Louis. "The Last Alchemist—the First Biochemist: J. B. van Helmont (1577–1644)." *Clinical Chemistry* 31, no. 10 (October 1985).

Roskoski, Robert. "Wandering in the Gardens of the Mind: Peter Mitchell and the Making of Glynn." *Biochemistry and Molecular Biology Education* 32, no. 1 (2004).

Rosner, Robert W., and Brigitte Strohmaier. *Marietta Blau, Stars of Disintegration: Biography of a Pioneer of Particle Physics*. Riverside, CA: Ariadne Press, 2006.

Russell, Percy, and Anita Williams. *The Nutrition and Health Dictionary*. New York: Chapman and Hall, 1995.

Ryan, Frank. *Darwin's Blind Spot: Evolution Beyond Natural Selection*. Boston: Houghton Mifflin Harcourt, 2002.

Sagan, Carl. *Conversations with Carl Sagan*, ed. Tom Head. Jackson: University Press of Mississippi, 2006.

Sagan, Dorion. *Lynn Margulis: The Life and Legacy of a Scientific Rebel*. White River Junction, VT: Chelsea Green, 2012.

Saier, Milton H., Jr. "Peter Mitchell and the Life Force," https://petermitchellbiography.wordpress.com/.

Sapp, Jan. *Evolution by Association: A History of Symbiosis*. New York: Oxford University Press, 1994.

Schmidt, Albert. "Essai d'une biologie de l'holophyte des Lichens." *Memoires du Museum national d'histoire naturelle, Serie B, Botanique* 3 (1953).

Schopf, William. *Cradle of Life: The Discovery of Earth's Earliest Fossils*. Princeton, NJ: Princeton University Press, 1999.

———. *Life in Deep Time: Darwin's "Missing" Fossil Record*. Boca Raton, FL: CRC Press, 2018.

———. *Major Events in the History of Life*. Boston: Jones & Bartlett Learning, 1992.

Schuchert, Charles. "Charles Doolittle Walcott, (1850–1927)." *Proceedings of the American Academy of Arts and Sciences* 62, no. 9 (1928).

Segre, Daniel, and Doron Lancet. "Theoretical and Computational Approaches to the Study of the Origin of Life" in *Origins: Genesis, Evolution and Diversity of Life*, ed. Joseph Seckbach. Dordrecht, Netherlands: Springer, 2005.

Sender, Ron, Shai Fuchs, and Ron Milo. "Revised Estimates for the Number of Human and Bacteria Cells in the Body." *PLOS Biology* 14, no. 8 (August 19, 2016).

Sender, Ron, and Ron Milo. "The Distribution of Cellular Turnover in the Human Body." *Nature Medicine* 27, no. 1 (January 2021).

Seward, Albert Charles. *Plant Life through the Ages: A Geological and Botanical Retrospect*, 2nd ed. New York: Hafner, 1959.

Sharkey, Thomas D. "Discovery of the Canonical Calvin-Benson Cycle." *Photosynthesis*

Research 140, no. 2 (May 1, 2019).

Shaw, Bernard. *Annajanska, the Bolshevik Empress: A Revolutionary Romancelet*, in *Selected One Act Plays*. Harmondsworth: Penguin, 1976.

Shindell, Matthew. *The Life and Science of Harold C. Urey*. Chicago: University of Chicago Press, 2019.

Sime, Ruth Lewin. "Marietta Blau: Pioneer of Photographic Nuclear Emulsions and Particle Physics." *Physics in Perspective* 15 (2013).

Smith, Annie Lorrain. *Lichens*. Cambridge, UK: Cambridge University Press, 1921.

Stager, Curt. *Your Atomic Self: The Invisible Elements That Connect You to Everything Else in the Universe*. New York: Thomas Dunne Books, 2014.

Steinmaurer, Rudolf. "Erinnerungen an V.F. Hess, Den Entdecker der Kosmischen Strahlung, und an Die ersten Jahre des Betriebes des Hafelekar-Labors." *Early History of Cosmic Ray Studies* 118 (1985).

Step, Edward. *Plant-Life: Popular Papers on the Phenomena of Botany*. London: Marshall Japp, 1881.

Stevens, Charles. "The Neuron." *Scientific American* 241, no. 3 (September 1979).

St. Louis Post-Dispatch, "Is Vitamine Starvation the True Cause of Cancer?" October 27, 1924.

Sullivan, Walter. "Subatomic Tests Suggest a New Layer of Matter." *New York Times*, April 25, 1971.

———. *We Are Not Alone: The Search for Intelligent Life on Other Worlds*, rev. ed. New
York: Dutton, 1993.

Sundermier, Ali. "The Particle Physics of You." *Symmetry* magazine, November 3, 2015, https://www.symmetrymagazine.org/article/the-particle-physics-of-you.

Tegmark, Max. "Solid. Liquid. Consciousness." *New Scientist* 222, no. 2964 (April 12, 2014).

Telegraph, The (London). "Lynn Margulis," December 13, 2011.

Tera, Fouad, Dimitri A. Papanastassiou, and Gerald J. Wasserburg. "A Lunar Cataclysm at ~3.95 AE and the Structure of the Lunar Crust," in *Lunar Science* IV
(1973).

Thoreau, Henry David. *Walden*. Boston: Ticknor & Fields, 1854; Beacon Press, 2004.

Thorpe, Thomas Edward. *Essays in Historical Chemistry*. London: Macmillan, 1902.

Times, The (London). "The British Association: Evolution of the Universe," September 30, 1931.

Tobey, Ronald C. *Saving the Prairies: The Life Cycle of the Founding School of American Plant Ecology, 1895–1955*. Berkeley: University of California Press, 1981.

Townes, Charles H. "The Discovery of Interstellar Water Vapor and Ammonia at the Hat Creek Radio Observatory," in *Revealing the Molecular Universe: One Antenna Is Never Enough*, Proceedings of a Symposium Held at University of California, Berkeley, California, USA, September 9–10, 2005. Astronomical Society of the Pacific.

———. *How the Laser Happened: Adventures of a Scientist*. New York: Oxford University Press, 2002.

———. "Microwave and Radio-Frequency Resonance Lines of Interest to Radio Astronomy," in *International Astronomical Union Symposium*, no. 4, *Radio Astronomy*. Cambridge, UK: Cambridge University Press, 1957. "Tracing the Lost Railway Lines of Indonesia: The Forgotten Steamtram of Bat-avia," https://indonesialostrailways.blogspot.com/p/the-forgotten-steamtram-of-batavia.html.

Trewavas, Anthony. "The Foundations of Plant Intelligence." *Interface Focus* 7, no. 3 (June 6, 2017).

———. "Mindless Mastery." *Nature* 415, no. 6874 (February 21, 2002).

Trewavas, Anthony, and František Baluška. "The Ubiquity of Consciousness." European

Molecular Biology Organization, *EMBO Reports* 12, no. 12 (December 1, 2011).

Turner, R. Steven. "Justus Liebig versus Prussian Chemistry: Reflections on Early Institute-Building

in Germany." *Historical Studies in the Physical Sciences* 13, no. 1 (1982).

USDA FoodData Central website. "Bananas, Ripe and Slightly Ripe, Raw," April 1, 2020, https://fdc.nal.usda.gov/fdc-app.html#/food-details/1105314/nutrients.

Valley, John W. "A Cool Early Earth?" *Scientific American* 293, no. 4 (October 2005).

Van Klooster, H. S. "Jan Ingenhousz." *Journal of Chemical Education* 29, no. 7 (July 1, 1952).

Vedder, Edward Bright. *Beriberi*. New York: William Wood, 1913.

Vernadsky, Vladimir I. *The Biosphere*, ed. Mark Mcmenamin, trans. David Langmuir. New York: Copernicus, 1998.

Von Braun, Wernher, Fred L. Whipple, and Willy Ley. *Conquest of the Moon*, ed. Cornelius Ryan. New York: Viking Press, 1953.

Wachtershauser, Gunter. "Before Enzymes and Templates: Theory of Surface Metabolism." *Microbiological Reviews* 52, no. 4 (December 1988).

———.

"The Origin of Life and Its Methodological Challenge." *Journal of Theoretical Biology* 187, no. 4 (August 21, 1997).

Wade, Nicholas. "Heart Muscle Renewed over Lifetime, Study Finds." *New York Times*, April 2, 2009.

———. "Making Sense of the Chemistry That Led to Life on Earth." *New York Times*, May 4, 2015.

———. "Meet Luca, the Ancestor of All Living Things." *New York Times*, July 25, 2016.

———. "Stanley Miller, Who Examined Origins of Life, Dies at 77." *New York*
Times, May 23, 2007.

———. "Your Body Is Younger Than You Think." *New York Times*, August 2, 2005.

Wagener, Leon. *One Giant Leap: Neil Armstrong's Stellar American Journey*. Brooklyn, NY: Forge Books, 2004.

Walcott, Charles Doolittle. *Pre-Cambrian Fossiliferous Formations*. Rochester, NY: Geological Society of America, 1899.

———. "Pre-Carboniferous Strata in the Grand Canyon of the Colorado, Arizona." *American Journal of Science* 26 (December 1883).

———. "Report of Mr. Charles D. Walcott, July 2," in *Fourth Annual Report of the Director of the United States Geological Survey*. Washington, DC: US Government Printing Office, 1885.

Wald, George. Nobel Banquet Speech, Nobel Prize in Physiology or Medicine 1967, Stockholm, December 10, 1967.

Walker, Gabrielle. *Snowball Earth: The Story of the Great Global Catastrophe That Spawned Life as We Know It*. New York: Crown, 2003.

Walker, John. *Fuel of Life*, video recording of Nobel Laureate Lecture, 2018, https://www.royalacademy.dk/en/ENG_Foredrag/ENG_Walker.

Walker, Timothy. *Plants: A Very Short Introduction*. Oxford, UK: Oxford University Press, 2012.

Walter, Michael. "From the Discovery of Radioactivity to the First Accelerator Experiments," in *From Ultra Rays to Astroparticles: A Historical Introduction to Astroparticle Physics*, ed. Brigitte Falkenburg and Wolfgang Rhode. Dordrecht, Netherlands: Springer, 2012.

Watson, James D., and Andrew Berry. DNA*: The Secret of Life*. New York: Knopf, 2003.

Watson, James D., Alexander Gann, and Jan Witkowski. *The Annotated and Illustrated Double Helix*. New York: Simon & Schuster, 2012.

Weaver, Kenneth. "What the Moon Rocks Tell Us." *National Geographic*, December 1969.

Web of Stories. Interview with Francis Crick, "Molecular Biology in the Late 1940s," 1993, https://www.webofstories.com/people/francis.crick/33?o=SH.

Web of Stories. Interview with James Watson, "Complementarity and My

Place in History," 2010, https://www.webofstories.com/people/james.watson/29?o=SH.

Webb, Richard. "Listening for Gravitational Waves from the Birth of the Universe." *New Scientist*, March 16, 2016.

Weiner, Charles. AIP oral history interview with William Fowler, February 6, 1973, https://www.aip.org/history-programs/niels-bohr-library/oral-histories/4608-4.

Weiss, Benjamin P., Joseph L. Kirschvink, et al. "A Low Temperature Transfer of ALH84001 from Mars to Earth." *Science* 290, no. 5492 (October 27, 2020).

West, Bert. "Moon Rocks Go to Experts on Friday." *Newsday*, September 10, 1969.

Wetherill, George W. "Contemplation of Things Past." *Annual Review of Earth and Planetary Sciences* 26, no. 1 (1998).

———. "The Formation of the Earth from Planetesimals." *Scientific American* 244, no. 6 (June 1981).

Whipple, Fred L. "Of Comets and Meteors." *Science* 289, no. 5480 (August 4, 2000).

Wilford, John Noble. "Moon Rocks Go to Houston; Studies to Begin Today: Lunar Rocks and Soil Are Flown to Houston Lab." *New York Times*, July 26, 1969.

Wilkins, Maurice. *Maurice Wilkins: The Third Man of the Double Helix: An Autobiography*. Oxford, UK: Oxford University Press, 2005.

Williams, Gareth. *Unravelling the Double Helix: The Lost Heroes of* DNA. London: Weidenfeld & Nicolson, 2019.

Wills, Christopher, and Jeffrey Bada. *The Spark of Life: Darwin and the Primeval Soup*. Oxford, UK: Oxford University Press, 2000.

Wilson, Charles Morrow. *Roots: Miracles Below*. New York: Doubleday, 1968.

Wolchover, Natalie. "Geological Explorers Discover a Passage to Earth's Dark Age." *Quanta Magazine*, December 22, 2016.

Woodard, Helen Q., and David R. White. "The Composition of Body Tissues." *British Journal of Radiology* 59, no. 708 (December 1986).

Yarris, Lynn. "Ernest Lawrence's Cyclotron: Invention for the Ages." Lawrence Berkeley National Laboratory, Science Articles Archive, https://www2.lbl.gov/Science-Articles/Archive/early-years.html.

Yochelson, Ellis Leon. *Charles Doolittle Walcott, Paleontologist*. Kent, OH:

Kent State University Press, 1998.

Yong, Ed. "Trees Have Their Own Internet." *The Atlantic*, April 14, 2016.

Zahnle, Kevin, Laura Schaefer, and Bruce Fegley. "Earth's Earliest Atmospheres." *Cold Spring Harbor Perspectives in Biology* 2, no. 10 (October 2010).

"The *Zenith* Tragedy: The Dangers of Hypoxia." Those Magnificent Men in Their Flying Machines, https://www.thosemagnificentmen.co.uk/balloons/zenith.html.

Ziegler, Charles A. "Technology and the Process of Scientific Discovery: The Case of Cosmic Rays." *Technology and Culture* 30, no. 4 (October 1989).

Zimmer, Carl. "Vitamins' Old, Old Edge." *New York Times*, December 9, 2013.

Zimmermann, Albrecht. "Nachrufe: Simon Schwendener." *Berichte der Deutschen Botanischen Gesellschaft* 40 (1922).

Zweig, George. "Origin of the Quark Model," in *Proceedings of the Fourth International Conference on Baryon Resonances*, Toronto, July 14–16, 1980.

國家圖書館出版品預行編目資料

你的身體怎麼來的？從大霹靂到昨日晚餐，解密人體原子的故事 / 丹．李維（Dan Levitt）著；陳岳辰 譯. -- 初版. -- 臺北市：商周出版, 城邦文化事業股份有限公司出版：英屬蓋曼群島商家庭傳媒股份有限公司城邦分公司發行, 2025.01
432 面；14.8×21公分
譯自：What's gotten into you.
ISBN 978-626-318-916-4（平裝）
1. CST: 生命科學
361　　112017673

線上版讀者回函卡

你的身體怎麼來的？

從大霹靂到昨日晚餐，解密人體原子的故事

原著書名／What's Gotten Into You
作　　者／丹．李維（Dan Levitt）
譯　　者／陳岳辰
企劃選書／李尚遠
責任編輯／林瑾俐

版　　權／吳亭儀、游晨瑋
行銷業務／周丹蘋、林詩富
總 編 輯／楊如玉
總 經 理／彭之琬
事業群總經理／黃淑貞
發 行 人／何飛鵬
法律顧問／元禾法律事務所　王子文律師
出　　版／商周出版
城邦文化事業股份有限公司
台北市南港區昆陽街16號4樓
電話：(02) 2500-7008 傳真：(02) 2500-7579
E-mail：bwp.service@cite.com.tw
發　　行／英屬蓋曼群島商家庭傳媒股份有限公司城邦分公司
台北市南港區昆陽街16號8樓
書虫客服服務專線：(02) 2500-7718．(02) 2500-7719
24小時傳真服務：(02) 2500-1990．(02) 2500-1991
服務時間：週一至週五09:30-12:00．13:30-17:00
劃撥帳號：19863813　戶名：書虫股份有限公司
讀者服務信箱E-mail：service@readingclub.com.tw
城邦讀書花園 網址：www.cite.com.tw
香港發行所／城邦（香港）出版集團有限公司
香港九龍土瓜灣土瓜灣道86號順聯工業大廈6樓A室
電話：(852) 2508-6231　傳真：(852) 2578-9337
E-mail：hkcite@biznetvigator.com
馬新發行所／城邦（馬新）出版集團 Cité (M) Sdn. Bhd.
41, Jalan Radin Anum, Bandar Baru Sri Petaling,
57000 Kuala Lumpur, Malaysia
電話：(603) 9057-8822　傳真：(603) 9057-6622

封面設計／周家瑤
內文排版／新鑫電腦排版工作室
印　　刷／韋懋實業有限公司
經 銷 商／聯合發行股份有限公司
電話：(02) 2917-8022　傳真：(02) 2911-0053
地址：新北市231新店區寶橋路235巷6弄6號2樓

■2025年1月初版
定價 650 元

Printed in Taiwan
城邦讀書花園
www.cite.com.tw

WHAT'S GOTTEN INTO YOU by DAN LEVITT
This edition is published by arrangement with William Morris Endeavor Entertainment, LLC through Andrew Nurnberg Associates International Limited.

ISBN　978-626-318-916-4
EISBN　978-626-318-931-7（EPUB）